住房城乡建设部土建类学科专业"十三五"规划教材

高校建筑学专业规划推荐教材

"十三五"江苏省高等学校重点教材

ARCHITECTURAL

建筑设计基础

南京大学
丁沃沃 刘铨 冷天 著

（第二版）

DESIGN BASICS

中国建筑工业出版社

图书在版编目（CIP）数据

建筑设计基础/丁沃沃，刘铨，冷天著．—2版．北京：中国建筑工业出版社，2019.12（2025.6重印）

住房城乡建设部土建类学科专业"十三五"规划教材

高校建筑学专业规划推荐教材

"十三五"江苏省高等学校重点教材

ISBN 978-7-112-24499-7

Ⅰ.①建…　Ⅱ.①丁…②刘…③冷…　Ⅲ.①建筑设计－高等学校－教材　Ⅳ.①TU2

中国版本图书馆CIP数据核字（2019）第283752号

责任编辑：王　惠　陈　桦
责任校对：芦欣甜

为了更好地支持相应课程的教学，我们向采用本书作为教材的教师提供课件，有需要者可与出版社联系。

建工书院：https://edu.cabplink.com

邮箱：jckj@cabp.com.cn　电话：（010）58337285

住房城乡建设部土建类学科专业"十三五"规划教材

高校建筑学专业规划推荐教材

"十三五"江苏省高等学校重点教材

ARCHITECTURAL DESIGN BASICS

建筑设计基础（第二版）

南京大学　丁沃沃　刘　铨　冷　天　著

*

中国建筑工业出版社出版、发行（北京海淀三里河路9号）

各地新华书店、建筑书店经销

北京雅盈中佳图文设计公司制版

北京云浩印刷有限责任公司印刷

*

开本：787毫米×1092毫米　1/16　印张：$13\frac{1}{4}$　字数：242千字

2020年5月第二版　2025年6月第十七次印刷

定价：**49.00元**（赠教师课件）

ISBN 978-7-112-24499-7

　　　　（35151）

—Foreword—

    在我国高等建筑院校建筑学专业本科教学计划中都设置了一门初学者的入门课程,名谓"建筑概论""建筑初步"或"建筑制图"等。这些课程的教材内容各有侧重,有的偏于建筑基本知识,有的以表现方法训练为主,有的则以形态构成训练为先。2006年我校建筑学院开始招收建筑学本科生,教学计划也设置了这类入门课,取名为"建筑设计基础",这本《建筑设计基础》教材就是在这么多年的教学实践中逐渐形成完善的,现在自成体系,趋于成熟,它有着自身的特点,给读者会留下深刻的印象并有耳目一新之感。

    教师的职责是"传道授业",作为建筑学专业入门课程旨在传什么道?授什么业?这是设计这门课程、编写这本教材首先要思考想清楚的问题。上面列出的教材内容侧重不一就反映出对这个问题的思考和答案不一。这本《建筑设计基础》教材的编著宗旨就是要引导初学者如何全面地认知建筑和建筑设计,了解建筑学人今后主要从事什么工作,进校后学习什么以及如何学的问题。说得更直截了当一点,就是引导学生如何认知建筑设计、如何学习做建筑设计这个核心的问题,所以取名为《建筑设计基础》。顾名思义,它是为学生今后从事建筑设计学习和工作打基础的。这个中心思想贯穿于这本教材的始终。因为建筑设计是建筑学专业的主干课,占到教学计划全部学时的三分之一以上,从入学到毕业各年级都安排有这门课;同时,它更是今后从事建筑师职业的看家本领,作为职业建筑师培养,从一开始就要让他们有一个全面正确的建筑观和建筑设计观,了解建筑学涉及与关注的基本问题,从事建筑师职业需要具备的知识体系和专业素养及为做好本职工作须具备和掌握的能力和技艺。这本教材就是把知识的传授、能力的培养和技术的训练融为一体,把三者有机地结合起来,应用于教学内容、教学组织和教学过程之中。

    建筑设计是工程设计也是艺术创作,它需要工程设计的科学合理,也需要工程作品美观艺术;它要求建筑师要善于理性思维,又善于形象表达,就像书画艺术家那样"得之于心,应之于手"。因此,建筑专业人才的培养从一开始就要注重学生思维能力的培养训练,努力把学生的脑子培"活"训"灵",培养训练他们勤于用脑、善于观察、长于分析、并学习探求适当的方法去解决问题，并用纯熟的技巧充分地表达。因此，建筑教学要重在"想法、方法、技法"三个层面上，通过理论教学、设计教学和实际环节操作训练的全过程努力培养学生这方面的素质和能力。我们习惯说的基本功应该包含想法、方法和技法这"三法"的基本功，而不仅仅是一个技法。这本《建筑设计基础》教材其内容和教学方法都体现了这一思想和要求。它通过全面建筑观的讲授，通过"解剖建筑""建筑环境"及"建筑分析"等章节内容引导学生去认知建筑、学习如何去观察世界、分析问题，了解建筑工作中会碰到什么问题，要想些什么问题，如何解决这些问题等，把有形的建筑实体或图纸创建背后的无形的理性思维、构思理念、想法诸亮点都充分地揭示出来，让学生不仅知其然，也知其所以然，从而能举一反三，引导他们今后也朝着这条途径去做，去思维，去观察，去分析，去设计。同时学生又通过自己亲手去操作实践，并且是在理解的基础上去操作实践，这就会事半功倍，不仅有方法和技法的训练，也通过这一过程，进一步加深了对建筑的理解，有助于提高理性思维的水平和能力，从而真正达到"脑"与"手"同时训练的目的，有利于培养学生既会动脑又会动手的建筑师应具备的素质培养的要求。我们培养的学生应该是眼高手也高的建筑师，而不是眼高手不高或手高眼不高的偏才，前者可能成为空谈的"建筑大师"，后者可能就是趴在图板上的绘图匠了！

这本教材内容及教学安排是遵循着人们普遍的认知规律，从现象到本质，从具体到抽象，从整体到细部，从感性到理性及从经验到知识，由浅入深引导初学者认知建筑，同时也遵循建筑设计的从业轨迹，由外到内，由内到外，内外反复，综合深化优化的思维模式和设计途径引导学生认知建筑设计，学习如何做建筑设计。全书共6章，可以分为两大部分，第1章到第4章就是遵循从现象到本质，从具体到抽象，从整体到细部等认知途径，引导学生全面地认知建筑，了解建筑设计内涵，建筑环境是如何设计建造起来的，它为什么要这样设计和建造；第5章和第6章则是操作实践部分，引导学生在前4章认知建筑的基础上，又通过最后两章进一步引导学生如何学习做设计，如何将前面授课的知识和方法应用于自己设计作业中来，用它来指领自己的设计，同时也会在设计应用中进一步加深对建筑及建筑设计工作的认知。这是一种非常好的理论联系实际的教学计划和教学方法，这就把知识的传授、设计方法和绘图技艺的训练，通过小建筑的设计把三者紧密地结合起来，不仅解决了理论讲课与设计操作脱节的问题，也解决了绘图训练与设计脱节的问题，从而提高了建筑教学的效率，也大大增进了学生的学习自动力。

最后一章"建筑分析"是作为范例进一步引导学生认知建筑，认知建筑设计，认知大师们是如何思维，如何分析问题，面对各种挑战，寻找解决问题的方法，从而设计出这样的建筑，获得这样的效果。通过分析帮助学生读懂这些优秀的建筑作品，加强对这些作品的理解，特别是在自己做了设计操作之后，回过头来看看大师们是如何思考的，从哪些角度思考了哪些问题，以及他们又是如何解决这些问题的，从而为初学者今后面临的设计实践操作打下基础，铺建思路，让初学者学会用分析的眼光观察问题，增加学习建筑与体验建筑的机会。建筑涉及人们生活的方方面面，人从出生落地就在医院（产房），直到人生回归自然，最后也都要到太平间、殡仪馆，人生在世一切学习、工作、休闲、运动、娱乐、集会等社会活动，不管是从商从政，从文从武，都离不开建筑，这为建筑学习者提供了广阔的天地和无限的机遇。每一种建筑都是一座建筑"情景实验室"。因此，倡导初学者一开始就建立"建筑意识"是极为重要的，这样你走到哪里都可以学习，大大增加了学习建筑和体验建筑的机会，并且是"免费"体验的。"建筑分析"这一章中，抓住了建筑设计三个基本问题，每一个部分又选用了 6 个范例进行具体的分析，它是建筑分析的示范之作，也是在讲释建筑设计的原理与方法。因为功能与空间，场地与环境，以及形式与建造的确是建筑设计的三个最根本的问题，每一个人每一个工程设计都是逃避不了的。因此，抓住这三大基本问题进行分析是用实例来让学生认知建筑设计的原理与方法，学生如果建立了"建筑意识"，走到哪里，面对建筑环境都尝试、观察、分析这三大基本问题，无疑是受益匪浅，范例越多，体验越多，集思越多，思路就会越开阔，解决问题的办法就越多，从而也会在想法、方法、技法三个层面上不断得到提升。

最后，我看到这本教材作业的安排，大多都是集体合作分工负责的教学方法，这也是值得提倡和鼓励的。"Team work"在今天高科技的信息时代，它是不可缺失的，我们面临的社会问题、环境问题、经济问题、生态问题、文化问题等越来越多，越来越复杂，很多问题需要跨学科、不同行业、各方面人士共同参与合作的协调工作，因此，从一开始就有意识地培养学生的团队精神是非常重要的，它不仅是工作方法问题，也是新时期人才培养的综合素质重要组成部分，即有利于培养人际交往能力、组织能力、协调能力和合作和谐的精神。这门"建筑设计基础"课的教学工作和这本教材的编写，就是以丁沃沃教授为首带领两位青年老师三人合作共同完成的，它是团队工作的典范，不仅完成了教学任务和教材的编著，也通过梯队式的团队工作培养了人才，锻炼了人。

鲍家声

2014.03.12 于山水

Preface

── 第二版前言 ──

自本书出版以来，建筑学专业教学又有了新的目标和要求。在 2018 年召开的全国教育大会上，习近平总书记就教育改革发展提出了一系列新理念、新思想、新观点。新时代全国高等学校本科教育工作会议也提出坚持"以本为本"，推进"四个回归"，强调了人才培养是大学的本质职能，本科教育是大学的根和本，并把人才培养的质量和效果作为检验一切工作的根本标准。在此指导下，新成立的教育部高等学校建筑类专业教学指导委员会和建筑学专业教学指导分委员也希望通过《普通高等学校本科专业（建筑类）教学质量国家标准》的推行促进本科建筑学专业的整体创新发展（以下简称《标准》）。《标准》提出在教学过程中要特别注重技能训练、实践应用和创新能力的培养。我们在这几年的教学实践过程中，也是在这样的教学指导思想引领下，通过课程练习对教学内容在技能、应用与创新的结合方面进行了调整。同时，教材在使用过程中也收到了来自同行、学生的许多宝贵意见和建议。因此，我们决定对教材进行修订，主要工作体现在以下几个方面。

首先，在整体上对前后章节不一致或有重复的内容进行了统一，对一些术语的使用进行了更为明确地定义，突出了知识点的表述，使学生能够更清晰地把握和理解。

其次，对部分章节结构进行了调整，主要体现在第 3 章。原来第 2 章第四节"支撑与包裹"调整到第 3 章第 1 节，原来的第 3 章第 1 节和第 3 节合并为新的一节"建筑构造"。

第三，根据设计教学的实际需要，对部分内容进行了更具有针对性的修改，这主要体现在第 5 章，对设计操作过程的指导更加具有可操作性。

第四，对第 2~5 章后的参考习题进行了更新。参考习题的修订集中体现了对学生知识技能、实践应用和创新能力的综合训练要求。

另外，我们对使用的案例、图纸、照片也进行部分调整和更新，对少量文字错误进行了修订。

── 前言 ──

根据《全国高等学校建筑学专业教育评估文件》(2013 年版,总第 5 版),建筑设计及其基础是建筑教育评估指标的主要内容,其课程质量直接关系到专业教育的质量。在 2013 年最新版的《高等学校建筑学本科指导性专业规范》中,"建筑设计初步"是建筑设计主干课程目录中必不可少的内容,本《建筑设计基础》即针对"建筑设计初步"这门专业基础课程而编写的教材。本教材的适用范围是工学门类中建筑类的建筑学、城乡规划、风景园林、历史建筑保护工程的专业基础课程,也可以作为土木工程类专业的相关课程的参考教材。

长期以来,建筑设计初步和建筑设计课的教学模式相同,即主要以教师指导课程设计的方式进行教学,课堂讲授比较少,因此直接配合建筑设计初步教学的教材也非常之少。然而,不同的是建筑设计初步面对的是刚刚踏入建筑学专业接受教育的初学者,他们对建筑事物比较陌生,所以,一本结合建筑设计初步这门课的教材显然对学生来说很有必要。当下我国建筑学、城乡规划学和风景园林学等相关设计学科都处于迅速发展的阶段,伴随着开办建筑类专业的院系数量增多,必须跟进专业教育质量的保障。为此,编写优质的、适合我国国情的"建筑设计基础"教材对于培养建筑学及其相关设计专业人才有着非常重要的意义。

一、编写理念

在现行的建筑教育教材中,可以作为"建筑设计初步"这门课的教学参考书多以西方建筑学教育的译著为主,由于和中国文化中对建筑的理解和定义不尽相同,这些书籍难以直接用于课堂教学。此外,还有少量可以结合设计课的操作类教学参考书。由于偏重于形式的操作或设计,还不能完全概括为建筑设计基础。据此,本教材力图汲取现有教学参考书的长处,使其能够直接用于"建筑设计初步"课程。在编写理念上,教材具体注重了四个方面。首先,汲取国际先进理念和知识、立足本国传统文化理念,在教材中凝练建筑形式的基本语言和设计方法。尽管中西方的建筑核心价值体系不同,然而在基础知识方面有一定理论的共识。

其次，摒弃了将建筑设计基础片面地理解为造型基础的想法，使初学者在建筑设计学习开始就树立更加全面的建筑观。第三，调整了目前建筑设计初步和建筑技术知识分而治之的教学程序，将建筑技术和建筑初步融为一体，强调建筑形式的科学基础。此外，根据时代发展的需要将城市形态和环境知识融入建筑设计基础知识体系之中，扩充建筑学的内涵。第四，弥补以往教材难以配合设计课教学特点的问题，改革编写形式，将知识性内容和设计课教学特色相结合，将知识学习融入操作过程，创造更实用的教材形式。

二、主要内容

　　《建筑设计基础》共有6章，分为建筑概述、建筑认知、设计操作和案例分析四个主要部分。第1章概述的主要内容是基于建筑设计的需求简要地向初学者介绍建筑的基本概念、建筑设计的表达方式以及学习建筑设计的参考资料。第2~4章共同组成了本书的建筑认知部分。基于人们的认知规律，该部分的编写采取了由具象到抽象、由表及里、由整体到部分的路径，逐步认知建筑物体及其组成部分，最后再次整体、全面地观察建筑及其环境。如第2章基于初学者的认知习惯从眼睛能看得见的建筑形体和建筑立面开始认知，然后再逐步走进建筑，学会用专业的角度去抽象地"看"建筑。最后了解建筑的核心是功能空间，而支撑起建筑的骨架是建筑的结构体系。第3章是在第2章的基础上对建筑进行细致地观察，犹如用"放大镜"去观察建筑的各个组成部分，了解各部分的具体名称与作用。第4章由近到远，从整体环境的角度观察和认识建筑，理解建筑形体的环境意义。第5章的内容是建筑设计操作，通过操作理解建筑设计的方法和体验建筑设计的过程。该章节借助设计操作简单介绍了建筑设计的构思、深化、方案比较和设计表达等基本概念。第6章通过案例分析再次强化了如何认知建筑的功能与空间、材料与建造和场地与环境等建筑的核心要素，同时通过大量的不同种类的分析图展示了建筑分析与表现的方法。该章节的内容不仅适合于建筑设计初步的学习，也有意提高认知层次，帮助初学者顺利过渡到高年级的学习。这本教材通过6章的内容搭建了从形态到技术、从绘图到设计、从单元到城市的完整知识认知框架。

　　其次，由于建筑设计具有"操作"的特征，因此本教材也将操作技能的训练融入各个章节中，包括测绘方法、记录方法、各类制图方法，以及城市空间调研与分析图的绘制等等，在保留传统的绘图练习的基础上，增加研究性的方法和技能。此外，教材也重视训练内容并配有具体的训练指导，以形成完整的知识输出体系。

三、教学要点

本教材综合考虑了教师教学用书的需要和学生自学阅读的特点。对于教师来说，第1章的用途是帮助教师了解本书作者关于建筑设计基础的基本语境，可以安排一个单元简单的介绍，也可以不安排具体的课时而融汇到教学之中。第2~5章是"建筑设计基础"的教学内容，前3章通过观察和解剖建筑本体，使学生从非专业人员认识建筑到学会专业地认知建筑和表述建筑，最后带领学生做一些不同城市环境的调研，建立城市建筑的初步观念。在制图方面，第2章引入了建筑立面图和平、剖面图的画法并以练习徒手技巧为主。第3章结合建筑材料和构造知识，可进行轴测图绘制和建筑模型的制作的训练。第4章结合城市调研，认识专业测绘图和图中各类符号的含义，同时引入简单的计算机制图技术和表达技巧，学会表达调研结果、绘制分析图以及制作简单文本。在时间安排上，第2、3、4章的教学可以安排在一个学期完成。第5章的目的是通过设计操作认知建筑设计，该章节安排了两个设计练习，第一个练习以城市为环境，主要聚焦建筑功能、空间和形体的综合设计；第二个练习以山地风景区为环境，主要让学生体验在倾斜场地中，场地标高对建筑设计的影响。第6章的案例分析可以根据教学周期与第5章结合使用，章节里使用的分析方法可以根据教学需要选用。第5、6两章在建筑制图和建筑表达方面综合运用了前三章的教学内容，有助于学生进一步熟练掌握建筑绘图技能。

对于学生来说，第2、3、4、5章可以结合建筑设计基础的课堂教学进行学习，第1章和第6章可以作为学习建筑设计基础的手册，根据问题选择性地阅读。本教材为便于学生自学，除了介绍一些实用的课外读物，还绘制了各类建筑设计的表达方法供学生选择，力图也能成为方便学生的建筑设计参考书，希望初学者能够通过阅读并配合训练初步掌握建筑设计基本知识和技能。

本书由丁沃沃统稿，各章节具体撰写人员如下：第1章，丁沃沃；第2章，刘铨；第3章，冷天、刘铨；第4章，刘铨；第5章，冷天；第6章，丁沃沃。教材内容在南京大学建筑与城市规划学院的"建筑设计基础"课程教学中已经过将近7年的实践检验。但基于此教案编写配合建筑设计课的教材是一种尝试，笔者衷心希望读者提出更多的宝贵意见。

—Contents—

—目录—

第1章　概述

第2章　建筑物　　　第3章　建筑组成部分　　　第4章　建筑环境

第5章　设计操作

第6章　建筑分析

功能与空间　　　场地与环境　　　材料与建造

第 **1** 章 概 述

    建筑设计是建筑学学科的核心课程，是培养未来建筑师的不可或缺的主干课程，它贯穿于整个建筑学本科及硕士的教学之中。建筑设计基础是建筑设计启蒙课，它的主要任务是将一名普通的学生带入建筑设计领域，并具备能够完成后续一系列设计训练的技能。因此，通过该门课的学习，不仅要了解建筑和建筑设计的基本概念，同时也要掌握设计的基本技能和方法。

    建筑设计基础知识包括专业地理解建筑设计的基本任务，理解建筑本体及其周边的环境，以及建筑设计操作和实践的相关技能。一般说来，对建筑的理解不同会导致学习建筑设计的方法有很大程度的不同，因此也就有各种不同的建筑设计训练教程——设计工作坊（Design Studio）。尽管如此，作为建筑设计的基本知识和技能，建筑的认知和制图都是替代不了的建筑设计基础内容。本教材试图通过对建筑事物的认知来理解建筑设计的目的，同时通过对认知成果的表达来学习建筑设计操作的基本技能，因此，对建筑的认知是学习的主线，建筑的表达是学习的方法。

    建筑认知：建筑认知讨论的是如何定义建筑的内涵。从建筑学学科而言，对建筑的认知不再只是"房子"的同义词，不同的文化对建筑的内涵有着不同的诠释。正是由于不同的定义、认知和理解，产生了不同的建筑形式及其方法。如西方古典建筑学中，建筑是"艺术"的一个分支，建筑形式反映了形而上的美学观念，建筑柱式及其组合规律、立面比例及其韵律是建筑形式美的评价标准。然而，

西方现代建筑有着完全不同的美学观念，认为建筑的核心价值在于建筑的功能和空间，因此作为空间分割构建的墙体和楼板的组合方式和组合逻辑成了建筑认知的重要内容。在中国的传统观念中，建筑是服务于社会的用"器"，作为"器"的建筑有特定的类型与做法乃至形制，因此对于中国传统建筑，"样式"和"做法"是重要内容。当代中国建筑学主要建立在西方古典建筑学的基础之上，同时融合了中国传统建筑学对建筑的理解。因此，本教材基于当今建筑学发展的状况和方向，将本民族的建筑观念与西方理论化的建筑知识与方法相结合，建构行之有效的建筑学认知体系。

建筑表达：建筑的表达包括对实体建筑的记录和对未建建筑的专业性表述，其媒介包括二维图示和三维模型。传统建筑学中建筑的表达以二维图示为主，随着工具进步和技术手段更新，现代的建筑表述技术非常丰富。作为媒介，建筑表述方式不仅是建筑师和他人之间交流的平台，而且是自身记忆和知识相互交流的载体。为此，建筑表达技能的训练对于初学者来说后者更有意义，建筑表达技能可以成为初学者认知建筑的重要工具。本教材关于建筑的表达技能包括建筑图式的种类和功用、建筑图示的基本画法、建筑实体模型的制作方法以及计算机辅助制图。

本教材特别强调将生活经验作为学习建筑设计的重要基础，将本土文化作为建筑设计的重要源泉，当你踏入建筑设计领域之后，会发现"处处留心皆学问"。

1.1 建筑认知

1.1.1 建筑形式

作为初学者，对建筑的直接感知是建筑形式——最直接的物质存在。如果从专业的角度去认识，可以从四个方面去解读：建筑形体、建筑样式、建筑立面和建筑语言。

建筑形体：在看到一座建筑时，人们对它的总体印象首先是其大致的三维形体特征，包括了"体形"和"体量"。体形描述的是建筑形体的几何形状，体量描述的是人对其体积大小的感知。人们主要是通过建筑的几何外轮廓，也就是形体的各条边和各个面，去认知它的形状。而它的边或面越大，其体量感觉通常也就越大。不过，实际体积相同的建筑会因为体形的不同产生不同的体量感知。决定建筑形体的因素很多，可以概括为：功能空间、外部环境以及技术条件等。建筑的功能决定了建筑的基本使用面积和必要的高度，这是形成建筑形体的首要因素，如剧场、运动馆等公共空间，内部需要广阔、高大的空间，其形体就与普通住宅有着很大的区别。建筑所在的环境对建筑的形体也有着潜在的要求，如在城市传统街区内的新建建筑体量的大小通常需要和原有建筑相协调，而一个纪念性

建筑形体

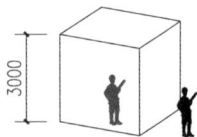

衡量一个建筑物体量的标准是以人的身体作为基本尺度。

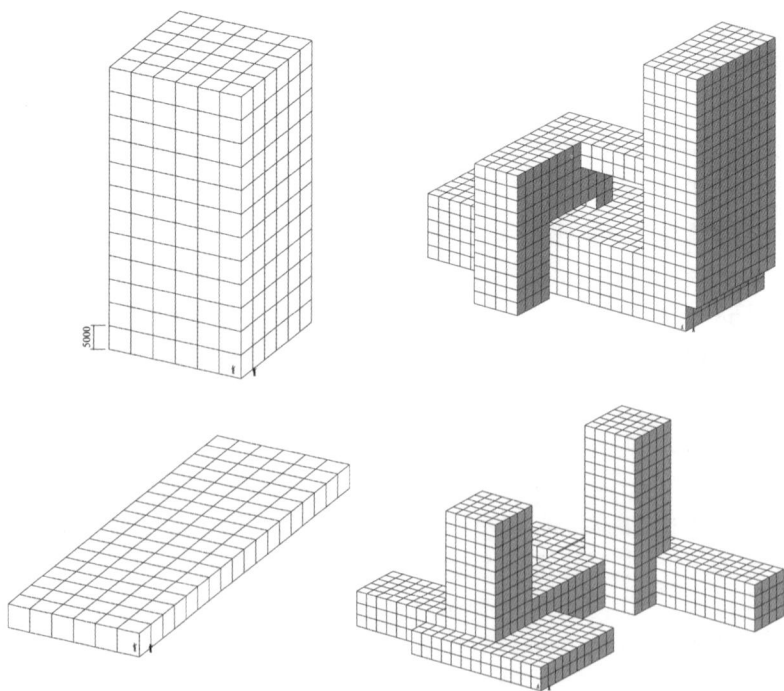

或标志性建筑则往往需要较夸张和巨大的形体来突出和彰显它的重要性。因此，建筑师可以通过具体的设计手法直接影响人们对建筑形体的感知。

建筑样式：对于建筑学专业来说建筑的样式不仅关系到建筑的形象，同时也关系到建筑设计的方法。建筑的样式选择不仅受到建设方和相关民众的关注，而且也是建筑师重点关注的对象。建筑的样式往往也被通俗地称为建筑的风格（严格地说，风格一词的意义在建筑学理论中内涵非常丰富，语境较为复杂。鉴于本教材的对象为初学者，因此编写者则慎用风格一词，仅仅关注相对直白的词语——建筑的样式）。建筑样式的分类法多种多样，常见的分类有：按历史与文化分可以概括为中国传统建筑、西方古典建筑、经典现代建筑和当代建筑；按建筑材料与做法分可以概括为：砖石砌筑的建筑、木构建筑、钢结构建筑和玻璃体建筑等等。当然，如果就纯粹形式而言还可以概括为简约、解构、非线性等等，这些概念将会在高年级建筑设计和建筑理论的学习中接触到。

建筑样式

紫禁城太和殿（北京）

巴黎歌剧院（法国巴黎）

中国北方民居（北京）

萨伏伊别墅（法国普瓦西）

建筑立面：建筑立面即建筑物垂直于地面的外表面。对于建筑设计来说建筑立面具有三个方面的意义：首先，建筑的外立面是建筑物的围护构件，其功能作用是既要遮风避雨、保温隔热，又要满足建筑物内部采光与通风的需要；其次，建筑的外立面代表了建筑的形象，承担了极其重要的建筑审美功能；第三，建筑的外立面在围合了建筑内部空间的同时，也界定了人们活动的开放空间或城市环境。为此，在满足使用功能的基础上，建筑的外立面不仅是建筑形体的主要部分，而且也是外部空间的组成部分，它承担了创造环境和协调周边环境的责任。建筑立面设计是建筑设计的重要内容，也是建筑设计课程训练的主要内容之一。

建筑语言：在建筑设计中，建筑语言主要是指建筑的形式语言。从建筑设计的视角看建筑的形式如同阅读一篇文章，建筑的形式语言主要表达了建筑形式构成的规则、方式以及逻辑。一个好的建筑

建筑立面

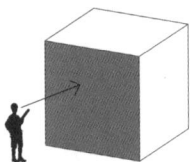

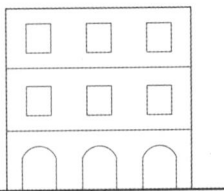

西方古典建筑的立面设计是建筑设计中的重要任务之一。将立面分为上、中、下三段，分别用不同的手法去处理。上段对应建筑的顶层，下段对应建筑的底层，而中段则对应建筑中间各层。现代建筑的设计打破了古典三段式立面设计原则。

意大利文艺复兴时期的古典建筑立面

按西方古典三段式原则设计的中国建筑

20世纪兴起的现代建筑打破了古典建筑设计原则，建筑立面不再一定是建筑结构的一部分，即建筑立面不再受到建筑分层的限定。因此，建筑的立面得到解放，可以自由设计。

建筑空间是现代建筑表现的主题，所以，当建筑内部空间成为建筑形式表现的主题时，建筑立面的地位开始退化，甚至有了"没有立面的建筑"的现象。

如同一篇好文章一样，它所表达的意义和选用词语相适应并逻辑清晰地展开，创造出宜人的物质空间环境。

形式语言是建筑设计不可或缺的专业用语，设计者不仅通过建筑的形式语言来表达他的设计思想，而且形式语言成为专业人员之间相互沟通的桥梁。另一方面，不同的建筑形式语言代表了不同的建筑风格和流派，体现了不同的美学观念和审美标准。

自 20 世纪后半叶以来，建筑学界逐渐意识到建筑的形式问题不完全源自建筑本身，而是紧密地和它所处的环境连在一起，甚至不可分割。在城市化大背景下，人们的生存环境大多是城市环境，因此，建筑的形体、样式、立面以及建筑语言的决策都需要回答如何处理城市空间环境的问题，建筑形体的决策体现了建筑师对环境的态度。然而对于初学者来说，建筑基本的几何形式语言依然是所有建筑形式语言的基础。

建筑语言

西方古典建筑柱式

多立克柱式
Doric order

爱奥尼克柱式
Lonic order

科林斯柱式
Corinthian order

中国传统建筑形式

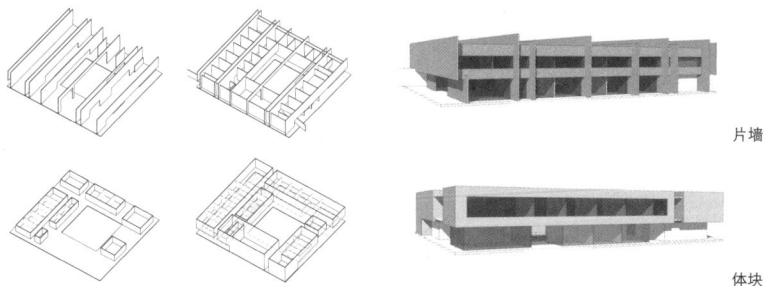

片墙

体块

形体语言

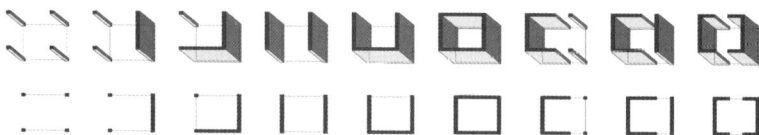

空间语言

1.1.2 建筑空间

通俗地说，建筑空间就是建筑内部可供使用的地方，反映了建筑功能价值。自现代建筑诞生起，建筑学学科对建筑空间的效能有了更加广泛而深刻的认识，其意义远大于建筑内部可供使用的房间。现代建筑的主要贡献之一是重新诠释了建筑的空间概念，建筑内部空间从一个个相对孤立的房间中解放出来。现代建筑设计很大程度上是建筑空间的设计，建筑形式语言和设计方法均以空间作为主题而展开。对于初学者来说，建筑空间的要素包括三个主要方面：

封闭、开敞和流通：由于建筑空间是由建筑墙体、柱子和楼板等构件的限定而来，所以建筑构件的限定方式使得建筑空间具备了封闭、开敞以及流通等特征。当围合空间的构件均为不透明实体材料时则构成了一个封闭的空间，而当围合空间的构件均为透明实体材料时则构成了一个开敞的空间，因此，同样大的空间有着不同的感知效果。当围合空间的构件不连续时，则构成了一个可行走穿越的流通空间。空间的开敞和流通有着不同的所指，开敞空间主要指静态的视觉效果，而流通空间则主要关注空间之间的运动。

封闭空间

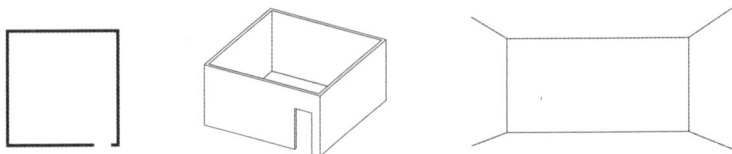

开敞空间

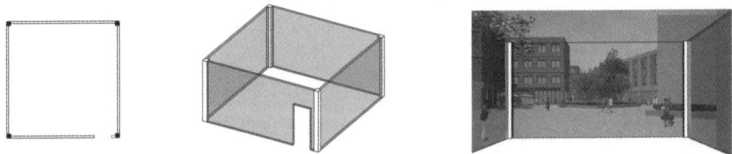

流通空间

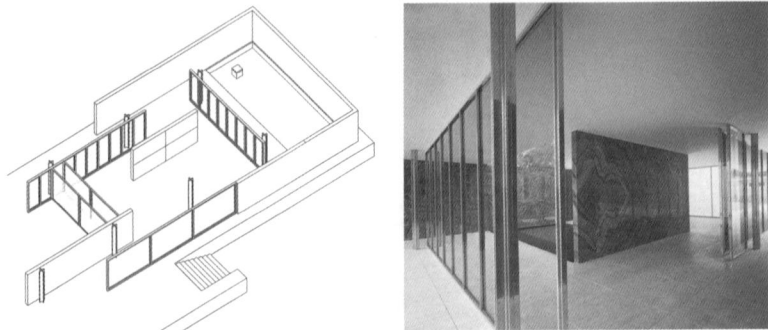

形状、尺寸和尺度：空间和空地有着本质的不同，空地没有领域的含义，而空间则存在形状、具体的尺寸和相对人体的尺度等多项表述空间几何形体的要素。建筑空间是通过空间构件（如建筑墙体、楼板等）的限定而来，因此，建筑空间的形状由其周边构件之间的相连关系所决定。建筑空间的尺寸通常和它的使用功能有直接关系，其决定因素和人的基本活动尺寸及其人数有关。建筑空间的尺度关系到人在认知它的时候，建筑空间的绝对尺寸与选择的参照物的关系，多数情况下，尺度认知的参照系是人体自身。

形状

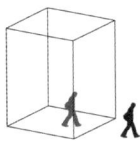

领域、场所和特征：我们已经简单介绍了建筑空间的视觉特征和几何特征，除此之外，建筑空间还有更为丰富的含义，即建筑知觉特征。空间的知觉特征包括了人们对所处空间的心理认同。如：在门厅中放置一些座椅，可能划分出同一空间中的不同领域；通过一些材料、光线、色彩、装饰物的设计，创造出有归属感的场所。对于初学者来说，在日常生活中关注和体验不同的空间特征，积累空间经验，对于建筑设计来说有着非常重要的意义。

尺寸

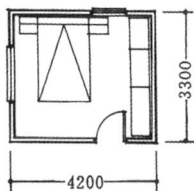

家具分割场所

1.1.3　建筑质感

　　建筑表面材料的质感也是建筑认知的重要内容。建筑对表面材料的选择包含两个方面的考虑：首先，满足建筑的保温、防水、耐久、力学等物质性需求；其次，考虑材料表面给人的视觉与触觉等感知特征，如色彩、纹理、平整度、透明度、反射度等。前者关心的是建筑材料的物理性能，后者关心的是材料支撑下的建筑形式所引发的心理感受。建筑质感主要是指后者，它会很大程度上强化人们对建筑形式、建筑空间的认知，并成为建筑美学与文化的重要载体。

　　常用建筑材料：传统建筑最常使用的材料包括木材、石材与黏土烧制的砖。由于多取材于当地，所以它们的质感往往更加具有地域性和亲和力。而钢筋混凝土、金属、玻璃则是最常见的现代建筑材料，由于它们是通过工业化大规模生产加工制造而来，因此通常会被认为带有工业时代的那种普适性和疏离感。

材料与纹样

木

传统建筑中木材既是结构材料又是围护材料。现代建筑设计中，木材仍然用处广泛，但以围护或装饰为主。

石

传统建筑中石材是结构材料也是围护材料。现代建筑设计中，石材仍然用处广泛，但以围护或装饰为主。

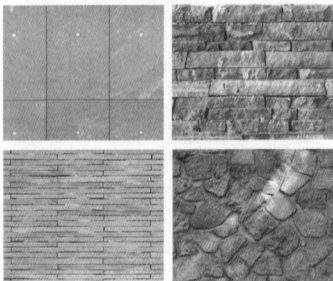

砖

砖是传统的人造建筑材料，它的运用和木材、石材一样，由承重、围护并举，发展到以围护功能为主。

支撑与包裹材料：根据在建筑主体的荷载上所起作用的不同，建筑中可以感知的材料大致分为两类：结构支撑所用的材料和表皮包裹的材料。二者的选材可以统一也可以不同，可以独立表达建筑的结构和表皮的质感，也可合二为一，还可通过隐藏建筑的结构来独立表现表皮的质感。

建造与纹样：即使采用同样的材料，由于使用了不同的表面处理、不同形状尺寸的构件、不同的拼接与围合方式（封闭或开敞），会呈现出完全不同的表面纹样，带来不同的质感。来自于地方材料适宜的建造方式和地方工匠们特定的建造方法传统建筑的质感成为地域建筑文化的象征，甚至成为形式语言用于现代建筑的设计。而在建筑不同部分采用不同的建筑质感，可以强化人们对各部分形体、空间差异性的认知。

支撑与包裹材料

德国汉诺威的五个公共汽车站，它们采用了相同的结构支撑体系和材料，同样的形体，然而，采用了不同的建筑包裹材料：不同的面砖、石材、玻璃和玻璃砖。因此，它们展现了不同的建筑质感。

1.1.4 建筑节点

建筑节点，是指针对特定的功能需求，选择特定的材料，以一定的建造方式将其组装起来，所呈现出的建筑局部。相同的功能需求，选择的材料或建造方式不同，会产生不同的视觉效果。因此，它不仅蕴含着建筑的实用性、耐久性、安全性与经济性等技术性问题，而且也影响到建筑的美观，并承载着建筑的文化内涵。建筑节点是建筑设计的重要内容，也是建筑品质的重要体现。

功能需求与节点形式：以建筑中的窗为例，为满足建筑空间采光与私密、通风与保温兼顾的需要，在砖砌建筑墙体上需要开窗，因此产生了设计窗扇的需求，它首先需要固定在洞口，其次它需要能够开合或部分开合。不同需求和解决方式造就了不同的开窗形式。

材料、建造与节点形式：还以开窗为例，窗洞引发了如何解决洞口跨度的问题。为了获得更大的开窗，古典西方建筑中大量使用砖石拱券，而随着材料与技术的进步，现代建筑则大量使用混凝土与金属平过梁。窗扇也由木框演化为强度、耐久性、密闭性更好的铝合金材料。不同材料的交接方式也就发生了相应的改变。

节点的美学与文化内涵：功能需求、材料选择、建造方式，会随着地域、时代、文化等差异呈现出丰富的形式，从而体现不同的美学与人文内涵。建筑师在建筑节点设计中，不仅要满足功能与建造的技术性需求，还应当根据建筑所处的地域、时代、文化特征选择合适的材料与建造形式。

梁解决跨度

窗过梁是砌筑墙体上门、窗或洞口上部的过梁，用来支撑洞口上部砌体。在传统建筑中，天然石材和木材是窗过梁的首选材料，而在现代建筑中混凝土和钢材则是常用材料。对窗过梁的处理方式是典型的建筑构造问题。

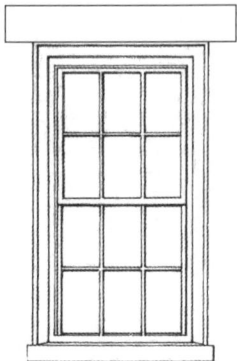

1.1.5　建筑环境

建筑物离不开它所处的环境，包括物质环境和非物质环境，物质环境又包括自然和人工环境。在建筑设计基础学习中，我们主要学习的是对物质环境的理解。在地球环境变化越来越受到关注的时代，绿色、低碳、健康与可持续已成为建筑学研究的重要领域，我们不仅要了解自然与人工环境对建筑单体的影响，也要了解自然环境与人工环境的相互影响，为创造更加宜居的环境打下良好的基础。

自然环境：我们所见的建筑，它首先一定坐落于一定的位置，其地质条件、坡度坡向等因素，就会影响到建筑如何选址和处理它的基础，使建造能够更加坚固而长久。其次，我们必须了解建筑所处地区的气候条件，通过不同的建筑围合处理来加以抵抗或利用，以获得更加稳定、舒适又节能的室内环境。在这些时候，我们所考虑的是建筑的自然环境。

人工环境：同时，大多数建筑物不是孤立存在于自然环境中的。人类的聚居行为使建筑个体大多处于一个人工环境之中。建筑物周边有道路互相连通，需要给排水、电力等基础设施的支持，左邻右舍是其他的建筑物。因此，当我们认知或设计一座建筑时，也避免不了周边的人工环境对它的影响与制约。

非物质环境：除此之外，人们往往会结合自身的或建筑所处的政治、经济、社会、历史、文化等背景来理解建筑，这就构成了建筑环境的非物质因素。

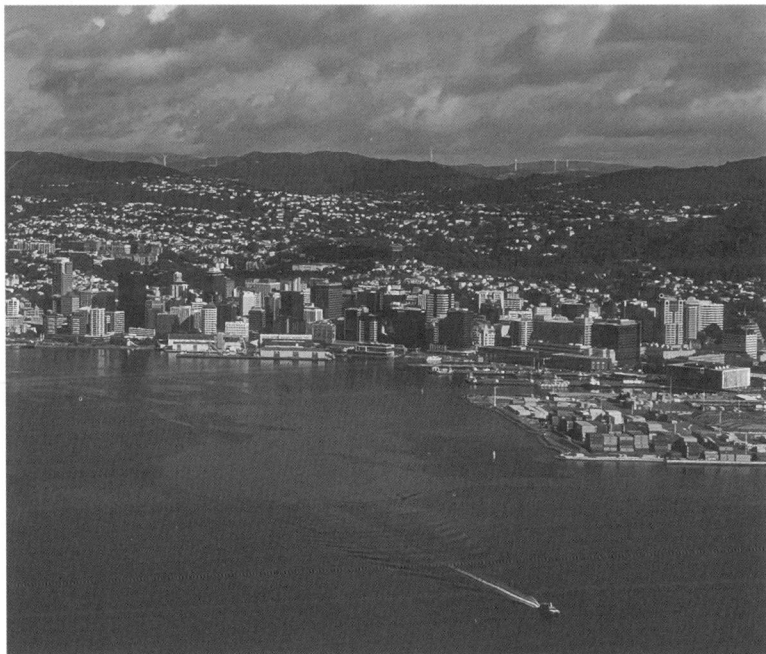

在现今的地球上，自然与人工环境总是或多或少地融合在一起。在国家公园内，自然占据主导。在乡村人工与自然则难以分割。城市虽然以人工环境为主导，但同样需要明媚的阳光、清新的空气，也仍要防范暴雨造成的洪水、地震等自然灾害。理解了环境，才能更好地设计建筑。

1.2　建筑表达

1.2.1　可视化的媒介

　　语言和文字是人类最普遍的表达和交流工具，但对于建筑这样以形态为主要内容的对象，用它们传递信息就存在明显的局限性。因此，在建筑设计中，主要的表达和交流工具不是语言和文字，而是各种可视化的媒介。最常见的可视化媒介就是图示，即在二维平面上呈现的图形、符号，如建筑平面图和立面图；最直观的可视化媒介是建筑的三维实体模型，如中国传统建筑的设计与建造之间的交流主要就是通过模型来解决的，它比图示更加清楚直观地表述了中国传统木构建筑复杂的交接问题。所以，可视化媒介不仅有很多种类，而且可视化媒介的选择与表达的对象及问题直接相关。

　　随着计算机技术的发展，虚拟空间的可视化媒介在当今的建筑设计领域中运用相当广泛，它不仅解决了传统图示难以解决的问题，而且拓展了建筑设计表达的空间，提高了交流的实效性，如计算机三维模型、动态空间展示、虚拟现实与增强现实技术等。同时，计算机技术也促进了建筑学研究的深入，建筑形式的可能性被进一步挖掘、发展并运用到建筑设计中去，创造了新的建筑形式（数理模型）和建造方式（数控建造）。因此，计算机技术越来越受到建筑学专业人士的关注和重视，并成为一个专门的研究领域。

　　值得注意的是，建筑可视化媒介不仅是建筑设计的表达与交流的工具，而且是认知建筑空间、理解建筑知识和辅助建筑设计的主要工具。因此，应该在建筑基础的学习中，熟知建筑可视化媒介的种类及其特性，充分利用其优势作为学习建筑的重要方法和手段。其次，尽管计算机可视化媒介功能强大，但是传统的二维图示和实体模型仍是最基本的工具，建筑手绘图（建筑徒手草图）在帮助建筑师思维方面仍有不可替代的作用。

建筑师徒手草图

1.2.2　图示表达

图示的意义：和文学中的文字、数学中的公式一样，图示是建筑学中无法用其他任何一种方式替代的表达和交流工具，能够最为高效地传递建筑的基本信息。因此，我们通常称图示为图示语言。

图示分类：按照投影方式，图示大致可分为正投影图、轴测图和透视图。按表达的功用大致可分为：技术性图纸，主要表达建筑尺寸、定位关系、材料、做法等，如平面图和剖面图；表现性图纸，表达建筑视觉形式，如各类透视图、立面渲染图等；分析图，主要用于表达建筑各部分关系或设计思路。按照不同设计阶段与深度，可分为构思草图、方案图与施工图。

制图技术：根据工具，制图技术可分为徒手画、器具画和计算机制图。其中器具画是指用直尺、丁字尺和三角尺等工具制图。在没有计算机制图的年代，用器械制图是保证表达准确性的重要手段。但随着计算机制图的广泛运用，它基本上已经被淘汰。然而，由于计算机制图的图纸空间是虚拟空间，它最终打印的图纸成果，依然沿用着用器具制图的标准，特别是平面图、剖面图、立面图等技术性图纸。

图示画法

徒手

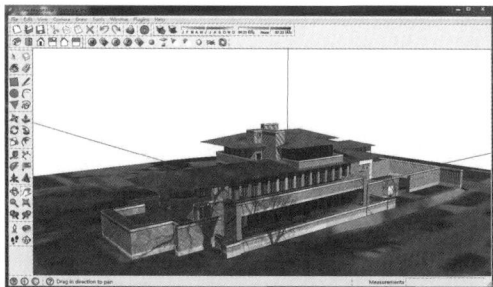

器具

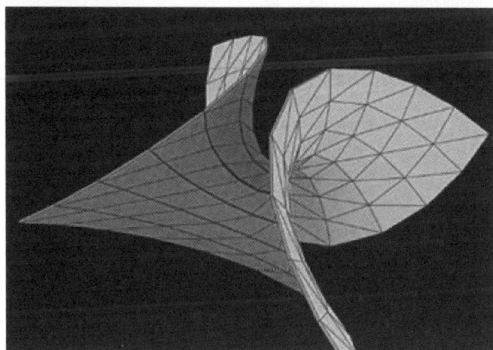

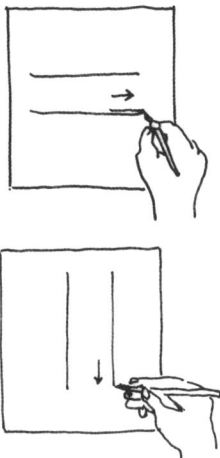

计算机制图
三维建筑模型

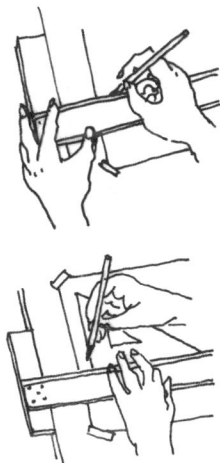

计算机制图
数理模型

计算机绘图分为两大类，一类是基于绘图软件绘图或建模，其方法比较简单实用。另一类是基于数理建模软件，通过计算机编程实现建筑构型。后者需要一定的计算机编程知识，数理建模在可变性和丰富性方面远优于前者。

1.2.3 模型表达

构造模型

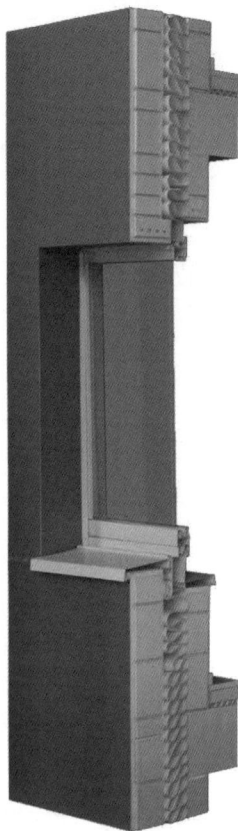

建筑模型是用一个简化了或缩小了的三维物体去表达真实的建筑物，因维度相同而表达最为直接。所以对于初学者来说，用模型表达建筑比二维的图示更容易理解。最早用在建筑领域里的是建筑的实体模型，它不仅可以用来表达建筑，而且可以指导建筑施工。如中国传统建筑的建造先由大师傅根据具体的建筑规制和材料制作小比例尺的建筑模型，建筑工匠们主要根据建筑模型的构件再进行足尺建造。在建筑设计过程中，建筑师多通过模型来研究复杂的建筑形体和空间。在现代建筑教学中，学生们往往通过研究模型帮助自己解决建筑的场地问题和空间问题。建筑模型和建筑图示一样也有比例的问题，在解决复杂建造问题时，至今建筑师仍然习惯制作大比例尺的模型放在工地旁，方便工人理解复杂的节点和构造问题。

尽管实体模型比较直观，然而由于在尺寸、材料上的差异，在某种程度上仍然不能满足设计研究的需要，而计算机的虚拟三维模型则弥补了实体模型的不足。在实际使用中，虚拟模型可以模拟静态和动态的真实场景，在专业人员和非专业人员之间建立了有效的沟通途径。对于初学者来说，虚拟模型的表达技术不仅可以帮助学生理解自己的设计，也可以作为设计研究的工具。如在虚拟空间中，模型可以被方便地拆卸或组装，帮助学生分析自己建筑设计的空间与形体，同时进行表达和设计交流。在建筑学习的过程中，虚拟模型和实体模型相结合，对于初学者来说非常重要。

相对实体模型和虚拟模型而言，建筑的数理模型的功用则比较偏重于建筑的形体规律的研究及其创作。对于初学者来说，并非在学习过程中用到建筑的数理模型，然而数理模型所用到的数理知识和计算机技术知识可能已经接触到了，它们将在高年级的学习中发挥作用。

模型室

建筑模型室是建筑学教学的重要实验基地之一。制作建筑模型是建筑学学生学习设计知识的一个不可或缺的重要环节。目的在于通过动手制作理解形体与空间的关系，同时增强重力、材料和构造的意识。

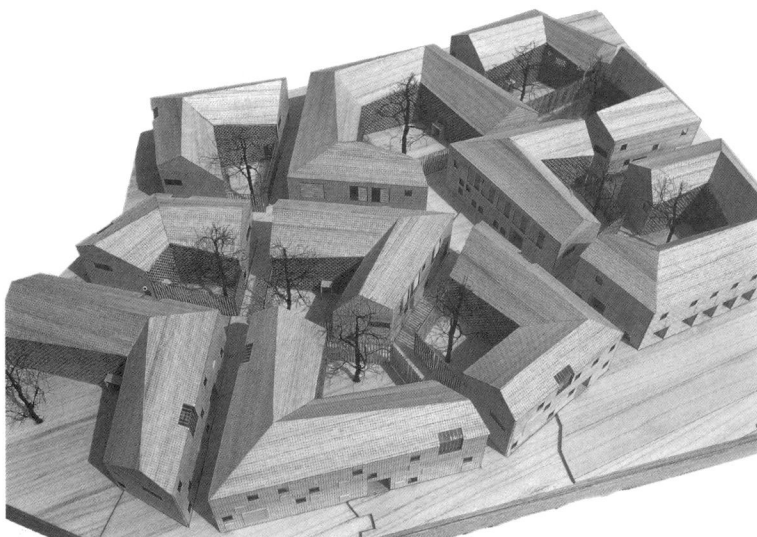

建筑群体模型

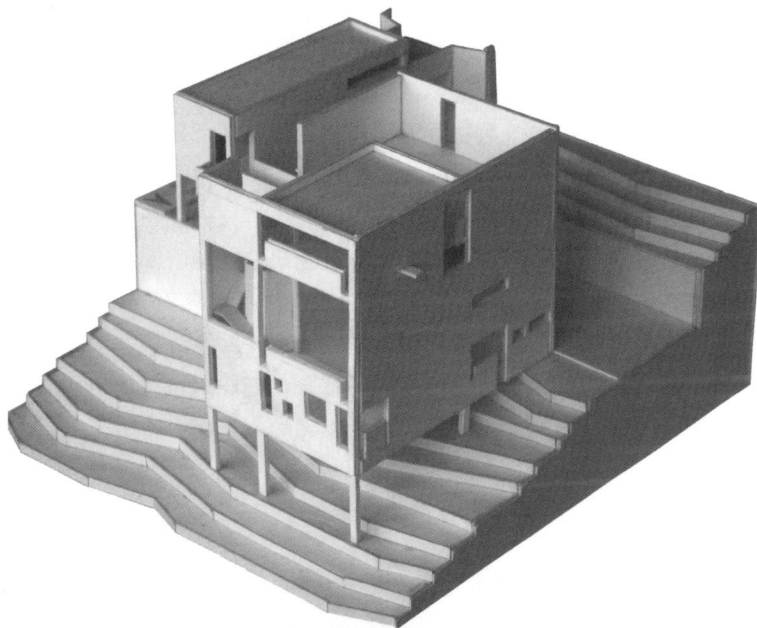

建筑单体模型

大尺度模型

1.2.4 比例问题

上图是法国巴黎的凯旋门，下图是一普通建筑的房门，两个门的尺寸完全不同。要将两个不同尺度的实物用同样大小的图纸空间来表达的话，就需要用不同的比例尺。比例尺的运用对于建筑师来说非常重要。

首先，由于与建筑实物的尺寸差异，要准确反映建筑实际尺寸和各部分位置关系，图纸、模型就需要按照一定的比例缩小。同样的，图纸与模型的内容通过比例才能还原为实物尺寸。因此，了解比例，才能理解图纸或模型所代表的实际建筑所拥有的尺寸，才能熟练地通过图纸来把握真实建筑的尺度。

其次，不同比例对应表述不同层次的建筑问题。经历过多年的实践，建筑专业内部已经形成了约定俗成的比例使用习惯，如：总平面图一般采用1∶500；方案图多用1∶200；建筑施工图1∶100；局部空间详图1∶50；建筑节点1∶20，有时甚至1∶10，1∶5。随着比例尺的改变，表达的内容也从整体深入到局部。例如，当使用1∶200比例尺绘图时可以方便地思考空间的划分和围合关系，但是很难讨论1∶20的节点图中才会呈现的建筑的材料和质感的问题，或者说很难意识到质感或材料的问题，反之亦然。因此，学会比例的运用有助于建筑设计的全面与深入发展。

第三，图纸比例既可以暴露问题也可以掩盖问题。由于建筑师大部分是通过图示或模型进行设计工作，也就是说大部分时间是面对不同程度缩小了的和抽象了的建筑。初学者往往会将图纸上的建筑和真实的建筑混为一谈，忽略了真正建筑的问题。因此，在学会使用比例的同时，必须意识到图纸问题和现实问题的差距。为此，作为未来的建筑师应该关注现实生活，注意体验建筑实际尺寸并和图纸空间进行比对，有意识地培养自己真正的建筑设计能力，而不是"图纸建筑"的设计能力。

人的身体基本尺度是衡量建筑空间设计尺度的最好标准。欧洲现代建筑先驱——勒·柯布西耶绘制了模度人，表达了人的各种活动所需要的不同尺度的空间，为建筑设计提供了很好的范例。

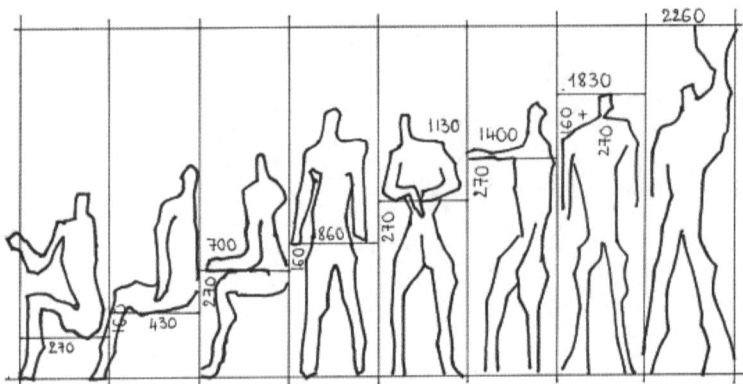

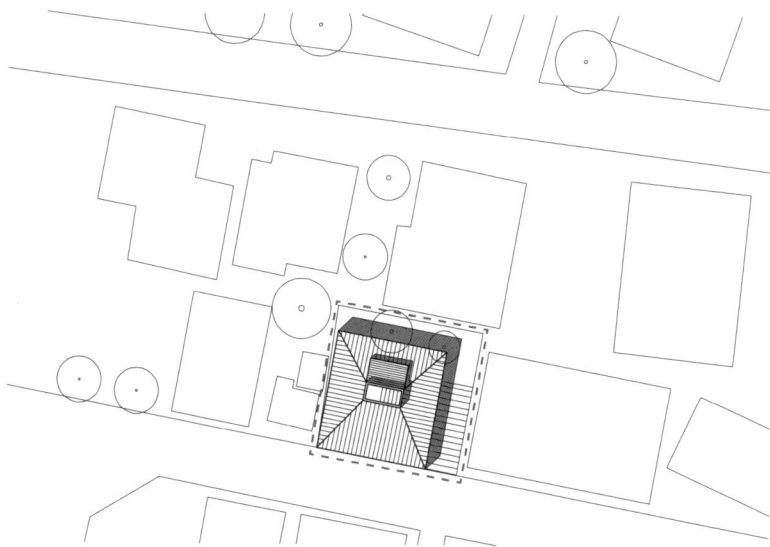

总平面图

0   2.5   10m
  1.25   5

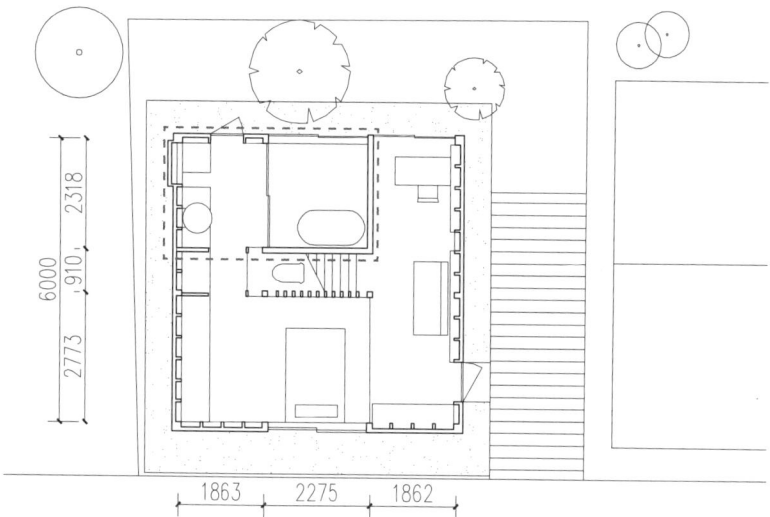

建筑方案图

0   1   3m
  0.5   1.5

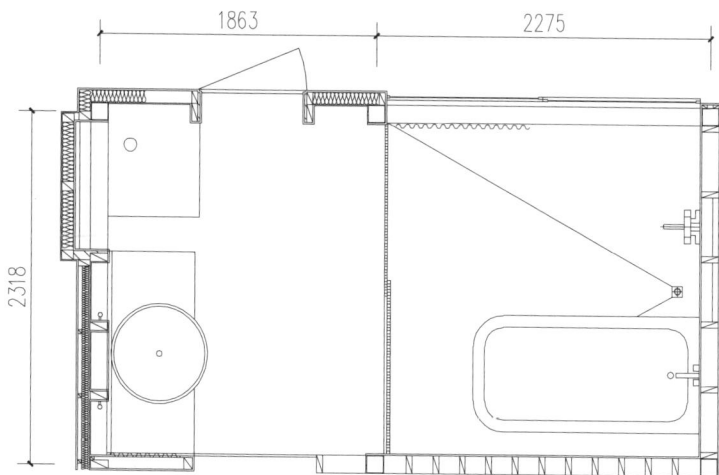

局部空间细化图

0   0.25   1m
  0.1   0.5

1.2.5 图示与文本

建筑设计的表达除了二维的建筑图纸和三维模型之外，成果的展示也是重要的组成部分。由于建筑设计成果须得到建设方、城市规划部门甚至普通民众的认可方能实施，因此表达技能在建筑实践中对建筑师来说极其重要。表达的技能包括建筑图展示、文字表述和文本制作。

图纸展示的要义是主题与表达相匹配。建筑方案文本虽然以图为主，然而需要认清的是此刻的图纸的意义不是图像而是语言——建筑的图示语言。因此，图纸的选择和摆放如同写作中的文字组织，即讲究段落结构，又讲究语言的优美。就结构而言，一般建筑文本的组织的第一部分通常是：项目设计需求、项目条件的优劣分析，项目解决的可能性以及最佳解决手段；第二部分表述场地的问题以及解决方法，此时最重要的是建筑的总平面以及相关的分析图；第三部分重点表述方案本身，即大家熟知的建筑平、剖面图和建筑的立面图，如果有必要还需增加相应需要重点说明建筑方案特色的图纸；最后还需要建筑建成后的效果图，此时，效果图的意义是设计意图的证明。

建筑文本的特殊性在于其核心语言是图示语言，但是并不意味着图示语言可以表达全部。文字在建筑文本中仍然有着非常重要的作用，如同一般书籍中是图纸说明文字，而在建筑文本中往往是文字说明图纸，尤其是文本的核心部分。文字简练、准确是建筑文本的基本要求。

文本制作相当书籍的排版工作，然而建筑文本的制作往往比一般书籍的排版更为重要。在建筑方案的表达中，文本制作往往也被看作是一个设计过程，它考量了设计者的审美品位和处理问题的手段，一个好的文本不仅能够完成解读设计要义的任务，也能够给阅读文本的人带来美的享受，这一点不容忽略。

形体生成分析图

轴测分解图

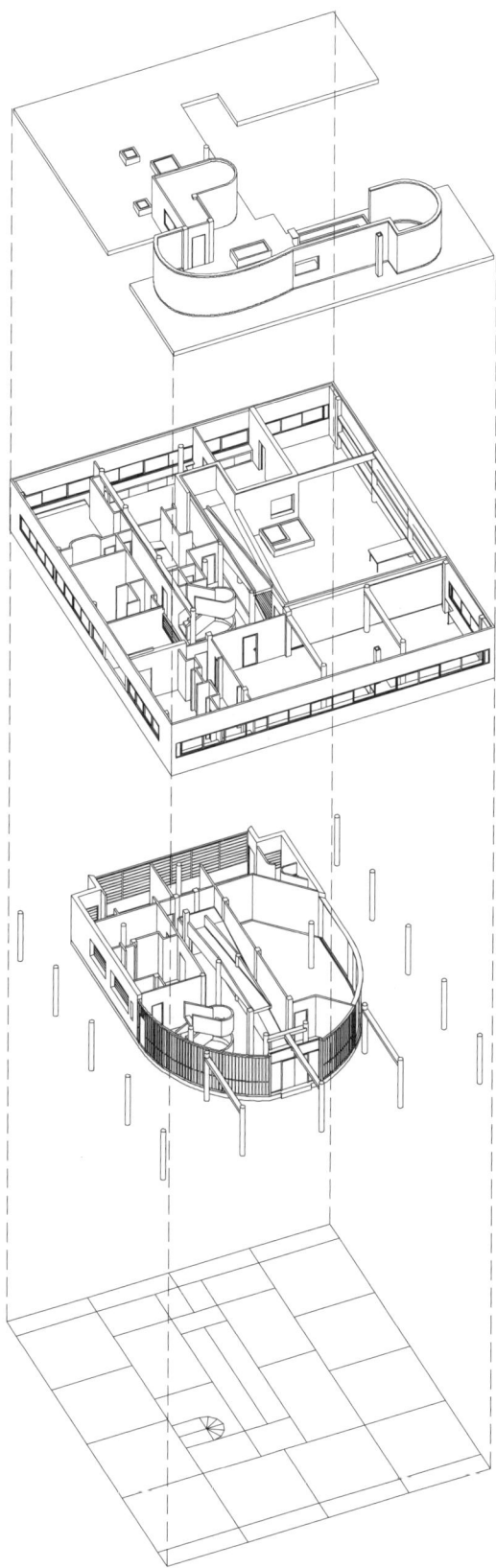
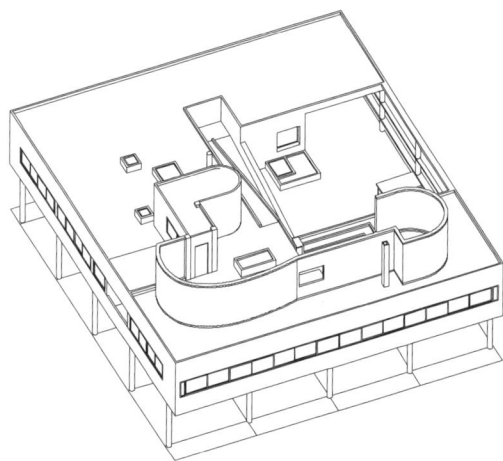

屋顶层

二层

一层

平面

1.3 学习资料

1.3.1 参考书

认知

—《建筑空间组合论》，彭一刚

彭一刚先生的《建筑空间组合论》从建筑空间组合的角度系统地阐述了建筑空间的分类方式、组合原理以及设计手法。该书由浅入深，不仅论述了建筑设计的方法，而且也涉及了建筑构图的基本原理，因此也是建筑入门的一本重要的读本。

—《建筑：形式、空间和秩序》，弗朗西斯·D·K·程（Francis D. K. Ching）

由弗朗西斯·D·K·程编著的《建筑：形式 空间和秩序》是建筑学学科公认的入门读本。该书的主要特点是以简明点、线、面、体等形式语言，展示了建筑的形式和空间，简单阐述了建筑形式的组合规律、交通组织以及建筑的尺度和比例等要素及基础概念。该书旁征博引了大量的世界著名建筑实例，使学生在了解基本原理的同时认识了优秀建筑实例。该书的另一个重要的特色是它的表达特色——手绘图和手写体文字，从另一个侧面给初学者展示了建筑师徒手能力的重要性。

—《外部空间设计》，芦原义信

建筑的场所问题是建筑认知的重要组成部分，芦原义信的《外部空间设计》将"场所"和"空间"两个概念作为重点表述的对象，提出了积极空间、消极空间等具有空间体验和感知的空间概念，将纯粹几何空间转换成为有意义的建筑环境空间。在论述外部空间的同时，该书的作者从认知的角度出发，引入了加法空间和减法空间等一列概念，对于初学者来说具有帮助认知复杂的建筑外部空间有积极意义，对该类空间或环境的设计也有参考价值。

—《存在·空间·建筑》，诺伯格·舒尔兹（Christian Norberg-Schulz）

诺伯格·舒尔兹的《存在·空间·建筑》一书对于建筑学的初学者来说有一定难度，以作者自己的话来说，该书是基于哲学、心理学和建筑学的多个角度阐述了建筑的整体性本质。之所以推荐该书给初学者，是希望初学者在入门阶段对建筑学有一个全面的正确的认识，以免简单地在建筑和房屋之间划等号。建筑师只有深刻认识到建筑的人文意义和社会意义，才能在建筑创作上有比较好的发展。

设计

—《建筑设计教程》，鲍家声

鲍家声先生的《建筑设计教程》综合地论述了建筑的基本理论和建筑设计的基本原则和方法。该书以建筑设计的共同性问题为主线，分别阐述了不同类型建筑设计，并对一些特殊的建筑需求予以剖析。该书基于以人为本、服务社会和尊重自然的设计思想，简要地论述了建筑的生成发展及其与人、社会和自然的关系，同时表达了建筑形式的生成与建筑技术的关系。对于入门者来说，该书对理解建筑设计工作非常重要。

—《建筑学教程：设计原理》，赫曼·赫茨伯格（Herman Hertzberger）

赫曼·赫茨伯格是荷兰结构主义学派的重要建筑师，他的建筑作品在世界范围内受到广泛的青睐。该书是根据1973年以来赫茨伯格在荷兰代尔夫特理工大学授课内容编写的教材，它自1991年在荷兰初版以来，多次再版，并已在德国、意大利、葡萄牙、日本以及中国等国家和地区出版，很多建筑院校将此作为建筑设计的教学参考书。该书的主要特点是将建筑问题转化为空间问题，其内容分为公共领域、形成空间和留出空间三个主题分别阐述。书中大量的图片和图示不但为初学者打开了眼界，同时也为设计提供了参考资料。

—《建构建筑手册》，德普拉泽斯（Andrea Deplazes）

《建构建筑手册》一书是苏黎世高等工业大学建筑系教授德普拉译斯从事建筑设计和建筑教育经验的积累。该书将建筑视为建造的艺术，介绍了材料的结构形式、质感以及构造方式和建筑设计的关系。事实上，建筑是技术工程和人类艺术与创造力的载体，通过精美的构造不仅表述了技术原理，而且将建筑审美的独到之处直接展示出来。该书的图示非常精美，大比例的节点图为初学者提供了准确的参考资料。

—《建筑图像词典》，弗朗西斯·D·K·程（Francis D. K. Ching）

《建筑图像词典》是根据弗朗西斯·D·K·程编著的另一重要读本，对于初学者来说是一本难得的学习建筑学知识的工具书。编者将建筑学的基本概念如建筑艺术、历史、设计和技术等化解为68个基本方面，对相关的名词术语的各个不同的含义也作出了明确的解释，并附有插图，加深了对名词和概念的理解。本词典主要涉及的是建筑学基本概念，它不受时间的限制、风格的影响，这一点对于刚刚开始建立概念的建筑学学生来说尤为重要。

1.3.2　参考图集

设计图

—《建筑设计资料集》（第三版）第 1 分册

这一分册为建筑总论，包含了众多概念、术语、制图和标识规范等建筑基本知识的图解。

—《建筑制图》，钟训正、孙钟阳、王文卿

《建筑制图》是建筑入门的重要建筑设计工具书，它包括作图技法、建筑投形和建筑透视三部分，是学习建筑制图原理和作建筑画技法的书籍。建筑设计通常要画三种图：草图、施工图及透视图，建筑制图技法是学习使用制图工具的基本作图方法，包括了用器具画、徒手画和写工程字等。尽管现在主要的绘图工具为计算机，然而制图的基本原理是相同的。从学习的角度来说，对原理的理解更为重要。

—《建筑三维构图技法》，M·萨利赫·乌丁

《建筑三维构图技法》是一部介绍建筑轴测图画法的重要手册。该书收集了近 20 位世界著名的建筑设计师的获奖轴测图近百幅，介绍了正轴测图和斜轴测图等各类轴测图的制图技巧，具有丰富实用价值，是设计工作室理想的案头工具书。

— *Design Drawing*，Francis D. K. Ching

该书是英文原版书籍，文字并不多，主要是精美的设计图和建筑分析图，提供给大家作为绘图的参考书。

表现图

—《风光素描与速写》，钟训正

钟训正先生的绘画在建筑界享誉盛名，出版了多部关于建筑绘画的专著。《风光素描与速写》是一部钟先生铅笔画的专辑，展现了钟先生多年来铅笔画的精华，为学生提供了建筑画的视觉盛宴。钟先生认为对于建筑师来说铅笔画非常重要，因为铅笔在表达空间的层次、明暗和质感方面非常方便。用钟先生的话来说，"虚是铅笔画的一大特色，于人以深邃的思考空间"。该书收集了风景画和建筑画两种类型，囊括了各种风格和质感的建筑，为学生提供了丰富的资料。尤其是该书有不少放大比例的图片，清楚地向初学者展示了绘画的笔法。

—《线韵：齐康建筑钢笔画选》，齐康

齐康先生不仅是建筑设计大师，而且他的钢笔画也堪称艺术作品。设计之余齐先生绘制了许多与建筑题材相关的钢笔画，该书收集了部分齐先生的钢笔画作品，值得学生们学习。

1.3.3　课外书

学习建筑设计远不能止于专业书籍，课外书依然十分重要。原因是建筑设计除了相应的建筑知识之外，还需要有深刻的人文修养，整体素质的提高对于建筑学生来说非常重要。我们知道建筑设计需要设计者具备创造力，而创造力的培养仅仅靠专业教育是无法获得的。以建筑设计作品为例：虽然建筑设计的创造性或创新包括了建筑作品视觉形式的新颖，但是形式的新颖和建筑设计的创造性断然不能划等号。通常认为具有创造性的建筑设计应该在形式上具有突出的特点和建筑技术上显著的进步，前者创造了优质的人造空间环境、视觉环境和生态环境，而后者解决了由前者带来的一系列的技术问题，或启用新材料获得的新的建筑品质，或运用新的构造技术来降低建筑能耗、减少环境污染等等。显然创造性的内涵决定了富有创造性的建筑设计通常是不常见的或超常规的，也很可能是教科书或教学参考书中没有涉及的。那么作为创造性建筑作品的设计者的思想之源来自何方？似乎还得源自其丰富的历史知识，源自其对相关的甚至是看似不相关的学科新知识的了解，源自对日常生活真实的体验。对于学生来说，最重要的是知识的积累，专业贡献不在当下而在未来，提高修养类的书籍将使他们获益终生。

读课外书的目的是为了提高修养，尽管建筑学专业的学生主要时间还是应该花在图房里做设计，然而闲暇之余最好读点哲学类、美学类、历史类、社会知识类和设计修养类的书籍。这每一类别的书目都包括了海量的内容，对于学生来说当然可以根据自己的兴趣有所侧重。在此，仅针对刚入学的学生推荐一些读本，推荐的原则是通过接触这些读本拓宽视野，增长见识。当然，也希望这些读本成为一个跨入更高层次的台阶，自己今后能够选择更为合适的好书。

哲学、美学类：哲学和美学是建筑理论的基础，理解东西方思维方式的基点、逻辑和差异才能真正理解西方建筑学理论和中国建筑学的发展状况。

1.《中国哲学简史》，冯友兰

2.《西方哲学史》，罗素

3.《西方美学史》，朱光潜

4.《哲学的故事（上、下）》，威尔·杜兰特

历史类：中西方历史知识是建筑史知识的背景和土壤，了解中西方历史对于提高建筑学修养极为有益。

1.《插图剑桥中国史》，伊佩霞

2.《西方文明史》，马文·佩里

3.《中国古建筑二十讲》，楼庆西

4.《中国科学技术史》第二卷《科学思想史》，李约瑟

社会知识类：了解中国社会现状、了解中国社会的发展对于从事建筑创作、解决设计问题极为有帮助。

1.《乡土中国》，费孝通

2.《追寻现代中国（上、中、下）》，史景迁

设计修养类：绘画和艺术设计类的书籍对于提高艺术鉴赏力、审美眼光有很大益处，阅读艺术类书籍，经常欣赏美术作品是建筑学形式训练的一个重要方面。

1.《设计心理学》，唐纳德·A·诺曼

2.《艺术与错觉》，E.H. 贡布里希

3.《品读世界美术史》，陈文斌

4.《色彩的中国绘画》，牛克诚

5.《康定斯基论点线面》，康定斯基

第 2 章　建筑物

　　在进入大学学习建筑学专业知识之前，各位同学作为普通人已经有了十七八年的生活经验，而这种生活经验离不开与建筑物（通常称之为"房子"）的密切接触和身处其中的各种体会。出生，是在医院的产房；回到家，或是农居，或是城市住宅；上学了，离不开教学楼和体育馆；逛街，去的是大商场或步行街。同时，作为普通人，同学们或多或少也都有欣赏建筑并表现建筑的经验，如在绘画或摄影中将建筑作为表达的主题，虽然并非出于专业眼光，但是行为过程也并不陌生。这些都是学习建筑的起点，也是可以利用的学习资源。大家从建筑设计基础的学习开始，就要利用已有的建筑体验，逐步地对建筑进行"专业的理解"；利用已知的表达过程，学会对建筑进行"专业的表达"。因此，在这一章节中有两个互相联系的学习重点，一个就是日常所见的三维实体建筑，另一个就是二维的专业建筑图纸表达。

　　一方面，这一章节将基于从现象到本质，从具象到抽象，从整体到细部，从经验到知识的认知路径，来选择认知对象。对建筑学

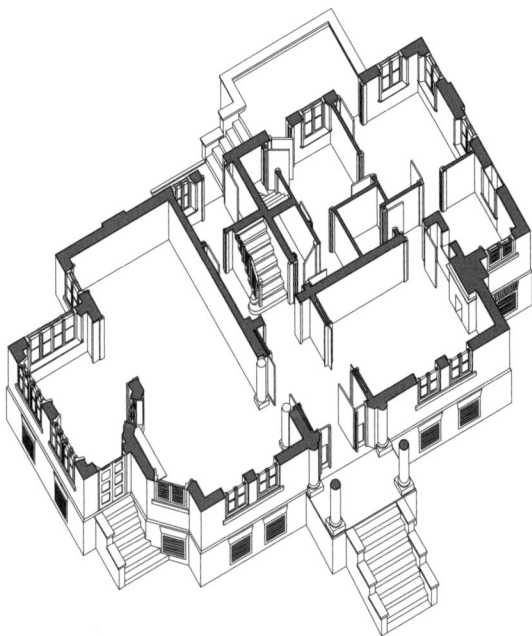

知识的学习，要从初学者日常所见的实体建筑作为起点，由外（建筑外部形体）至内（建筑内部空间）、逐步深入地进行认知。建筑外部形体是学生视觉经验中最熟悉的对象，以此作为起点，开始学习如何专业地理解建筑。建筑内部空间是学生最有生活经验的环境，以此为对象，学习如何用专业语言表达。

　　另一方面，人们从视觉上感知的建筑形象都是三维的，而建筑图纸却是二维的，它起到的是描述、表达、交流建筑信息的作用。以正投影方式绘制的不同比例、内容的二维图示语言表达不仅是建筑专业人员进行专业交流的基本语言及建筑设计操作要掌握的基本功，也是初学者开始专业地学习建筑知识的有效认知方法。对实体建筑进行观察，绘制专业图纸，或者通过识读专业图纸来理解三维的建筑空间，可以在入门阶段较好地建立起三维的建筑与二维图纸的联系，并在此过程中掌握必要的建筑基础知识。在此学习过程中，关键不在于认识图示和记住图示，而在于是否能够通过图示来感知相应的实体与空间。

2.1 建筑外部形体

2.1.1 建筑形体特征

在第 1 章概述的开头，我们就知道，建筑的形体特征是建筑认知中的"第一印象"。从"体形"上看，我们生活中大多数的建筑物，都是长方体或长方体的组合，但也会看到圆柱体、锥体等其他几何形状，或者它们与长方体组合成的建筑物。除了几何形的组合关系，还有一些建筑的体形，是由简单几何形状通过切削、挖空或者扭转形成的。人们看到的建筑轮廓越复杂，说明它的三维几何形体构成也越复杂。通常来说，同样体积的建筑物，使用简单的几何形状，会使建筑看起来更大更具有体量感，而由更多的几何形组合成的体形会消解和弱化建筑的体量感。这与人们对建筑尺度的认知相关（参看 2.3 建筑尺度）。建筑师需要结合建筑物的内部功能需要、外部环境影响、技术与材料可能性综合考虑，来创造尽量合理的建筑形体。

2.1.2 建筑形体的二维图纸表达

当我们需要对感兴趣的建筑进行记录，我们就需要使用二维的媒介——图纸。对于普通人来说，通常的方法就是摄影或绘画写生。在照片或写生画上呈现的建筑形象，遵循透视的原则。所谓透视，简单地说，就是同样尺寸的物体给人以近大远小的视觉感受，建筑几何形体上相互平行的轮廓线会在视觉上汇聚于一个消失点。这是人的视觉感知空间深度（即观察对象距离观察者远近）的一种表现。这样的图纸称为透视图（或单点投影图、中心投影图），它能表达出观察者在某一静止位置和方向（视点和视角）看到的建筑形象和场景。

我们还可以通过轴测图的方式表示建筑的三维形体特征，与透视图不同的是，它在绘制时保持形体上平行线的平行关系，使建筑形体的不同面可以按照一定尺寸比例关系组合在图形中。在快速勾画建筑三维形体或表达建筑不同组成部分时，轴测图十分有效。例如，这本书中的图解，就大量采用了轴测图的绘制方式。

但建筑专业人员在多数情况下进行专业交流时所使用的并不是透视图或轴测图，而是正投影图。这是因为透视图所表达的建筑形体，与绘图所设定的观察点远近相关，存在近大远小的形变，并不能准确直观地反映建筑形体的真实尺寸关系。而建筑图纸有一个很重要任务——记录建筑真实尺寸和进行空间定位，来作为设计和施工建造的媒介。在这种情况下，图纸的绘制就要采用正投影（或称

建筑体形

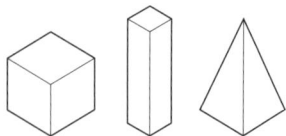

建筑体量

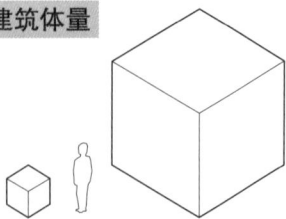

单一形体与组合形体

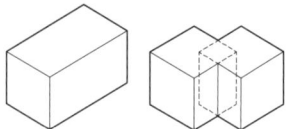

透视图

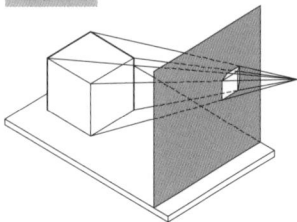

投影面

视平线

消失点 V2

消失点 V1

视线方向与投影距离

视平面

视点与消失点的连线，
与物体的一边平行

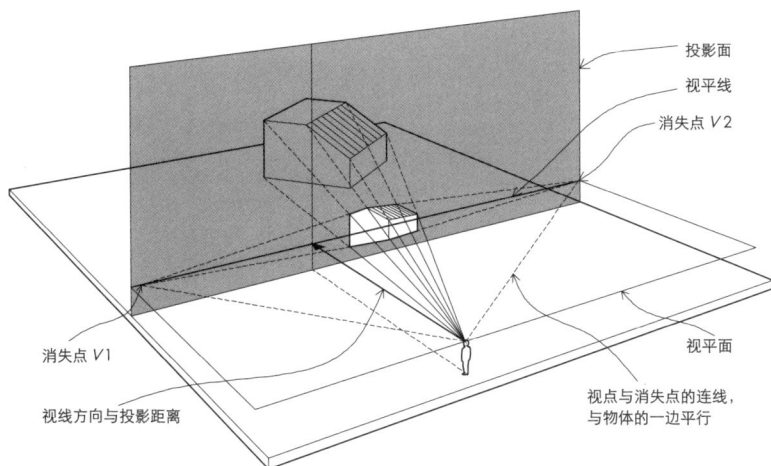

在透视图中，由物体上各点与观察者视点的连线所形成的"视觉锥体"与投影面的交集，形成了物体的投影。在透视中，视平面和成像面总是相互垂直的，它们的位置由视线的方向、成像的距离决定。两个面的交线就是视平线。物体上相互平行的轮廓线在透视图中汇聚于一个无限远处的消失点，因此通过出发于视点、与物体某一组边线平行的辅助线，就可以求得这组平行线的消失点在视平线上的投影。

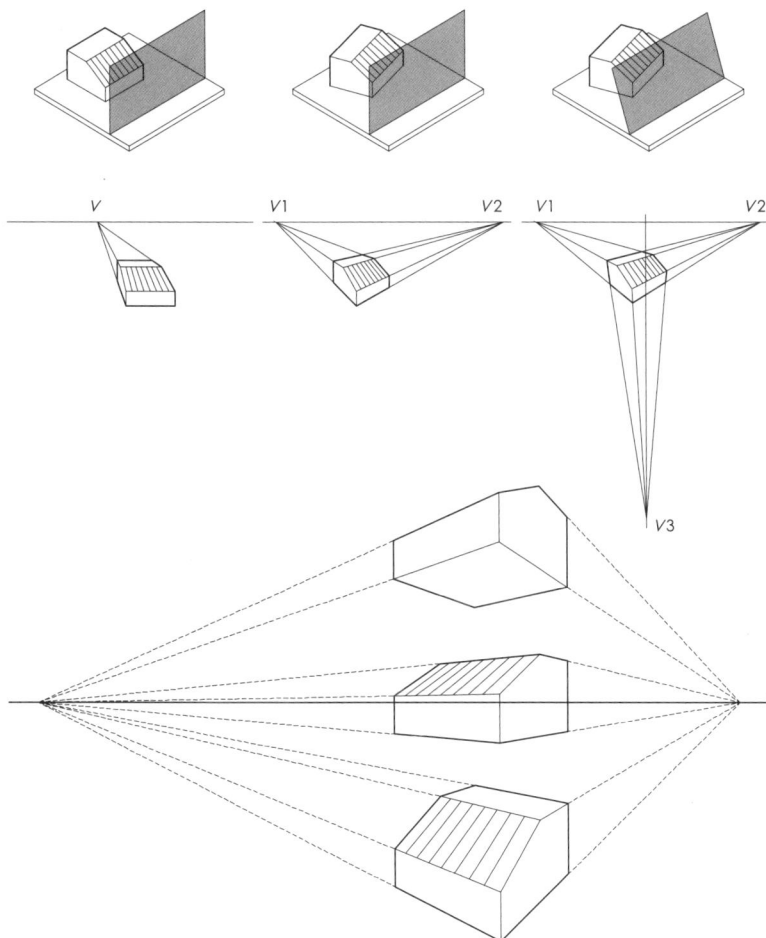

V

V1

V2

V1

V2

V3

以位于水平面上、主体为长方体的物体为例，当视线保持水平，并与物体某一个方向的面相垂直，那么成像面就与建筑的一个面平行，建筑只有一个主要方向的边界线有消失点，这样的透视成为"单点透视"；视线保持水平，但不与观察物体的面相垂直，此时，物体有两个方向上的边线有消失点，这种透视称为"两点透视"；当视线既不保持水平，也不与建筑的主要面垂直，这时呈现的就是"三点透视"的效果。

物体位于视平线以上的透视图，称为"仰视图"；物体位于正常的人眼高度观察范围内的透视图，称为"平视图"，而物体位于视平线下方，则称为"俯视图"或"鸟瞰图"。

正轴测图

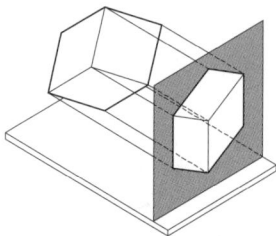

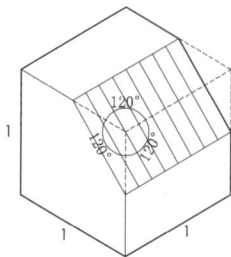

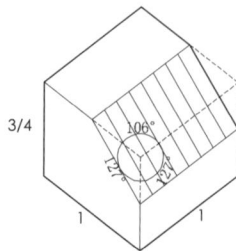

正等测图：三个可见的面得到了同样的表达，实际的长度保持不变，但坐标轴角度关系与实际物体发生了变化。

斜二测图（对称）：正等测图的变形，向前或向后转动物体，获得较小或较大的顶面，但保持垂直轴方向两个面的对称。通常垂直方向的边需要改变比例，以获得更真实的视觉效果。

斜轴测图

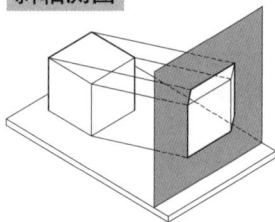

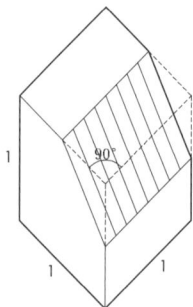

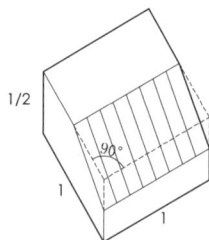

平面斜轴测图（全比例）：将物体真实的水平面旋转至合适角度（常用30°或45°）侧面则通过垂直投影得到，实际长度保持不变。

平面斜轴测图（垂直方向有缩比）：全比例的平面斜轴测图在视觉上有被拉高的感觉，通过高度的缩小（通常为真实尺寸的1/2），获得更真实的视觉效果。

正投影图

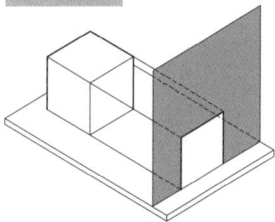

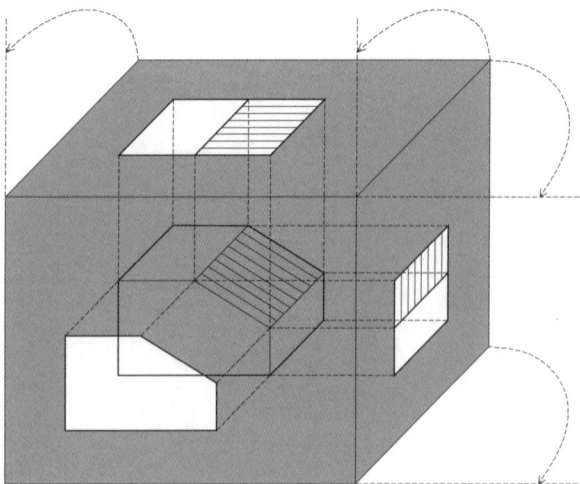

在正轴测图中，观察者被认为处于无限远处，视线与物体的连线相互平行，物体垂直投影于投影面，但几个面都不平行于投影面。正轴测图中边线夹角与实际物体都有改变，圆弧在正轴测图中变成椭圆弧。

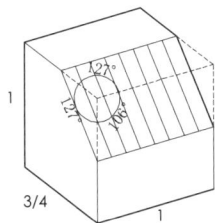

斜二测图（不对称）：也是正等测图的变形，向两侧转动物体，获得一个较大的侧面，但另外两个面保持对称。通常有一个方向的侧边需要改变比例，以获得更真实的视觉效果。

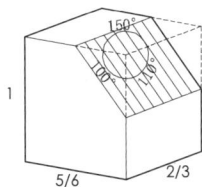

斜三测图：也正等测图的变形，长宽高都经过调整，通常取 6：5：4 的比例关系。如果一幅轴测图有三个不等的坐标轴夹角且大于 90 度，既非正等测图，又非斜二测图时，它就是斜三测图。

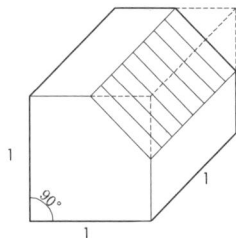

在斜轴测图中，物体有一个面平行于投影面，而观察者被认为处于无限远处，视线与物体的连线相互平行，但与投影面形成一定的角度。此类轴测图可以体现实际的物体水平面或者垂直面。

立面斜轴测图（全比例）：表达某一物体真实的垂直面，相邻的面则以合适角度（常用 30°、45° 或 60°）斜向投影得到，实际长度保持不变。

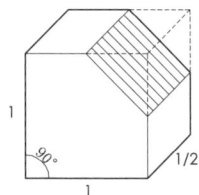

立面斜轴测图（斜向有缩比）：全比例的立面斜轴测图在视觉上有被拉长的感觉，通过斜向的缩小（通常为真实尺寸的 1/2），获得更真实的视觉效果。

在正投影图中，物体有一个面平行于投影面，观察者被处于无限远处，视线与物体的连线相互平行，且垂直投于投影面，因此，只能见到一个方向面的投影。

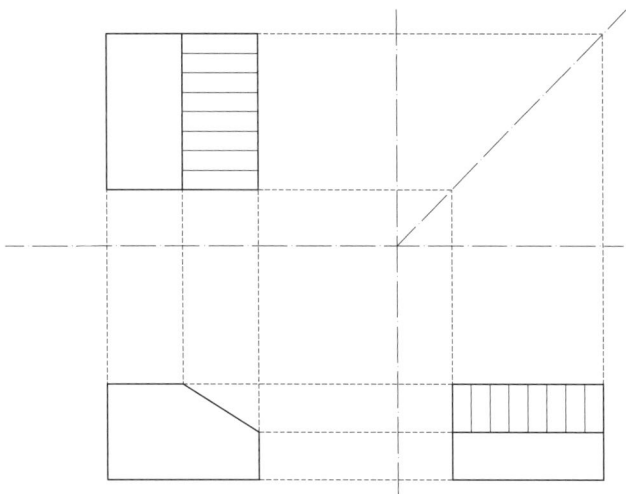

图纸幅面

1189mm

A0

840mm

594mm

A1

840mm

594mm

A2

420mm

297mm

A3

420mm

297mm

A4

210mm

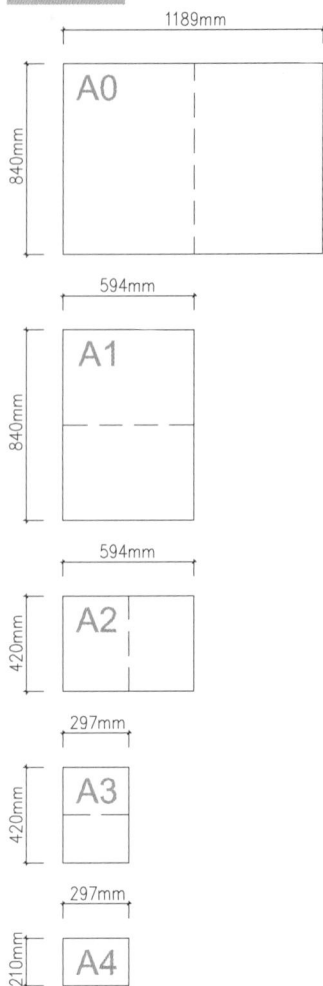

比例尺的表达方式

0 1 2   4   8m

0 1 2   4   8m

为正交投影、正投形）的方法，也就是把建筑的几何特征要素（端点、边线等）垂直投射于投影面（图纸）的方法表达出来。通过不同方向正投影图（例如，三视图：正面、侧面、顶面）的互相参照，建筑形体的三维真实尺寸就可以被图纸所表达。正投影图通过正投影的方法将建筑的三维几何信息转化为更易读取的二维信息，并真实直接地反映建筑形体的尺寸和空间位置。

在这里需要注意的是，通常图纸是供人在手中阅读的，因此图纸的尺寸大小在绝大多数情况下都远远小于实际建筑的尺寸。因此，我们在进行正投影作图时，要按照一定的比例缩小建筑的实际尺寸使它能够被绘制到图纸上，这样图纸上各种投影线条的关系就不会失真，并能够还原。图纸比例指的就是图中图形与其实物相应要素的线性尺寸之比。图纸比例的标注方法为将图纸单位尺寸与它表达的实物尺寸用"："符号分隔开，标注在图纸名称之后。在某些表示建筑群体布局关系的小比例尺的总平面图上，会使用绘制比例尺的方式来表达图纸比例。建筑学常用的图纸比例有 1：1000，1：500，1：200，1：100，1：50，1：20 等，在同样大小的图纸上，使用越大的比例，反映的细节越多，也更加局部。因此需要根据表达的建筑内容，选择合适的图纸比例。

此外，确定图纸比例也要考虑图纸本身的尺寸大小，也就是图纸幅面，简称图幅。它是指图纸宽度与长度组成的图面。我们国家和国际上通常采用的技术图纸基本幅面为 A 系列，从 A0、A1、A2、A3 到 A4 五种。最大的 A0 幅面纸张面积为 $1m^2$，图纸差一号，面积相差一倍。各图号图纸长边与短边的比例均为 $\sqrt{2}$：1。

2.1.3 建筑立面图

除了建筑形体，垂直于地面的建筑外表面、可见的坡屋顶及其上的门窗等洞口、建筑材料的质感颜色也是观察者最先感知的部分，用平行投影的方法描绘这些表面的建筑图纸被称为立面图。同时大多数建筑形体由长方体构成，因此通常四个方向的立面图就能较全面地反映出建筑的外在形象。不同比例的立面图可以表现出不同深度的细节。同时，在图纸上使用不同粗细的线条，可以表达出立面上不同的空间深度信息。在通常情况下，图纸使用 3~4 个粗细等级的线条就可以表达不同的空间深度的信息，每一等级之间的粗细比例遵循 1：2 的关系，表达得就会比较明确。例如，最粗一级，表示建筑所立足的地面；次粗一级的轮廓线，用于描述建筑主要形体的几何轮廓以及门窗等洞口；最细一级则表达了如墙砖等材质的划分以及门窗框等相对处于同一平面上的细节信息。专业的建筑二维技术图纸，应当在右下角标注图名和图纸比例。

不同比例、深度的建筑立面图

立面图 1：200

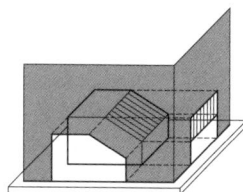

立面图（局部）1：100

立面图（局部）1：50

2.2 建筑内部空间

2.2.1 建筑空间与人的使用

虽然大多数情况下对一座建筑最初的感受是从外部观察建筑，感知它的体型、体量、立面凹凸以及材料的质感色彩等获得的，但建筑起源于为人们提供遮风避雨的活动场所，因此，它最重要的部分藏在它的内部。学习建筑设计，我们必须走进建筑，了解它的内部空间。

如果把建筑比作一个容器，那么建筑的空间就是容纳人的活动的地方。建筑的空间与人的活动需求紧密相连。首先，人类最本质的需要是生理上的需要，比如遮风避雨、休养生息。原始人类在没有学会主动建造时，利用了大自然提供的简单容器——洞穴的内部空间，来满足自身的基本需要。随着人类需求与能力的提升，需要的空间也越来越复杂，那么就产生了主动建造和进行建筑内部空间分割的需要。但由于地球重力的存在，无论建筑本身还是人的活动都具有两个基本的方向：水平与垂直，空间的划分也就可以分为两种基本的方向：水平方向的分割和垂直方向的分割。比如现在普通家庭的住宅，就有客厅、餐厅、厨房、卫生间、阳台以及若干个卧室的水平向的空间区分，满足家庭生活的不同功能需要。除了在水平面上分割空间，建筑也在向高处发展，因此在垂直方向上也产生了分割限定空间的需要，建筑因而产生了楼层的变化，楼层之间以楼梯等垂直交通工具进行联系。

2.2.2 空间分割的图示表达——平面图与剖面图

反映建筑物外形的立面图无法表达出建筑内部空间的分割情况。能够反映建筑内部空间分割的正投影图，就叫平面图与剖面图。

平面图是假设将建筑沿着某一水平面剖切开，向下投影表达其内部的水平空间分割情况的正投影图。如果一座建筑有多个楼层，就需要分别对这些楼层进行剖切，表达每一个楼层不同的空间分割情况。一些楼层较多的建筑，比如教学楼、高层办公楼或旅馆，有许多楼层的分割是一样的，那么就只需要画出一个标准层平面图来表达这些相同分割的楼层。一般平面图绘制所假设的剖切面在高于窗台的楼层中部位置，这样可以尽量全面地表示出墙面上所开洞口（主要是门、窗）的位置、宽度。一些高于剖切面但又在本楼层的部分，比如高窗，就需要用虚线加以表达。但剖切面的位置也不是绝对的，对于一些楼层变化比较特殊的建筑，剖切位置可以灵活掌握，关键是表达出尽量全面的建筑内部空间分割的信息。通常来说，建筑的

建筑平面图的表达

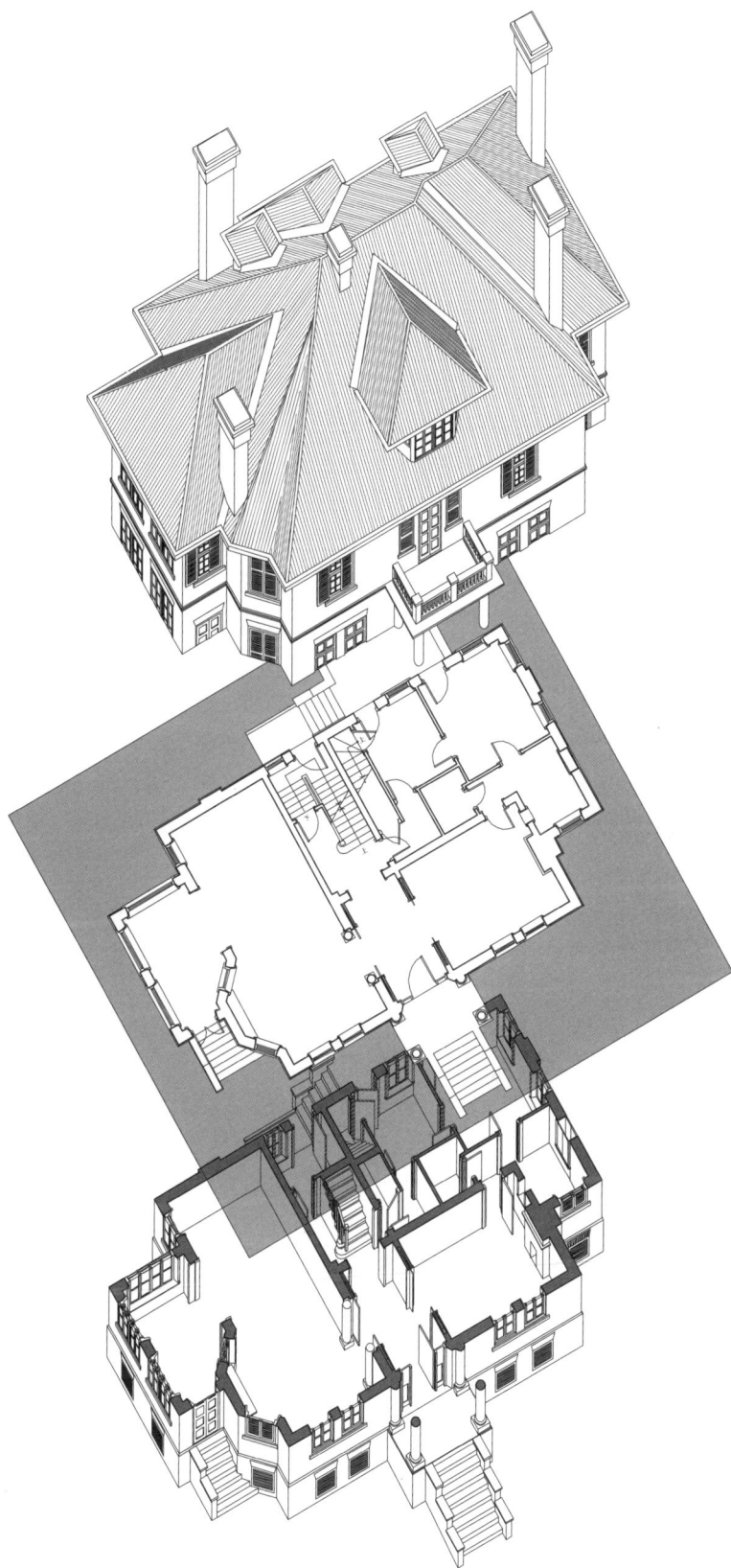

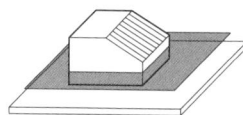

一层平面图还需要绘制与其相连的室外空间的平面投影，以表达室内与室外的联系关系。而屋顶平面图则是屋顶部分的投影，一般不包含剖切的部分。总平面图则是表示建筑所在环境的相邻位置关系，用建筑整体投影图来表达，需要标出方向（指北针）、周边环境、建筑基地范围与出入口、建筑的楼层数、出入口位置等信息。

剖面图则是假设将建筑沿着某一垂直面剖切开，表达其内部垂直空间分割情况的正投影图。剖面图也需要选取有尽量多空间信息的部分（比如楼梯位置，表达出上下楼层连接的情况）进行剖切。剖切后的投影方向有两个，也需要根据空间信息选择投影的方向。如果一座建筑的楼层分割比较复杂，就需要多个剖面图来全面地剖析。有时候，剖切面根据表达的需要，可以转折，以方便在较少的剖面中尽量多的表达空间分割的信息。剖切面的位置，需要在建筑最主要的平面图（通常是一层平面图）中标示出来。剖面图可以表达出建筑竖直方向的高度信息，比如每一层楼的"层高"（两层楼面之间的高度）、净高（层高扣除结构等占用部分后的高度）等。

平面图与剖面图都是对建筑进行假设性的剖切，因此具有相似性，只是剖切的方向不同。和立面图一样，在平面图与剖面图中，也需要应用线的粗细来区分空间信息。最粗一级的线，称为剖断线或剖切线，表示的是被剖切面所切割的墙体、柱子、梁或楼板的部分。次一级的线称为投形线，和立面轮廓线相似，用以表示未被剖切的建筑投影的几何轮廓以及门窗洞等部分，最细一级同样表达了如墙砖等材质的划分以及门窗框等相对处于同一平面上的细节信息。需要注意的是，被剖切到的门、窗等构件，并不用剖断线而是投形线等级的线来表达，这样可以使墙身的开洞信息更加明确，容易辨识。

2.2.3 绘制具有表现力的立面图、平面图与剖面图

用线条表达的立面图，虽然明确了建筑的形体的位置与尺寸关系，但不能非常明确地表现出建筑形体和材料质感的变化。因此，为了让图纸除了具有工程实用性，还能具有更强的表现力，我们可以通过立面阴影、质感的渲染，将建筑外表面的凹凸关系、建筑材料特征表达得更加明确和生动。另外，加入树、人等在大小尺寸上我们比较熟悉的配景，就可以更好地衬托出建筑的体型、体量。与立面图类似，通过阴影、材质等渲染表现手段，平面图与剖面图可以更鲜明地表达出空间分割的信息。剖视图是将有准确尺寸信息的平、剖面图与内部空间的透视图结合起来，大大强化了二维图纸的空间深度和实际视觉效果的表现力、感染力，传达出更加丰富的空间信息。前一页和后一页的平、剖轴测图也是进一步表达建筑内部空间分割情况很好的手段。

建筑剖面图的表达

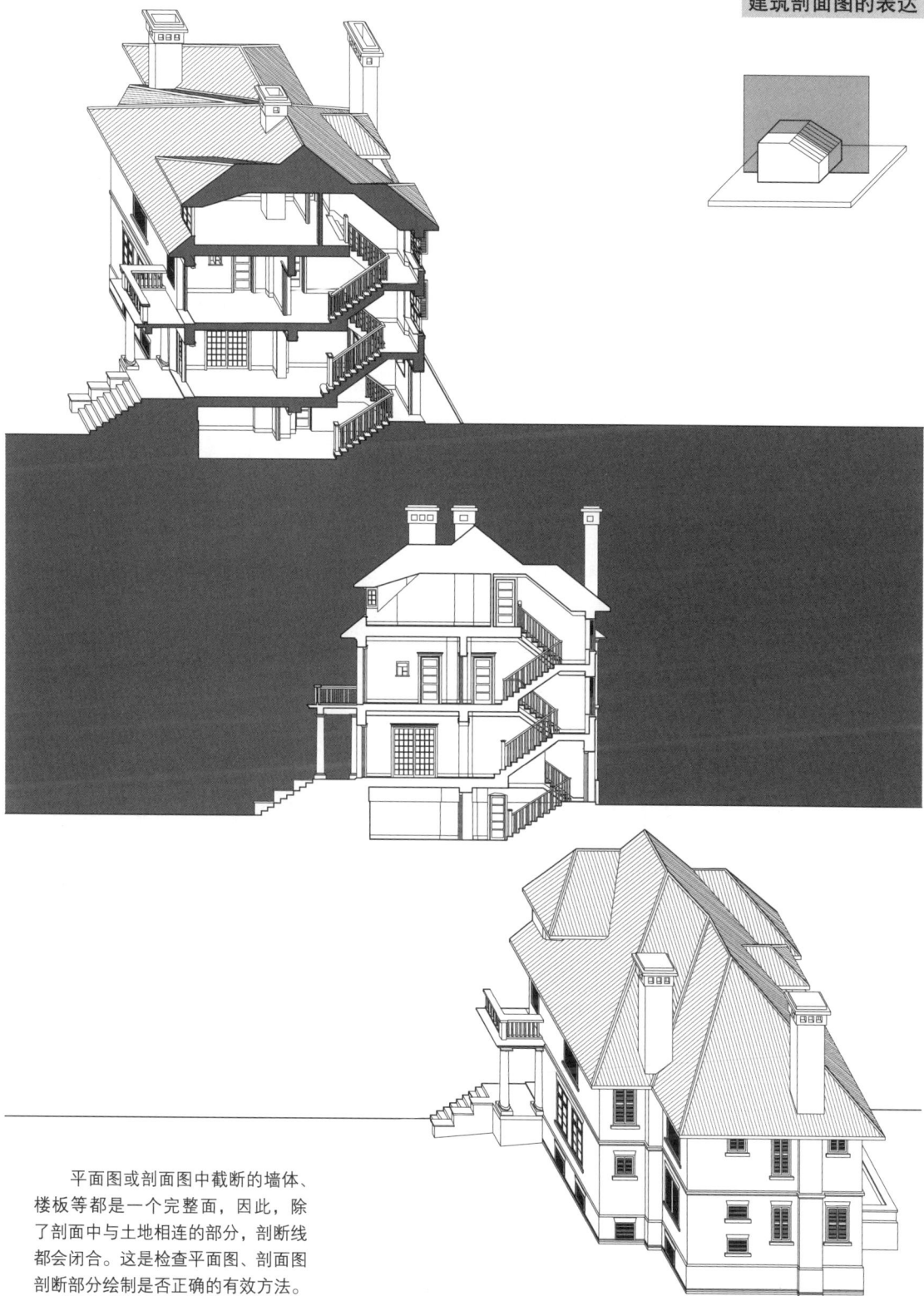

平面图或剖面图中截断的墙体、楼板等都是一个完整面，因此，除了剖面中与土地相连的部分，剖断线都会闭合。这是检查平面图、剖面图剖断部分绘制是否正确的有效方法。

用阴影表达立面的凹凸变化

剖透视

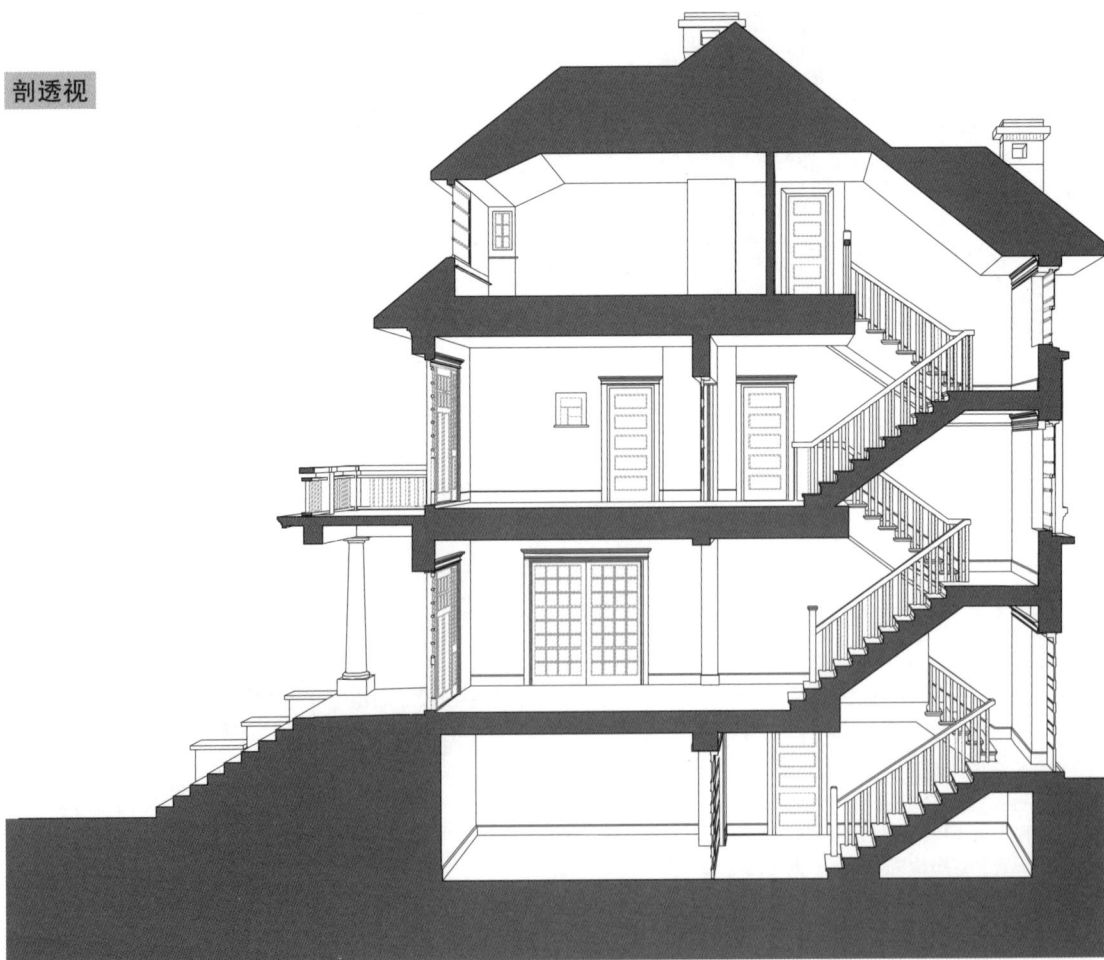

2.2.4　空间的水平与垂直限定

水平构件限定空间

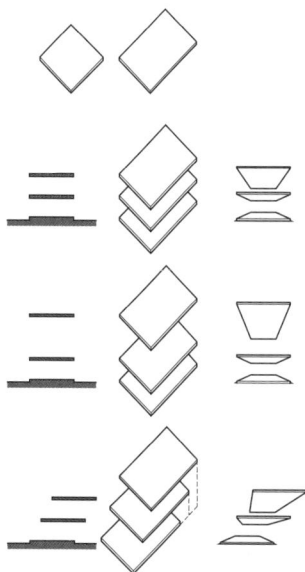

通过解剖建筑，我们可以了解到，墙、地面、楼板、柱子等可见的要素，分割或者限定了建筑空间。换句话说，我们是通过识别这些边界要素才能感知到我们所使用的建筑空间的不同。和建筑形体一样，我们也可以通过几何化的抽象和简化，更加清晰地理解分割或者说限定空间的基本要素。最基本的形成与限定空间的元素，从二维上来看可以是点、线、面，翻译成三维的建筑构件就是垂直构件（柱子、墙体）和水平构件（楼板）。以我们最为常见的矩形空间为例，从水平向空间的限定来看，有六种最为基本的限定形式：全围合、单面开敞、两面开敞（临边）两面开敞（对边）、三面开敞、四面开敞。而垂直方向的空间限定，可以通过楼板大小差异、错位关系，形成不同的楼层高度差别。所有空间的分割或限定，都可以看成这些基本限定关系的组合和拓扑变形。建筑师正是通过这些基本空间要素的变形、组合操作，创造出供人们使用的各种空间。

垂直构件限定空间

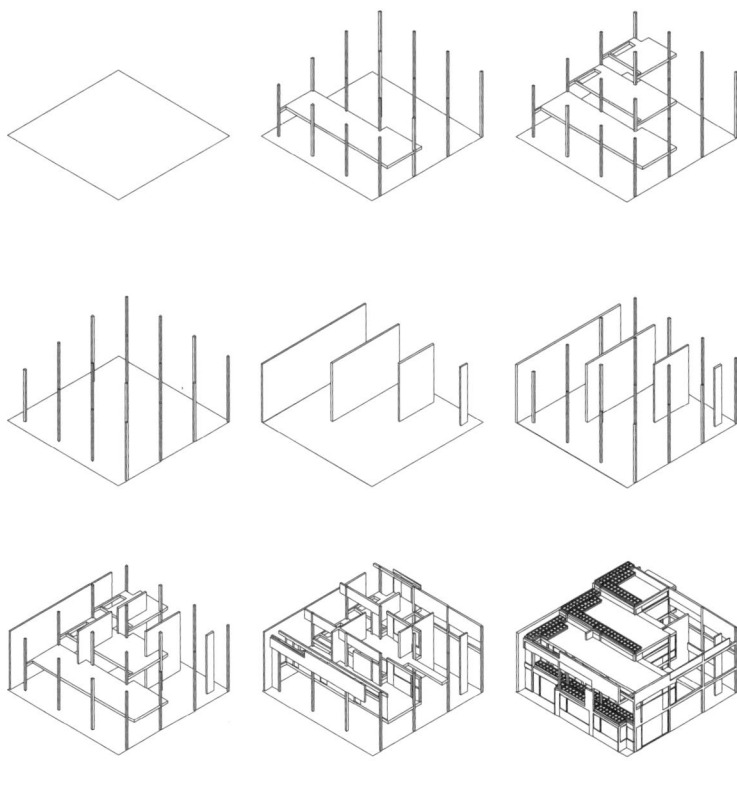

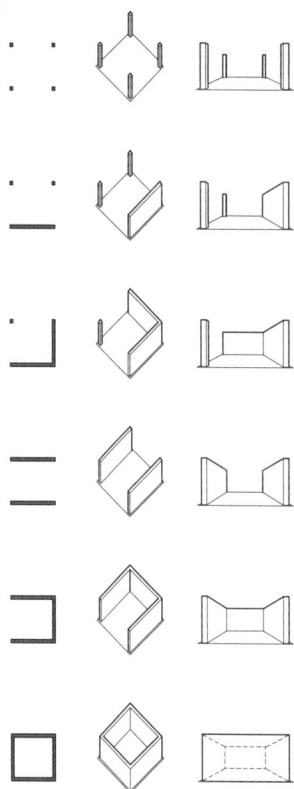

2.3 建筑空间的尺度

2.3.1 建筑尺度的概念

建筑尺度与人体

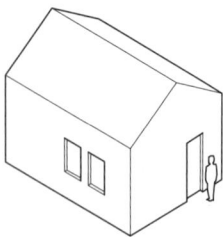

建筑尺度与材料构造

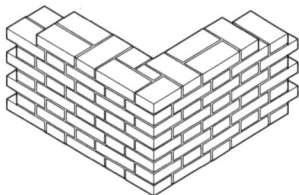

建造一座建筑，不可回避的就是它的尺寸问题。它要盖多高？内部各个分割的房间要多大？门窗开多宽？这就是建筑的尺度问题。所谓建筑尺度，除了指建筑或其局部的具体尺寸，更重要的是它还包含这一尺寸的参照系问题。首先，最重要的参照系就是建筑尺寸与人体尺寸的关系。建筑师创造的建筑空间，是供人使用的。因此，建筑中的尺寸，大到整体建筑整体形体体量，内部空间大小，小到门窗、栏杆、把手等建筑构件，都必须以人体作为基本的参照和考量。其次，建筑尺度受到建造条件的限制，比如建筑材料的力学性能、结构形式、施工技术、经济实力等。第三，建筑尺度还存在与环境的参照关系，同样尺寸的建筑，建造在空旷的自然环境中与建造在拥挤的城市中，给人的尺度感觉是完全不同的。最后，还存在建筑局部与整体的尺度关系，这关系到局部与整体是否协调。后面三点，在建筑细部、建筑环境和建筑设计中会加以具体讲解，本节将重点讲解建筑与人体的尺度关系问题，主要有空间尺度和构件尺度两个方面。

2.3.2 空间尺度与人的使用

建筑尺度与环境

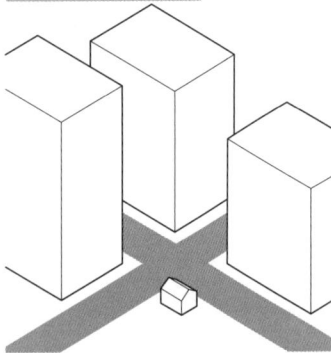

建筑内部空间的尺度，要考虑通常情况下人的各种活动动作，如站立、行走、坐、蹲、伸手等，根据这些来确定比较合理的建筑空间尺寸（建筑尺寸通常使用毫米为基本单位）。例如，公共走廊或楼梯空间的最小宽度在 1100~1200mm，高度在 2200mm，这是根据两个人相对而行时的最小尺寸要求确定的。不同的使用功能要求和使用者的数量都会对空间的尺度造成影响。例如，排球、篮球等室内运动场，球在空中运动就要求室内高度很高，剧场内观众数量多，要求更加开阔的视野，安全的疏散也需要更宽敞的走道，这都需要加大空间尺度。建筑师在考虑尺度问题时会以多数人的平均尺寸作为参照，但也需要考虑一些特殊人群的活动需求，比如残障人士。以厕所为例，就要考虑乘坐轮椅人士在进出、转身等动作上的特殊空间尺寸要求。还有一些空间会采取超常规的尺度。例如教堂、宫殿等纪念性空间，会通过加长、加高空间尺寸的方式，以特殊的尺度感受来增加仪式感。

建筑整体与局部的尺度

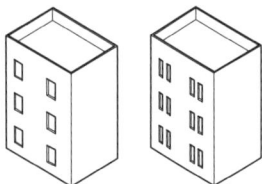

由于对空间尺度的感觉和人的身体感受相关，因此学习建筑设计就需要在日常生活中积累对尺度的感觉。例如随身携带卷尺，量取感兴趣的、自己觉得舒服的空间尺寸并记录下来。有时一些比较

人体活动的基本尺度

1 个格子 300mm × 300mm

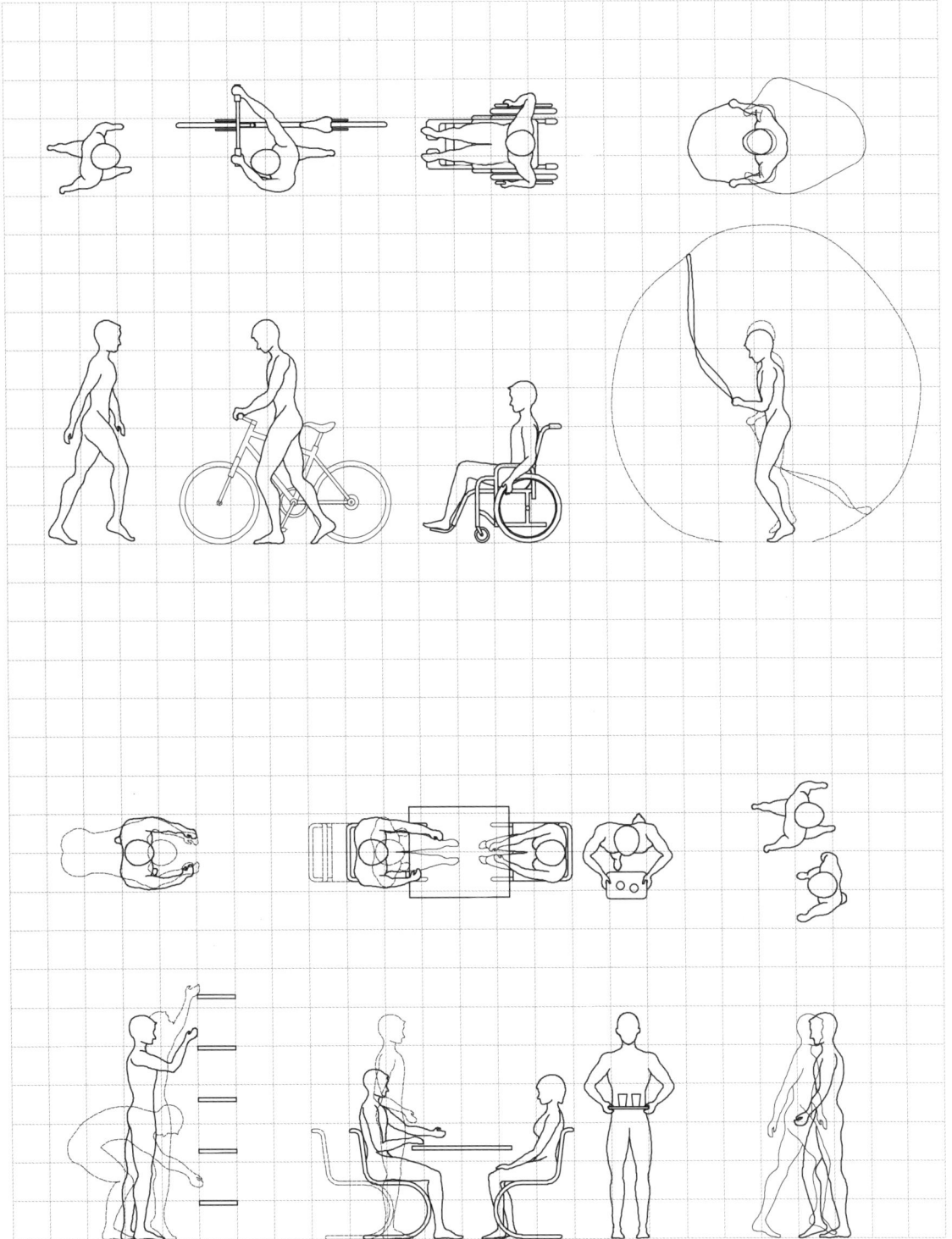

借助家具布置掌握空间尺度

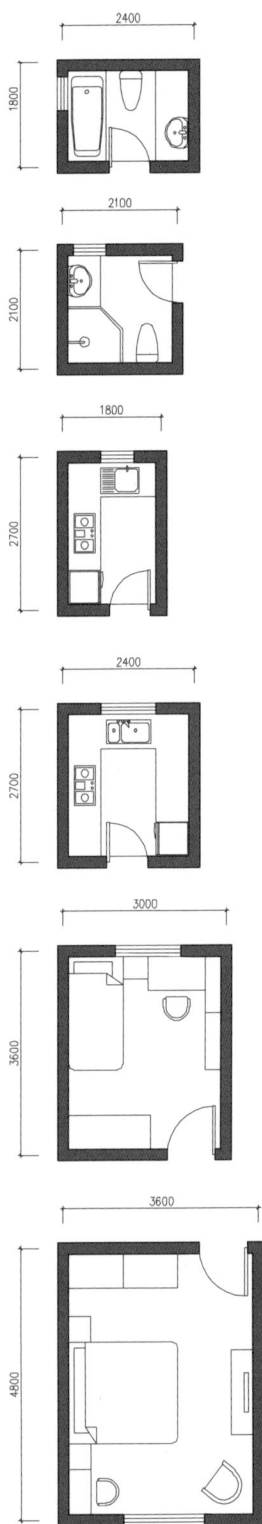

大的空间，难以量取其尺寸，则可以选取参照物来估算其尺寸，比如人的身高、地砖的单个尺寸和数量等。在建筑设计中，可以借助一些常用家具的平面或剖面布置来帮助我们对经济合理的空间尺度进行判断。例如，床的平面长度通常为 1900~2000mm，单人床宽度在 900~1200mm 之间，双人床宽度则为 1500~1800mm。住宅中的卫生间和卧室，可以通过淋浴房、坐便器、洗手池、衣柜、床等常用洁具、家具的布置，比较方便地了解经济合理的空间尺寸。

2.3.3 常用建筑构件的尺度与平、剖面表达

有一些常用建筑构件是建筑中必不可少、从我们学习建筑开始就需要了解的，比如门、窗、楼梯、坡道。这些构件在建筑中是人们最经常直接接触的部分，因此与人体尺度、人的运动关系更加密切。不仅如此，它们也是构成与建筑整体进行尺度对比感知的重要部分，例如建筑外立面上窗洞大小、数量的变化，对建筑立面尺度感知的影响是十分巨大的。因此，在建筑设计基础阶段的学习中，了解和掌握这些常用构件的尺度问题十分重要。这些构件的材质、构造在第三章建筑细部中会加以讲解，这一章节主要了解的是这些构件的常见类型、尺寸以及它们在平剖面上的表达方法。

门是各个分割空间之间以及建筑内外活动联系的最主要"关卡"。常用的门的形式，按照开启扇形式分有单扇门、双扇门，按开启方向有单向平开门、双向平开门、推拉门、弹簧门（可双向开启）、折叠门、旋转门、卷帘门等。门的宽度及高度需要根据进出物体的大小、多少来决定，住宅中供少数家庭成员进出的卧室门，和大楼中供货车进出的停车场的门，尺寸肯定不同。通常情况下，供人出入的门，最小宽度在 700mm，比如住宅厕所的门，它们可供单人通过。而最常见的门，宽度在 900~1000mm，它可供一个人直接通过而另一个人侧身通过，门的高度比正常人身高高一些，通常在 2000~2400mm 之间。同时门的大小也要考虑到门扇大小对构造可行性的影响。以常用的平开门为例，单个门扇的宽度通常不会大于 1000mm，因为门扇太大，重量太大，会使固定门扇的活页铰链承受过大荷载而受损。大于 1000mm 的门，通常就会采用双开门。如果出入人流多，需要更宽的门，就可采用多个双开门并列，我们在商场主入口看到的大门就大多如此。

窗的作用是为建筑内部获得自然光、空气流通、视觉通透，它的宽度可变性较大，要视室内的视觉、采光、通风等要求而定。根据开启方式，窗可分为固定、平开、推拉（左右、上下）、悬窗（上悬、下悬）、百叶窗等。普通的窗，窗台相对室内地面的高度在 900~1100mm 之间，也就是一般人的腰部位置，在需要特别防止

门的常见类型

平开门：这是最常见的门的形式，它可以单向开启，也可以做成双向可开启的弹簧门。作为安全出口的门，需要朝疏散方向开启。

推拉门：节省了门开启时所占用的空间，但它需要安装推拉用的导轨，需要占用墙面空间或者对墙做特殊处理，密闭性和耐用性不强。

折叠门：和推拉门一样，较为节省空间，需安装导轨，密闭性不强。当门洞较大时，它的折叠单元相比推拉门仍可以保持合适的尺度，因此常常用于大空间（比如宴会厅）的临时隔断。

旋转门：旋转门通常使用玻璃隔板，最常用于写字楼、旅馆门厅的出入口等进出频繁但人流量不大的地方。它的特点是在人出入的过程中始终保持封闭的状态，有利于室内保温，但不能用于安全疏散。

平开门
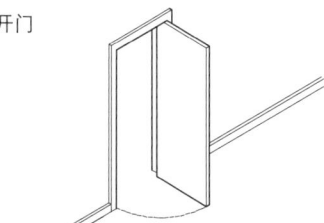
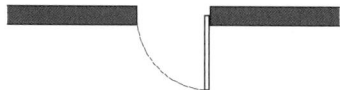

推拉门
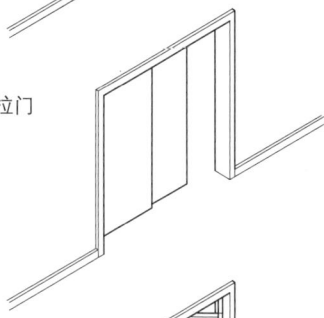
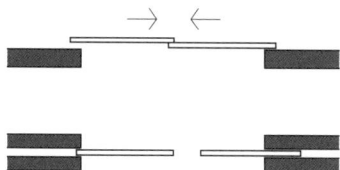

折叠门
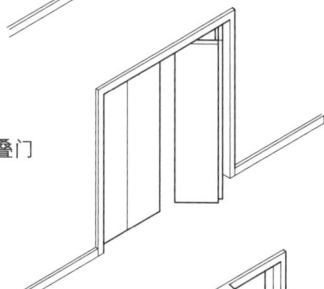

旋转门
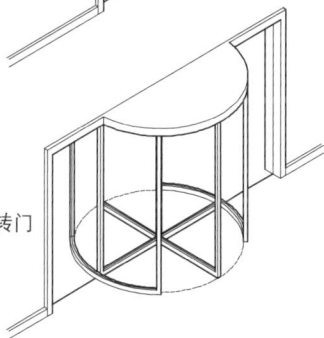
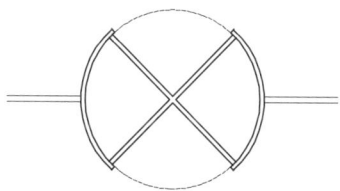

门的尺寸和平面表达

门洞宽度根据进出人数、频繁程度、门扇构造等因素来设置。住宅卫生间门宽通常只需要 700mm，而公共建筑房间的门洞通常都在1000mm 以上。

门洞的高度通常在 2000~2400mm。门把手的位置通常在人站立伸手的高度，大约距离地面900~1000mm 的位置上。

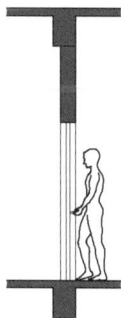
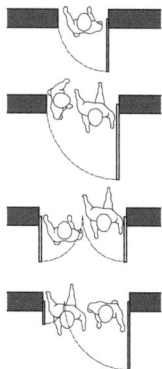
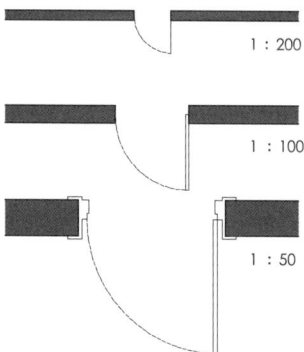

1 : 200

1 : 100

1 : 50

窗的常见类型

固定窗：窗框和窗扇固定在一起，只起到透光的作用，窗扇不能开启，因此无法通过它进行室内外的空气交换。它最常用于屋顶天窗。不可开启的玻璃幕墙也可以看作是固定窗。

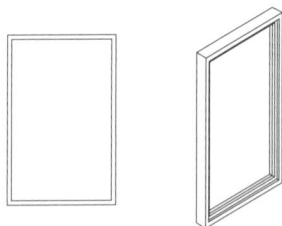

普通窗：窗台高度大致在站立的人腰部，无论站还是坐，从室内都能看到窗外。

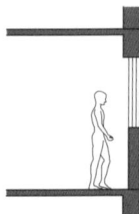

平开窗：窗扇可以通过固定轴水平完全打开，实现最大程度的室内外空气流通。开启时需要风钩进行固定，以免风吹造成的频繁摆动损坏窗扇，雨雪也容易进入开启的窗子，因此恶劣天气条件下不便于开启。

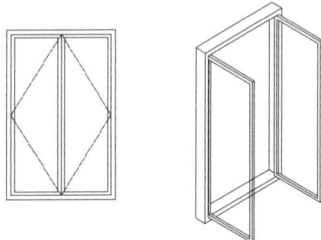

高窗：窗台高度在站立的人视线之上，室内视线不通透。多用于厕所、浴室等私密空间。

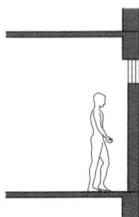

悬窗：根据转轴的位置可分为上悬窗和下悬窗。上悬窗一般向外开启而下悬窗向内开启。悬窗在开启时，雨雪不容易进入室内。控制好窗子开启的角度也更加利于防盗。

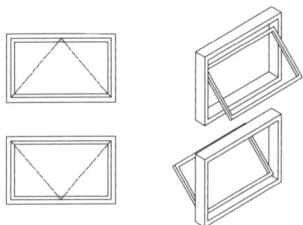

半落地窗：窗台高度在人坐下的高度，窗台外伸成为可以坐的空间。多用于住宅。

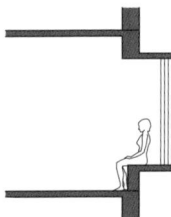

左右推拉窗：窗扇通过上下窗框内的导轨左右移动，因此构造较平开窗与悬窗简单，窗扇也可以做得更大。但它最多只能开启一半的面积，开启时雨雪容易进入，关闭状态下其密闭性也相对较差。

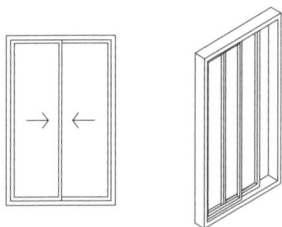

落地窗：窗底部与地面基本持平，室内外形成较为通透的视觉空间效果。

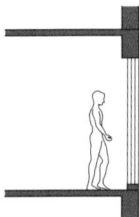

上下推拉窗：窗扇通过左右窗框内的导轨移动，在构造较左右推拉窗复杂一些，其特性与左右平开类似。它可以增高窗开启部分的位置，防止意外的坠落，从而更加安全。

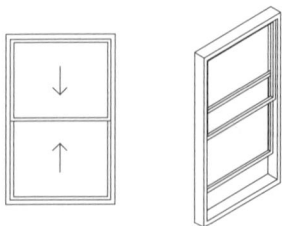

窗的平面表达

1 : 200

1 : 100

百叶窗：固定的百叶窗起到与固定玻璃窗相反的作用，即通风但透光性差，遮挡视线。常用于卫生间等需要通风又要求私密性的地方。百叶也可以做成可调节的形式，根据使用需要调整进光量和通风性。

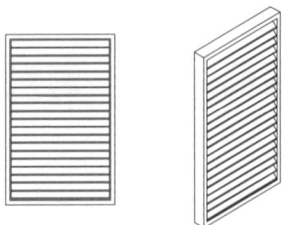

1 : 50

46

空中坠落的地方，窗台也会加高到 1200~1300mm。有些窗子室内是私密性较高的空间，需要屏蔽视线的干扰，就会加高窗台超过通常视线可及的高度。这类窗子称为高窗，常用在更衣室、公共卫生间等的外墙上。现在住宅中也常常采用"飘窗"，窗台高度降低到450mm，成为一处座椅，但此时窗户也需要加装防止意外坠落的设施，比如加装护栏等。还有一些窗子做成落地窗的形式，这样可增加室内的开敞感觉，但也需要加装护栏防止意外坠落。窗的上沿高度通常情况下就是窗子所在楼层上层梁的下沿。

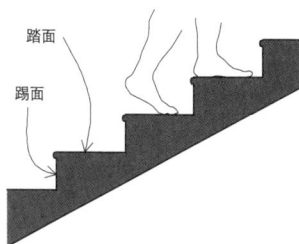

楼梯是垂直方向空间联系的主要通道，是多层、高层建筑进行安全疏散的重要部分，同时它又常常成为分隔空间的元素，也常被作为具有形式表现力的一种空间要素。它的尺寸考虑的是人的步行，踏步的高和宽与脚掌动作相关，踏面（踏步水平面）越窄、踢面（踏步垂直面）越高，楼梯就越陡，上下行走也就越吃力，越容易摔倒，但同时也越节省楼梯所占空间。选择踏步高宽，要根据空间余地与舒适性、安全性进行权衡考虑。公共性强、人流量大、使用者身体条件越弱的地方，踏面越宽，高度越低，通常建筑室内公共楼梯踏步宽度在 260~320mm，高度在 130~175mm。踏步组成梯段，一个梯段的踏步数量不应超过 18 级，也不应少于 3 级。楼梯的梯段要注意其净宽度（不包括扶手，供人通行的宽度）。通常公共楼梯的净宽不应小于 1100mm（供两股人流通过，每股人流按照550~700mm 计算），至少一侧应设扶手，梯段净宽达到三股人流时应两侧设扶手，达到四股人流时宜在梯段中间加设扶手。梯段之间应设休息平台，梯段和休息平台组成了楼梯。楼梯根据梯段和休息平台组合关系有多种形式，如直跑楼梯、L 形折跑楼梯、U 形折跑楼梯、剪刀梯、旋转楼梯等。在建筑设计中，楼梯形式需要根据建筑空间要求、楼层高度、出口位置等灵活选择。建筑中最常用的是U 形折跑楼梯，根据楼层间的折跑数量有两跑、三跑、四跑之分。U 形折跑楼梯的休息平台，要满足梯段相应人流的转弯通过，因此其净深度不能小于梯段的净宽度。

坡道是另一种联系垂直方向空间的通道形式，比如供机动车辆进出汽车库的坡道、供行动不便的人使用的无障碍坡道。著名的古根海姆博物馆，甚至直接用坡道来组织展览空间，形成了连续的展览流线，创造出独特的空间体验。不同的用途，坡道的坡度、长度、宽度就有不同的要求。机动车库的坡道根据通过的车型大小、通道形式（直、弯）其纵坡坡度在 8%~15% 之间，单行车道净宽3~5m，双车道净宽 5.5~10m，纵向坡度大于 10°时在坡道两端都应设有缓坡坡段。无障碍坡道坡度不能大于 1∶12，坡道两端和中间的休息平台长度不小于 1.5m，坡道净宽室外不应小于 1.2m，室内 1m，还应加设连续的残疾人扶手。

常见楼梯、坡道的类型

直跑楼梯：两层之间的联系不需要转折。当两层之间高度较高，需要的踏步数多于18级时，需要在中间加设休息平台。

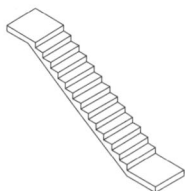

折跑楼梯：当直跑楼梯需要的长度不足而宽度允许时，可以在中间设置转折，缩短楼梯的长度。

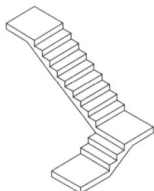

平行折跑楼梯：它的两个梯段通过休息平台的转折，将两层的同一个位置联系起来，是建筑中最常用的楼梯形式。特别是在层数较多的建筑中，它是最为节省空间、通行效率最高的楼梯形式。

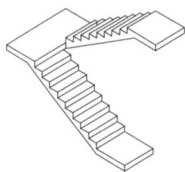

双合楼梯：可以将其看做两个折跑楼梯的一个梯段合并在一起的形式，这种楼梯对称性强，具有仪式感，常用于有较大门厅的办公楼、教学楼、旅馆等地方。

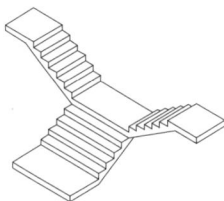

交叉双跑楼梯（剪刀楼梯）：可以将其看做两个反转平行折跑楼梯的休息平台合并在一起的形式，这种楼梯上下方向较为灵活，常用于人流较大但方向分散的建筑，比如教学楼等。

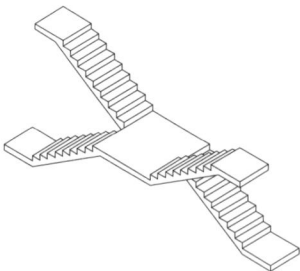

旋转楼梯：梯段呈弧形，比较节省空间，形态优美，但上下不太便捷，不能作为安全疏散的楼梯使用。

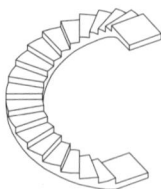

坡道：楼梯是供人们正常步行使用的，但对于行动不便的残障人士，或者需要搬运重物时，两个高差之间需要连续的面进行连接。

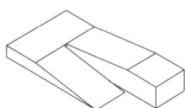

楼梯的平剖面表达

不同楼层的楼梯对于上下方向、剖切线、栏杆的表示是不同的。平面图上斜向的楼梯、坡道，其剖断符号也是斜向的，以利于辨别剖切位置。剖面应完整表达剖切部分与投影部分，包括栏杆的投影。

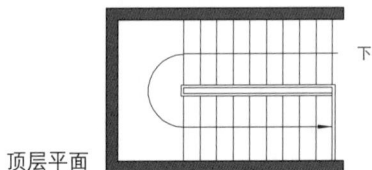

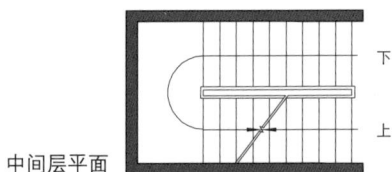

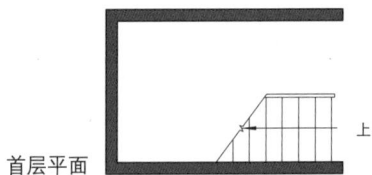

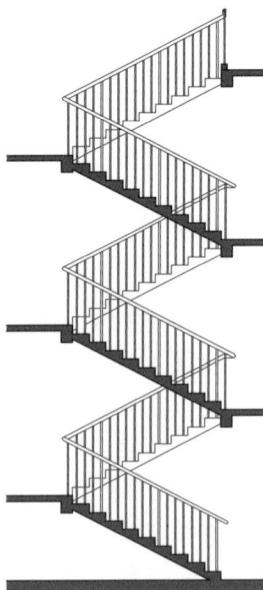

下

顶层平面

下

上

中间层平面

上

首层平面

剖面

电梯的平剖面表达

依靠电力驱动的升降设备大大提升了建筑垂直交通的便利性。包括在摩天楼中必不可少的垂直升降梯，和在商场里常见的自动扶梯。垂直升降梯通常被称为电梯，依靠梯井顶部的拽引电机转动带动钢缆两端的轿厢和对重块做上下往复运动，根据顶部电机的位置分为有机房电梯和无机房电梯，无机房电梯更加节省空间，但目前提升高度相比有机房电梯还有一定的限制。自动扶梯常见的斜度有 30° 和 35° 两种。

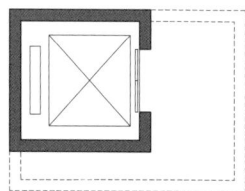

承重吊钩（安装、维修时使用）

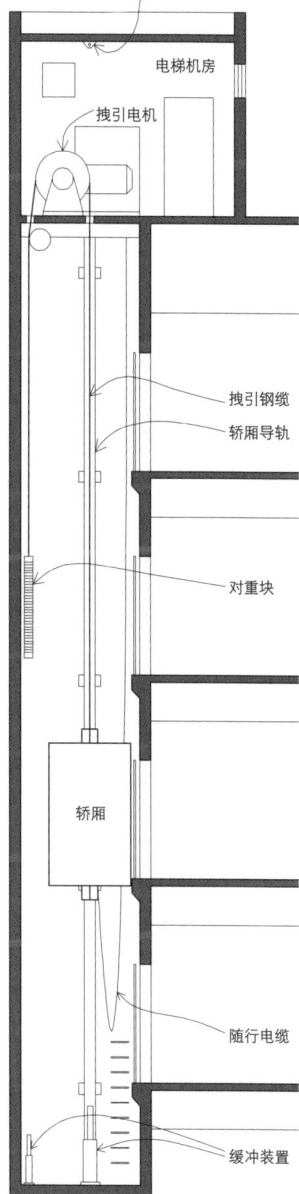

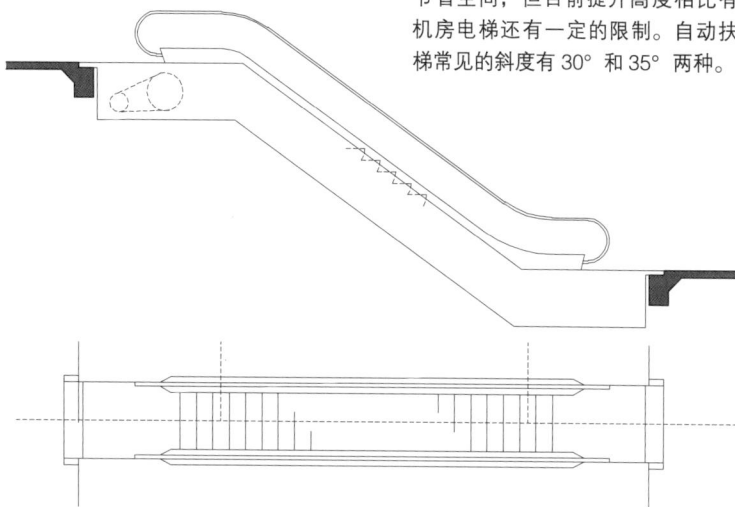

电梯机房

拽引电机

拽引钢缆

轿厢导轨

对重块

轿厢

随行电缆

缓冲装置

根据使用对象的年龄、数量、使用频率和空间大小的限制，楼梯坡道的坡度可以有多种变化。

垂直的爬梯，多用于屋顶、井道等处提供检修时的临时垂直上下。

较陡的楼梯，多用于人数较少、没有老人或儿童、使用不频繁的住宅夹层。

公共楼梯，最小的踏步宽度是 260mm，最大的踏步高度是 175mm。

汽车坡道的最大坡度是 15%（1：6.67）。

供残障人士使用的无障碍坡道最大坡度是 1：10，一般情况下不能大于 1：12。

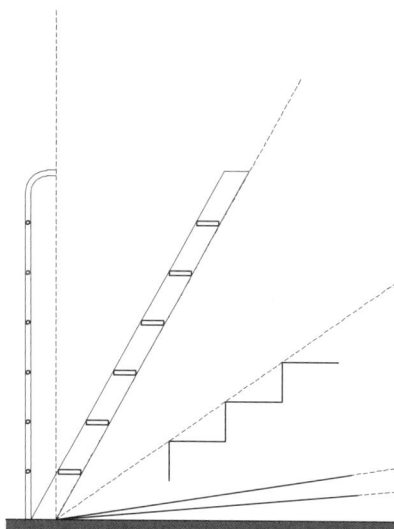

第2章 参考习题

1.建筑立面（局部）测绘

认知对象：

选择一幢带有较为明显的建筑材质和构造特征的小型建筑，（例如带有清水实砌的承重砖墙，木框玻璃格外窗，线脚等细部的建筑），进行立面局部的测绘。这类建筑真实地表达了材质及其建造逻辑，最终形成的建筑立面能够让新生在进行二维投影图绘制训练的同时，真切地感受建造材料的质感、组合方式以及尺度。

认知目的：

理解建筑正投影图绘制的原理，理解尺度、比例、线型等概念；亲身近距离地接触和了解建筑材料、质感和细部及其尺寸。

训练内容与步骤：

（1）4~6人为一组，合作完成指定的立面局部测量。使用测量工具对建筑实体进行测量，并将测量数据记录在工作草图上（测量精度控制在5mm即可）。

（2）在统一的A3网格纸上，使用铅笔，徒手按比例绘制正式草图，铅笔草图应轻而细。

（3）使用不同口径的绘图笔，在铅笔正草的基础上，完成徒手墨线工作（注意线型粗细区别），墨线应均匀平直，有力度，接头光滑平顺，长线接线处可稍留空隙而不宜重叠。

训练时间：

本练习共两周。

第一周，实体测量及工作草图绘制。

第二周，铅笔正草绘制，交指导老师审阅并确认后，完成墨线正图绘制。

成果要求：

（1）A3×1徒手绘制的1：20墨线正图，应包括课程、作业名称等（见范图）。图面要求平整干净，不得有折痕，不得拼贴，严禁使用涂改液等进行修改。

（2）A4×2工作草图附后，包括原始测量数据（精选2张）。

东立面局部　1:20

建筑设计基础

2. 建筑平剖面测绘

认知对象：

选择一幢二层独立住宅建筑，有比较清晰的功能划分、楼层变化与丰富的形体。同时带有比较典型构造的建筑构件。对它进行平面与剖面测绘。这个案例最好与立面局部测绘的建筑相同，这样学生已经对此建筑有了一定的了解。

认知目的：

通过对建筑实体的测量，进一步巩固投影图绘制的知识，学习通过绘制更加抽象的建筑平面与建筑剖面图纸来表达建筑空间，并初步理解建筑空间的相关概念。同时本次练习也会引导学生认识墙、楼板、门、窗、楼梯等建筑构件及其基本尺度与构造方式。

训练内容与步骤：

（1）4~6 人为一组，合作完成平、立、剖面测量。使用不同的测量工具对建筑实体进行测量，并将测量数据记录在工作草图上（测量精度控制在 5mm 即可）。

（2）在统一的 A3 网格纸上，使用铅笔，徒手按比例绘制正式草图，铅笔草图应轻而细。

（3）使用不同口径的绘图笔，在铅笔正草的基础上，完成徒手墨线工作（注意线型粗细区别），墨线应均匀平直，有力度，接头光滑平顺，长线接线处可稍留空隙而不宜重叠。

训练时间：

本练习共三周。

第一周：工作草图绘制与实体测量。

第二周：铅笔底稿绘制，交由指导教师审阅，并进行修改。

第三周：完成墨线图绘制。

成果要求：

（1）A3 尺寸墨线图,徒手绘制,比例 1：50,包括:各层平面图；纵、横两个方向的剖面（应包含楼梯剖面）；主立面图。

（2）A4 尺寸工作草图，2 张（包含原始测量数据）。

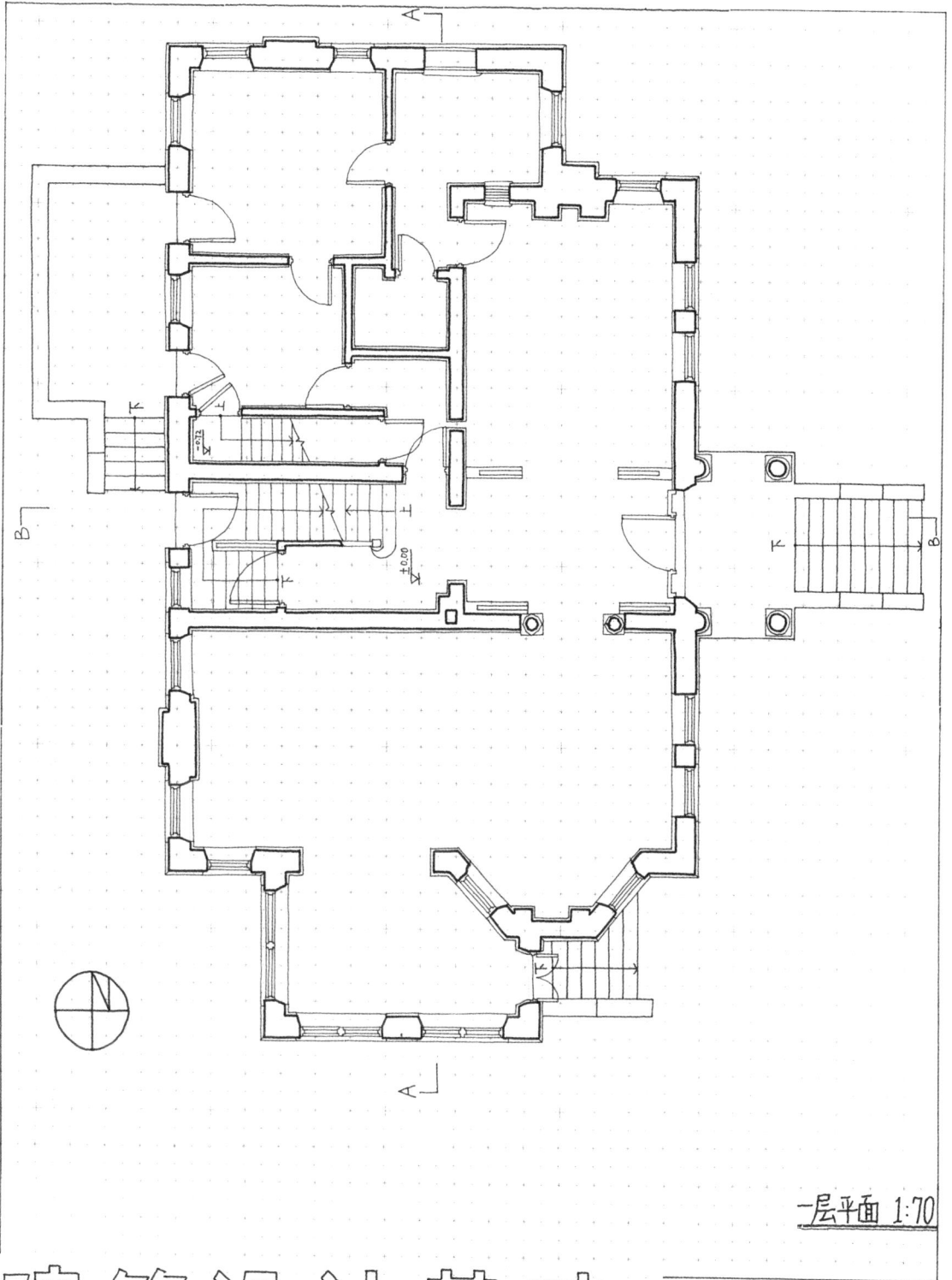

一层平面 1:70

建筑设计基础

3. 建筑案例模型制作与图纸重绘

认知对象：

本次练习将有水平空间构件限定特点的住宅建筑作品及其建筑图纸（平、立、剖面图纸）作为学习的案例，其通过水平构件进行建筑空间划分与限定、形成具有功能尺度特征的建筑空间是学习的重点。

认知目的：

本次练习通过纸质模型的制作深化学生对建筑平、立、剖面的图示表达方法以及对其意义的理解，强化训练学生在建筑空间认知与空间表达之间建立联系。同时，通过模型制作熟悉水平构件在限定空间及其具体的尺度中的作用。

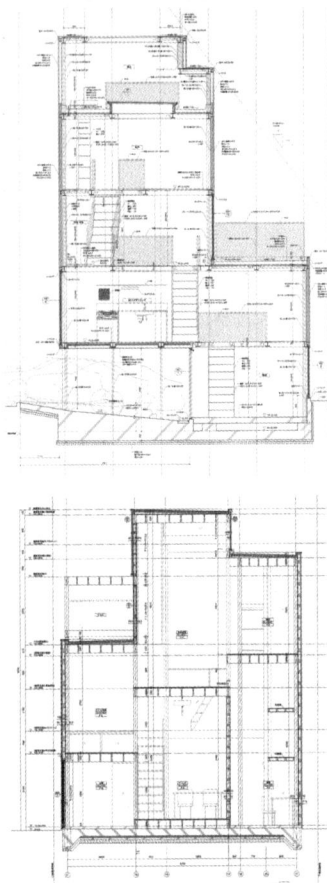

训练内容与步骤：

（1）二人一组，共同完成一个案例的分析。

（2）纸质模型制作：根据给定的建筑资料，制作纸质的模型，模拟还原图纸所表达的建筑空间。

（3）功能与尺度认知：通过家具制作来分析案例中的空间尺度以及空间是如何被使用的。

（4）流线组织：内部的交通如何将各个功能空间串联起来。

（5）空间限定分析：制作模型，分析水平板的高度位置、开洞形式是如何形成不同空间的。

（6）结构认知：制作建筑结构框架，了解框架结构的基本形式。

训练时间：

本练习共三周。

第一周：理解给定的建筑图纸资料，制作工作模型并绘制草图。

第二周：修改并完成模型。

第三周：图纸绘制。

成果要求：

（1）实体模型一个，比例 1：20。

（2）空间分析模型若干，比例 1：50。

建筑模型 1：20

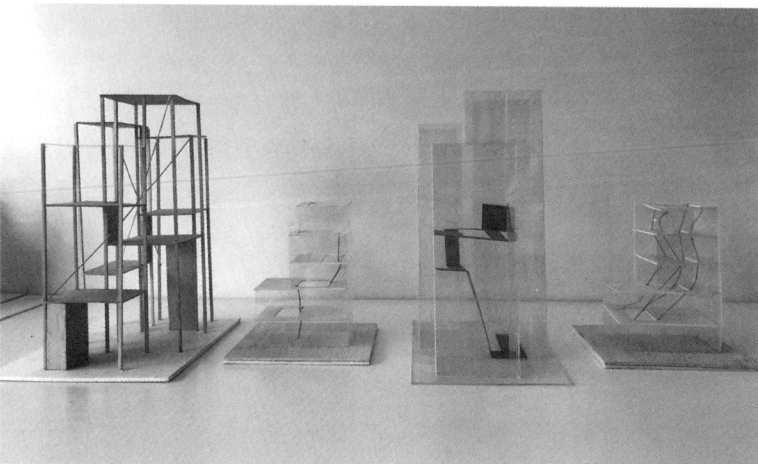

分析模型 1：50

第3章 建筑组成部分

　　一座完整的建筑物，是由不同材料，位于不同位置的多个部分组合建造而成的。首先，不同的建筑组成部分分工合作，保证了建筑物特定的实用性，应对诸如支撑、保温、防水、采光、通风、隔震、降噪等外部条件的需求。其次，要满足相应的功能，需要选择不同物理性能的材料并将其组合在一起加以实现。例如，窗子既要有保证强度的窗框，又要有透光防水的玻璃。第三，建筑形体的转角、交接、收头处都需要通过构造手段来实现，建筑的各个组成部分成为展现建筑物的建造技术、反映建造工艺水平的载体。最后，不同的形式、材料选择与交接方式体现了特定的审美价值、社会和文化特征，进一步表现了建筑的地域性、时代性、尺度感、真实性和场所感。它指向一种"潜在的表现可能性"，是被称之为"建构"的"连接的艺术"。建筑设计是一个由整体到局部再到细节，不断推敲和逐步完善的过程。建筑的整体构思固然重要，而细节处理得好坏对于

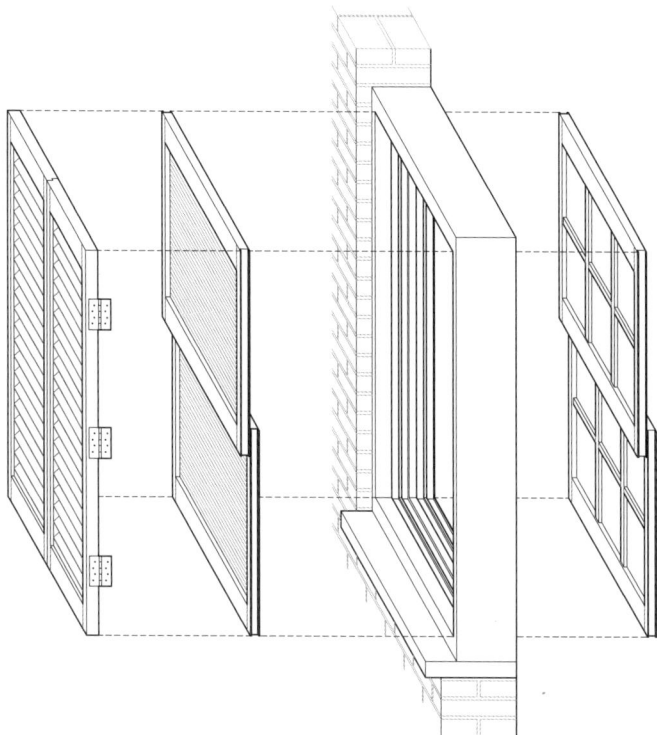

建筑设计的成败同样不能忽视，因为使用者对建筑空间特性的感知很大程度上来自各个组成部分所选取材料和构造方式。所以，建筑各部分细节的设计也成为建筑设计的重要内容。它不仅是评判建筑品质优劣的重要客观标准之一，也生动地反映了建筑师对材料与建造等基本建筑问题的认知水平。同时，这也是使用者与建筑物最为贴近的地方，直接影响到人们的建筑体验。

　　本章首先通过区分支撑体系和包裹体系，着重介绍了作为支撑体系的建筑结构的基本知识。然后，介绍了木材、砌体、混凝土、钢材、玻璃等常用建筑材料的物理、力学特性，及其带来的不同内、外空间感知效果及其在建造过程中的应用。最后按照建筑各组成部分的作用与形式，讲述在一般情况下通过不同材料、构件的组织，实现建筑内外在需求的常用构造做法。通过学习与建造相关的构造设计知识，大家将在空间的基础上加深对建筑的理解。

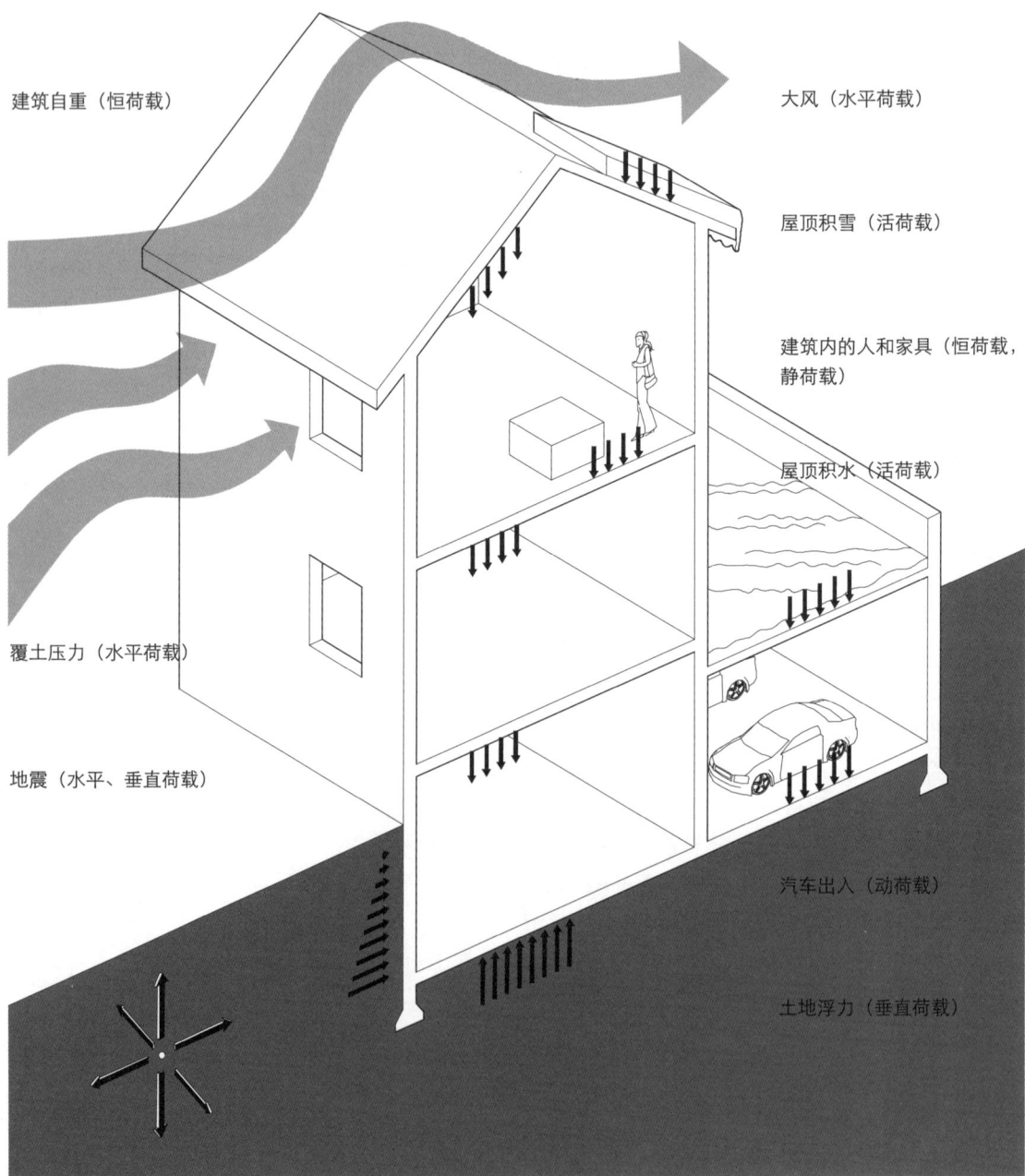

建筑的荷载

建筑自重（恒荷载）

大风（水平荷载）

屋顶积雪（活荷载）

建筑内的人和家具（恒荷载，
静荷载）

屋顶积水（活荷载）

覆土压力（水平荷载）

地震（水平、垂直荷载）

汽车出入（动荷载）

土地浮力（垂直荷载）

3.1 支撑与包裹

我们之前了解了建筑外部形象、内部空间与一些重要构件，都是从视觉和运动等方面来感知理解的。但一座建筑要真正可以被人所使用，需要很多功能性的系统。例如，要克服地球的重力、风力等影响，把建筑竖立起来供人们使用，就需要由建筑的支撑体系来完成；要满足人们遮风避雨保温的使用需求，就需要包裹（或称为围护）体系；而要输送能源、信息，排出废气废水等，我们就需要给水排水、电力电信、燃气、空气调节等由终端和管线等组成的各类系统。如果把建筑比喻为人体的话，本章前三节介绍的主要是人的形体与内脏器官，而支撑系统就像是人体的骨骼，包裹体系像是人的皮肉，给水排水、电力电信、燃气、空气调节等系统则像人的血管、淋巴、泌尿等系统。在建筑设计基础课程中，我们将简单介绍建筑的支撑体系和包裹体系，其他系统将在更高年级学习。

受拉

3.1.1 支撑体系

建筑的支撑体系，通俗地说就是建筑结构。它是指在房屋建筑中，由各种构件（屋架、梁、板、柱等）组成的体系，用以承受能够引起体系产生内力和变形的各种作用力，以获得所需要的建筑空间。

受压

要了解建筑的结构，首先需要知道它需要抵抗哪些作用力的影响。对建筑的支撑体系来说，它所承受的外力称为荷载。例如，建筑首先要克服自身的重量，各层楼板还要承受内部的人、家具、器械的重量，屋顶要防止积雪压垮，强大的风力、地震波也可能使建筑垮塌，这些都是建筑结构需要考虑的受力因素。荷载从时间变化情况看可以分为恒荷载（如建筑自重）、活荷载（如屋顶积雪）和偶然 / 特殊荷载（如爆炸等），从方向上看可以分为垂直荷载（重力）和水平荷载（如风荷载、水平地震波），从产生加速度效果可分为静荷载（如住宅、办公建筑的楼面荷载）、动荷载（如振动、坠物冲击等），从作用面看可分为均布荷载、线荷载和集中荷载。荷载会使建筑结构构件发生应力和形变。建筑结构构件主要的受力形式有拉、压、弯、扭、剪这几种。不同部位的建筑构件，受到的主要作用力是不同的。比如，在正常情况下，建筑的柱子主要受压，梁受弯。如果受力后构件的形变超过了它的形状、尺寸和材料的限度，就会发生破坏，威胁建筑使用的安全。

受弯

受扭

用作建筑结构的材料，最古老的有木材、石材、砖材，后来出现了钢筋混凝土、钢材。也有一些规模比较小的建筑使用特制的玻璃作为结构材料，以获得更加轻盈通透的效果。不同的材料，由于

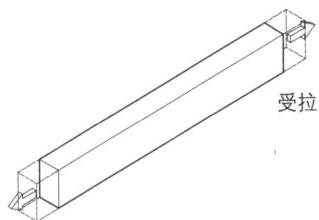

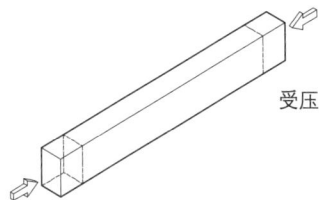

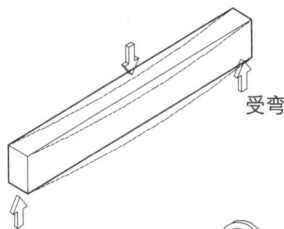

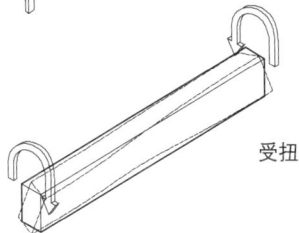

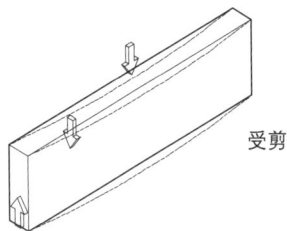

受剪

跨度与垂直荷载

实现更大的跨度主要需要克服垂直荷载，其中也包括结构构件的自身重量。这涉及结构形式与建筑材料两个方面。

使用平梁是最为常见的减轻楼板、屋顶重量，实现空间跨度的方法。梁需要克服垂直荷载带来的弯曲变形，可以通过加大梁的截面尺寸，特别是高度方向上的尺寸来实现。从传统的木梁、钢筋混凝土梁、钢梁到钢桁架梁，梁实现了越来越轻、跨度越来越大的结构目标。

通过加大受力构件空间密度的形式，也可以实现提升空间跨度的目标，例如混凝土密肋楼板或者钢网架结构的屋顶。这种结构在相同跨度条件下，可减小梁的高度，从而减小室内顶部被梁高占据的无效空间和建筑高度。

另一种解决方式是将垂直荷载产生的构件受弯转化为沿着构件方向的压力或拉力，然后逐步传导到地面。早期人们只有砖、石等受压较好的建筑材料，为实现较大的跨度就多采用拱、壳的结构形式。在现代，利用钢材较好的抗拉性能，又出现了悬索、拉索等结构形式。

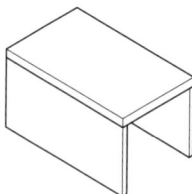

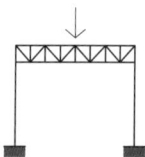

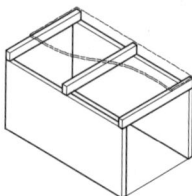

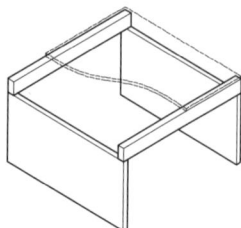

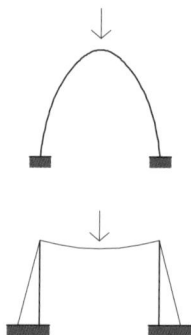

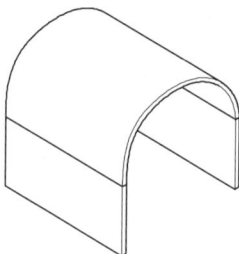

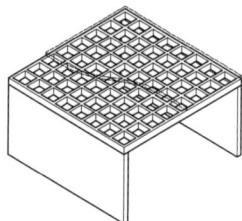

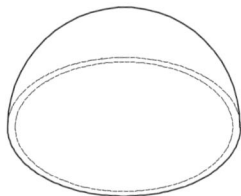

高度与水平荷载

水平荷载，如风和地震波对建筑带来的影响会随着建筑高度的增加而变得更加显著。一般的框架结构，其刚度就不够了，在比较高的地方，风力会使建筑较高的楼层产生明显的水平方向位移。这时就需要通过增加斜撑形成较大尺度的桁架结构，或者使用剪力墙构成的筒体，来增加高层建筑的整体刚度，减小水平力造成的摇摆。

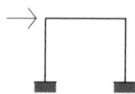

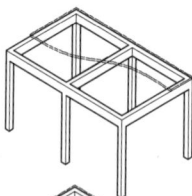

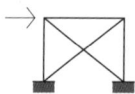

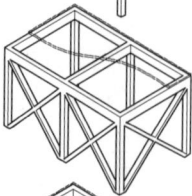

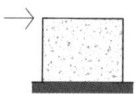

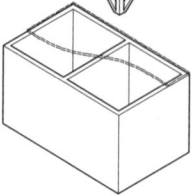

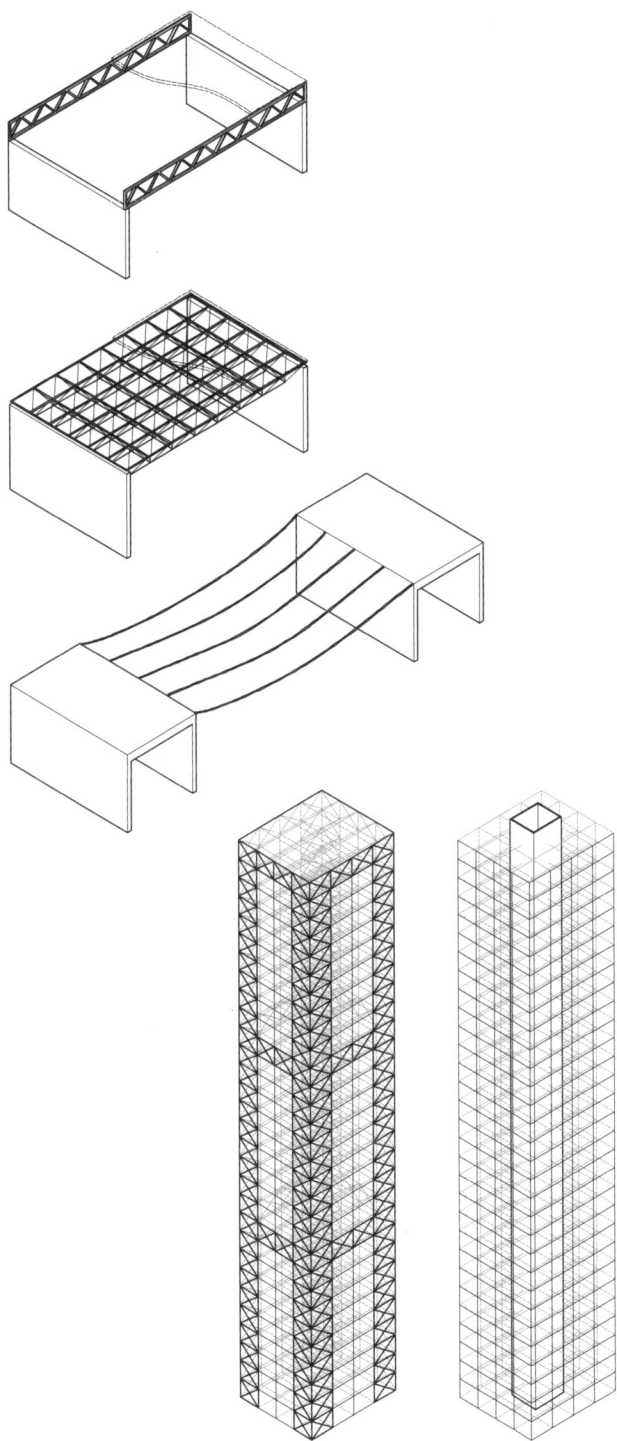

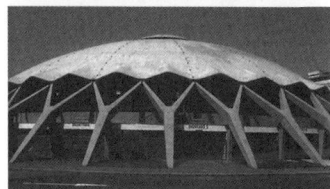

自身的力学性能差异，使其适用于不同的构件和结构形式。例如，混凝土抗压性能好而抗拉性能差，因此加入抗拉性强的钢材后，形成的钢筋混凝土就具有了更好的结构适应性。

而建筑的结构形式，主要有砖混结构、框架结构、剪力墙结构、门式钢架结构、桁架结构、拱结构、薄壳结构、网架与网壳结构、悬索结构、索/膜结构等。建筑的结构形式是根据建筑空间的需求和建造的条件限制来选择的。

创造性地进行建筑支承体系的设计，有这样几个主要的方向：第一，实现更大的跨度以获得更自由宽阔的内部空间；第二，实现更高的高度，产生更多可用面积以充分实现土地价值或创造更好的景观视野和城市天际线效果；第三，减少结构构件数量、尺寸和自重，以降低造价或者使建筑显得更加地轻盈与通透。在此过程中，起支撑作用的结构体系本身就可以展现出一种源自力学与材料物质特性的建筑美学效果。

3.1.2 包裹体系

建筑的包裹体系主要包括了屋顶和外墙两个部分。它们作为建筑的气候边界，起到了分隔室内外、保证建筑内部尽量少受到外界气候与环境变化影响、拥有较为恒定使用条件的作用。但同时，外墙又必须有门窗等与外界联系沟通的洞口，这些部分就是包裹体系需要处理的重点部位。

外界气候环境影响主要有四个方面：雨雪、气温、日照与气流。包裹体系首先要隔绝雨雪对建筑内部空间的侵蚀，也就是其排水、防水功能。其次它需要尽可能地减少室外气温变化对建筑内部空间的影响，使建筑内部能维持尽量恒定的人体舒适温度，这就是它的隔热保温功能。而对于日照，它通过包裹体系上的窗洞口，不仅为室内带来天然采光，也带来热量辐射，建筑在夏季与冬季对此需求有很大区别。而建筑室内需要空气流通来获得新鲜空气，但这又导致室内温度的不稳定，窗洞口也是解决这一矛盾的关键构件。在本章建筑构造部分，对于包裹体系如何实现这些功能，将会做进一步详细的讲解。

3.1.3 支撑、包裹体系与建筑空间的关系

支撑体系与包裹体系是在具体的建筑的建造技术层面上的建筑构件区分：支撑体系抵抗荷载，包裹体系保证建筑环境质量。支撑体系与包裹体系既可以合二为一，也可以相互分离。例如，墙承重的建筑，外墙既起到支撑作用，也起到包裹的作用；而梁柱框架承

重的建筑，外围的包裹体系就与其分离，不起支撑作用。

　　而水平、垂直构件，则是从分割限定空间上讨论建筑构件，它谈论的"构件"更加抽象，和支撑体系与包裹体系的区分不在一个层面上。而这些用于分隔、限定空间的水平、垂直构件，可以是起支撑、包裹作用的外墙、屋面，也可以是不起支撑、包裹作用的内隔墙等其他建筑构件。

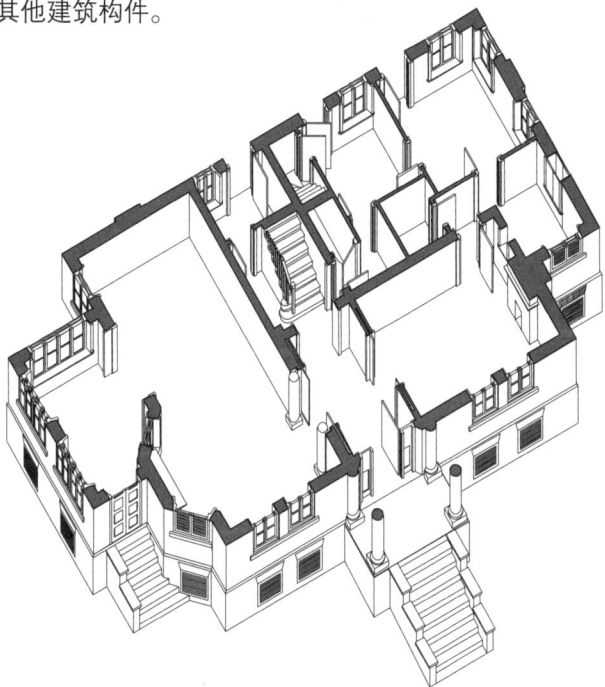

墙承重结构建筑的外墙，既是支撑体系的一部分，也是包裹体系的一部分。

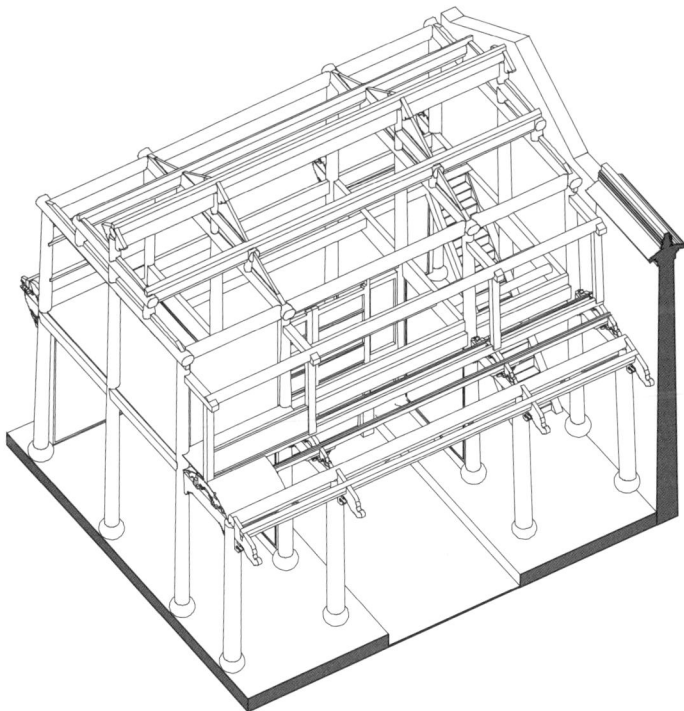

框架结构的建筑中，主要起支撑作用的梁柱和主要起包裹作用的外墙分工较为明确。

63

3.2 建筑材料

3.2.1 概述

无论是建筑的支撑体系（结构）还是包裹体系（表皮）都涉及对建造材料的选择问题。构造技术和系统是多种多样的，但每一种都是通过其使用的材料得到实现。在建筑各组成部分中使用不同的材料，可以展示出不同的形态和质感。

了解建筑材料的功能和局限性是建筑建造的重要因素。无论是关于材料的发展史，还是关于材料应用的创新实验，都为建筑设计过程提供了帮助。建筑材料的品质与它的产地、外界环境、用途和使用者都有关系。这些方面都对建筑材料有不同的要求，但材料的选择和使用必须协调建筑内部与外部的多重需求。对建筑师来说，掌握这门知识的重点在于如何将不同的材料组织在一起，并使它们优势互补，和谐共存。

在材料被用来建造建筑或空间之前，建筑师需要了解材料的特性与其所适用的建筑部位。材料的选择首先需要考虑材料自身的物理特性，包括外观上的色泽、质感、光学效果（反射、透明）；其次需要考虑材料的力学性能，受拉、受压、抗弯、抗扭、抗剪的能力，

砖、石、木建筑

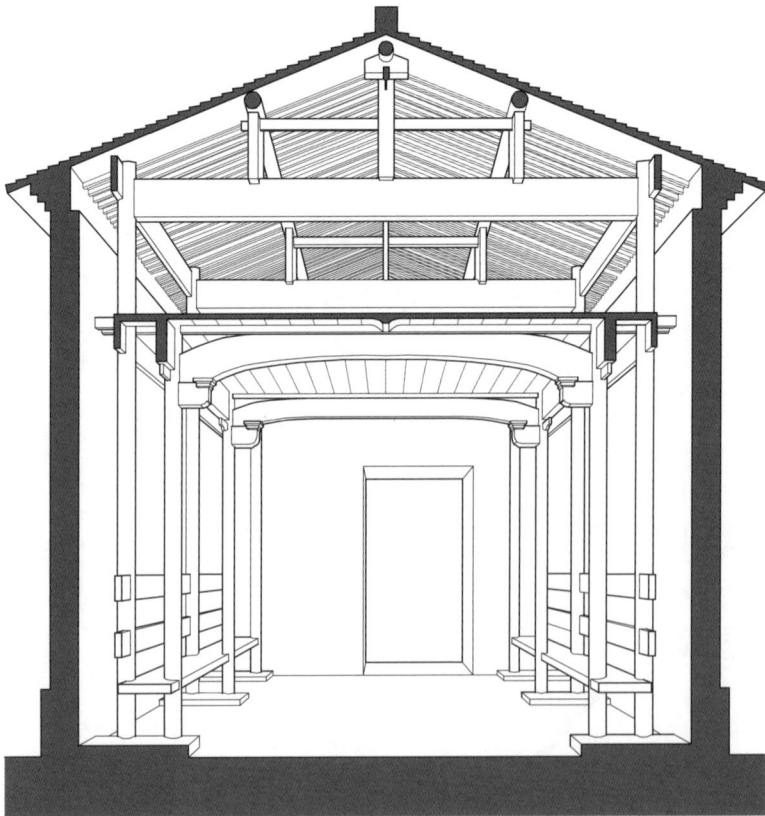

是否易碎；还应考虑其热工性能和防水性能。

材料的选择还需要考虑具体的结构形式，材料的耐久性（保护其他材料），功能性（防水、透光、透气、保温），使用的经济性（产地、产量、工艺难度），以及人的心理感知（自然和人工，厚重和轻盈）。

对建筑师来说，要有效地使用材料，对于建造方法和实践的正确理解是至关重要的。通过材料在建筑不同位置的合理运用，建筑师可以直接揭示建筑背后的建筑理念。例如"真实的"材料表达——就是在建筑各部位的处理中反映出所使用材料的各种特性。例如，一座建筑用砖来搭建墙体，然后支撑屋顶，材料的实际性能和构造处理都真实地显露在建筑的外观上。除了建筑的"真实"概念，许多材料还与它们的场所和起源有着强烈的联系。举例来说，石材便属于它被发掘与开采的场地；而木材在感知上总是与其自然生长环境联系在一起。而其他材料，如混凝土与玻璃，则其所属地区或场地的特性有较少的联系，显现出工业化的特征。然而它们作为人工材料，很容易使用各处皆可获得的原材料来进行加工。

铸铁、玻璃建筑

3.2.2　木材

　　木材无论在东、西方，都是应用时间最长的建筑材料之一，也是一种应用十分广泛的建筑材料。首先，木材的抗压和抗拉性能都还不错，因此它可以作为梁、柱等结构构件用于建筑的支撑体系，在适当的维护下，其耐久性也可以得到保证。其次，木材直接取材于自然，有着丰富、优美的色泽与纹饰，具有独特的自然美，所以它也是一种能够给人带来亲切感的常用建筑装饰材料，常用作地面、披叠板外墙饰面等。除此之外，木材还具有很好的可持续性。作为一种可再生的建筑材料，在建筑中使用的木材，通过合理地进行生长、使用、再生控制，可以做到资源的充分利用和很小的环境破坏。

　　随着工艺和技术的发展，木材的性能得到不断增强。实木多层胶合成型等技术可以突破原木的形态限制，极大提高木材的力学性能和防火性能，使其可以应用于更大跨度、更复杂结构体系的公共建筑之中。而磨砂、抛光、打蜡、油漆、上色或压制等板材处理工艺进一步发掘了木材的美感，扩展了它装饰应用的可能性。

　　在历史上，木材是中国传统建筑的主要用材，但出于保护资源与结构安全性需要，目前木材在建筑中的应用受到了限制。但充分地利用木材的可持续性是未来建筑设计的可行方向之一。

木结构构件的连接方式

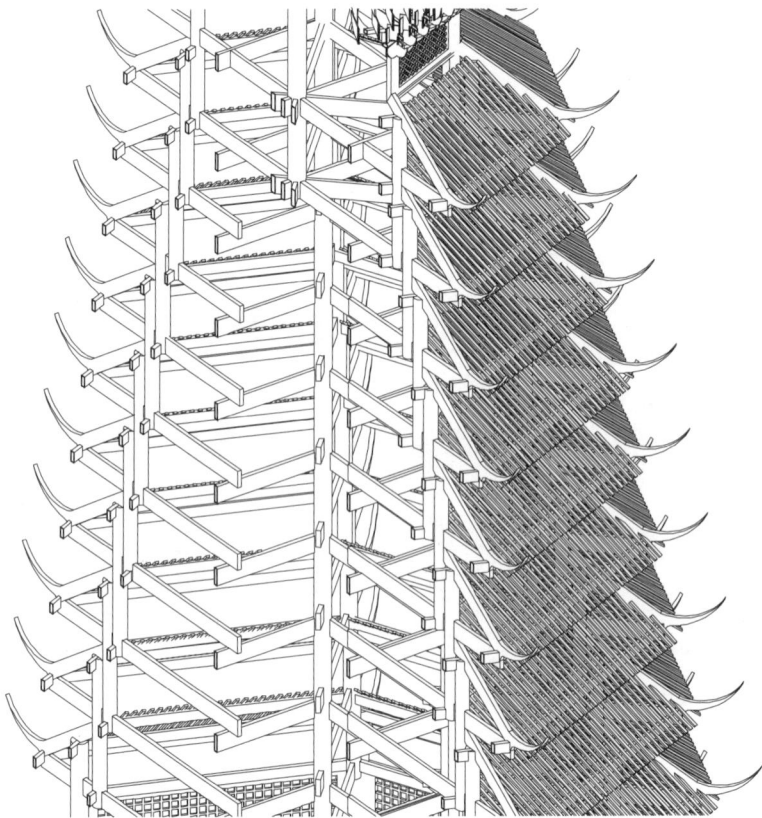

本页图：通体采用木质结构的侗族鼓楼，不施一钉一铆，结构严密，楼以杉木凿榫连接，中部采用木质四柱贯顶，外侧采用多支架八角密檐塔式结构，利用杠杆原理，层层支撑而上，通过一系列巧妙的构造，充分发挥木材本身的受力性能，形成稳定的支撑结构系统。
对页左下图：美国常见木结构建筑，用密肋型木框架和金属件连接，结合饰面板形成整体的结构。

2000 年汉诺威世界博览会瑞士展馆

展馆由瑞士建筑师卒姆托（Peter Zumtor）设计，由云杉和冷杉木料砌筑的墙体，既是建筑的支撑结构，也表现出材质和砌筑方式带来的特殊质感。同时，作为短期的展览馆，在展览结束后这些木材仍然可以在其他地方被继续使用，更加可持续。

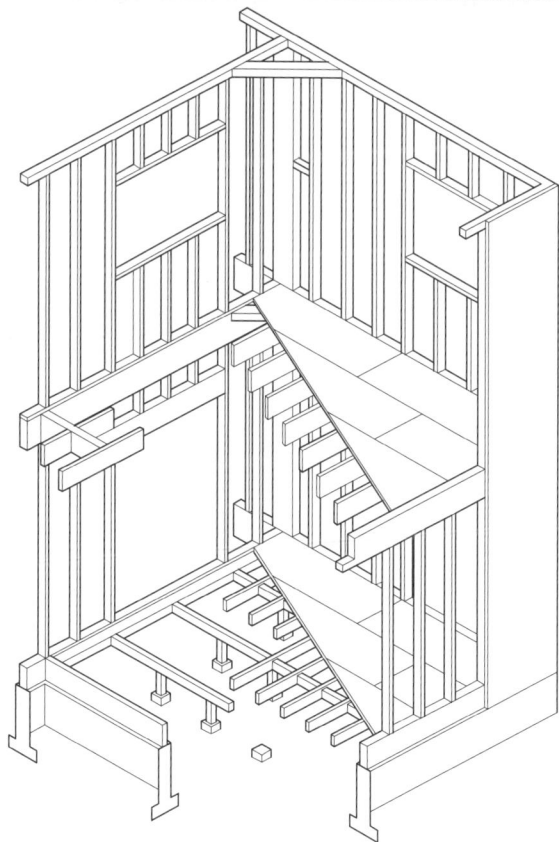

木饰面拼接方式

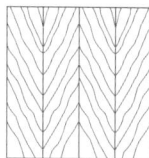

人字拼花

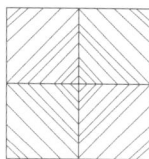

钻石拼花

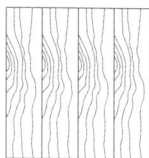

单片拼花

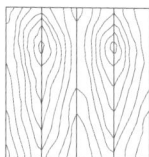

对页拼花

3.2.3　砖石

　　石材和木材一样也是最古老的建筑材料之一。石材从开采到用于建筑，需要被加工成较为方整的砌块，以便于运输和建造。砖也是一种砌块，它可分烧结砖（主要指黏土砖）和非烧结砖（土坯砖、灰砂砖、粉煤灰砖等）。作为一种小型人造块材，广义上呈长方体状的建筑装饰材料也被冠以"砖"的名字，比如瓷砖。黏土砖在我国出现于春秋时期，曾被大量使用。它以黏土（包括页岩、煤矸石等粉料）为主要原料，经泥料处理、成型、干燥和焙烧而成。砖的颜色受其组成材料和加工方式的影响而不同，如黄砖里含有更多的石灰，如果含铁量高，砖就会变红。红砖是自然冷却的产物，如果砖坯烧成熟后浇水冷却，便会得到青砖。因为破坏土地资源，黏土砖现在已经被混凝土砌块所广泛替代，很少在建筑中使用了。

　　由于石材和黏土砖具有很好的抗压性、耐久性和防潮防水性，因此传统上被广泛用于砌筑建筑的基础和承重墙。同时由于其受拉、受弯等性能较差，因此在古典建筑中，由砖石砌筑的建筑墙体通常无法设置较宽的洞口，洞口之上需要依靠将垂直荷载转化为沿砌块方向压力的拱券来支承。新的建筑材料出现后，洞口上才开始使用

拱与过梁

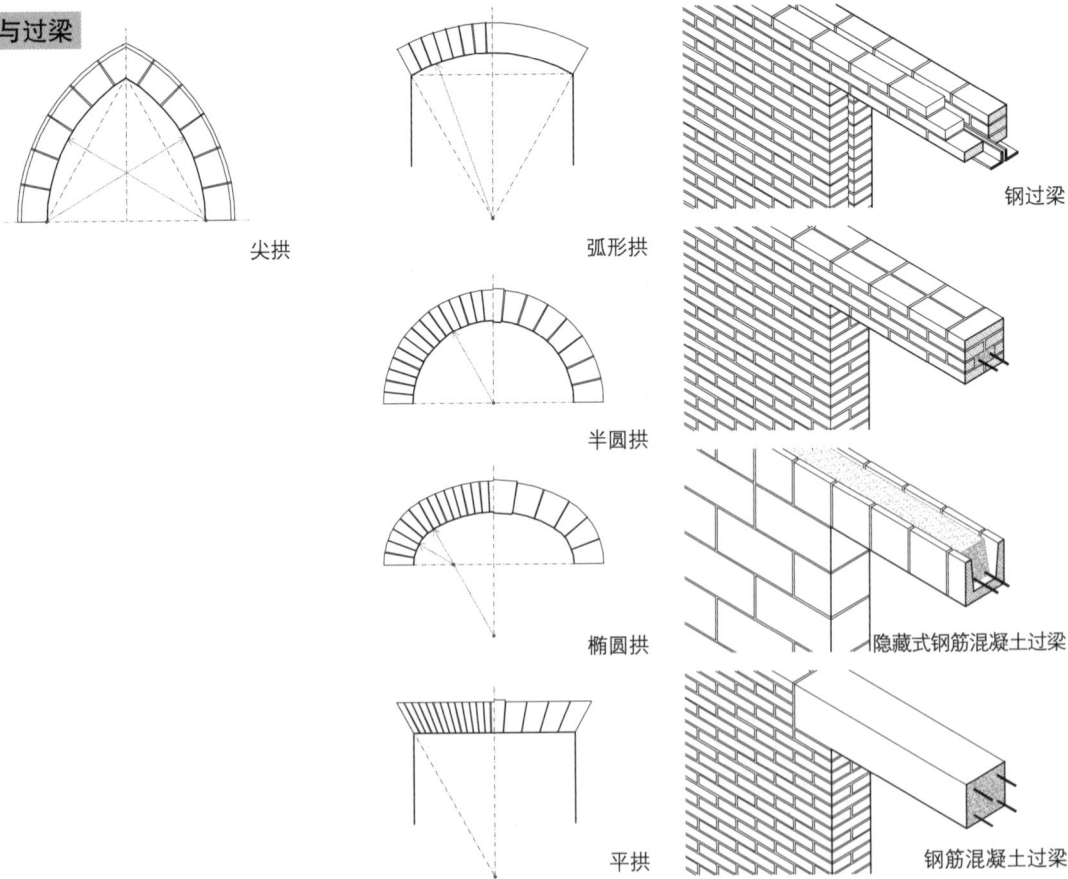

尖拱

弧形拱

半圆拱

椭圆拱

平拱

钢过梁

隐藏式钢筋混凝土过梁

钢筋混凝土过梁

钢筋混凝土或钢型材的平过梁。在钢和钢筋混凝土出现后，砖石结构的建筑逐渐减少，但在一些住宅等小型建筑中，它们仍是一种广受欢迎的建筑材料。目前的砖石材料更多地被加工成薄板、面砖等装饰性的面层材料，用于建筑外墙和地面，如花岗石、大理石等。石材表面在加工时可不做处理，或根据需要磨光成不同的程度。例如，切割的石材表面粗糙，适合用在花园或景观等室外需要防滑的场所；抛光表面的石材彰显了材料自身的色彩和纹理，适合用在室内外重要的视觉感知空间。

从材料的表现力来看，首先，它们直接（例如石材）或者间接（例如用黏土模砌烧铸的砖）体现着自然的质感，其砌筑体的尺度感也更易为人接受。因此，砖石建筑在质感上更加易于获得亲切感。其次，作为一种砌筑材料，砖石的砌筑拼接具有多种形式，会在建筑的垂直界面上表现出与建造方式相联系的丰富纹样。例如，传统的黏土砖墙，不同的墙体厚度要求与砌筑方式，会呈现一丁一顺、顺丁相间等不同纹样。最后，许多留存至今的最古老建筑都是由石材建造的，和其他材料相比砖石更能表现出永恒与坚实的寓意。

砖石砌体表面纹样

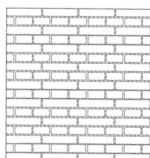

顺丁相间砖砌墙

一丁一顺砖砌墙

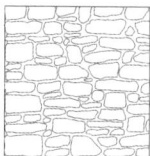

碎石叠砌石墙

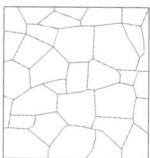

毛石拼砌石墙

美第奇府邸（Palazzo Medici, Florence，公元 1444–1460）是文艺复兴时期意大利佛罗伦萨的代表性建筑作品，其沿街两个外立面的砌体形式极具代表性。立面分为三层，由下至上依次使用了非常粗犷的毛面大石块、平整但有较大缝隙的石材和严丝密缝的石材砌筑，充分表现出了石材沉稳的特质。

3.2.4　钢筋混凝土

现场浇筑钢筋混凝土结构模板搭建

预制装配式钢筋混凝土结构

钢筋混凝土框架

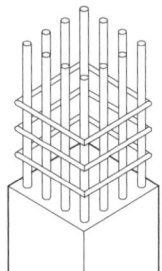

钢筋混凝土柱身节点

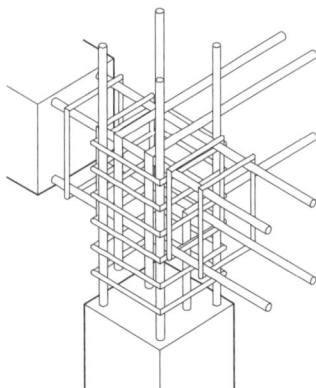

钢筋混凝土柱梁节点

混凝土在工程上常被简称为"砼（tóng）"，它是指由胶凝材料将集料（骨料）胶结成整体的工程复合材料的统称。自古罗马时期开始，用火山灰作为胶凝材料的混凝土就被用在了建筑中。现在所使用的混凝土通常是指用水泥作胶凝材料，砂、石作集料，与水（可含外加剂和掺合料）按一定比例配合，经搅拌而得的水泥混凝土，也称普通混凝土。它可以借助模板，经过固化从而被塑造成任何形状，也能够根据需要按不同的配比进行混合，形成不同的强度。混凝土从本质上说是一种廉价的可塑人造石材，其力学性能与石材相似，抗压性能好，而其他性能较差。从 19 世纪中后期起，人们开始在混凝土中加入钢筋，从而大大改善了混凝土的力学性能。因此，经济、可塑、力学性能良好的钢筋混凝土成为 20 世纪以来使用最为广泛的建筑材料。

混凝土可以在工厂里浇筑预制件，然后在施工现场迅速组装建造，也可以在施工现场浇筑，创造各种形状。这种灵活性使得许多新的建筑空间与造型得以实现。

混凝土一度被认为是一种工业的、粗糙的、野性的材料，只适合用在建筑结构上。然而，建造观念的改变揭示出钢筋混凝土本身的材料质感就极具建筑表现力。这种表现力来源于两个方面：一个方面是它所使用的集料本身的颗粒大小、质感和颜色；另一个方面是混凝土浇筑是使用的模具，模具本身的形状尺寸、材质会直接体现在所浇筑的混凝土表面的划分和纹理上，以此可以浇筑出带有木纹、印花或者丝绸般光滑的混凝土表面。此外，混凝土表面也可以进一步进行加工，进行凿刻形成特定的纹理，比如"斩假石"。

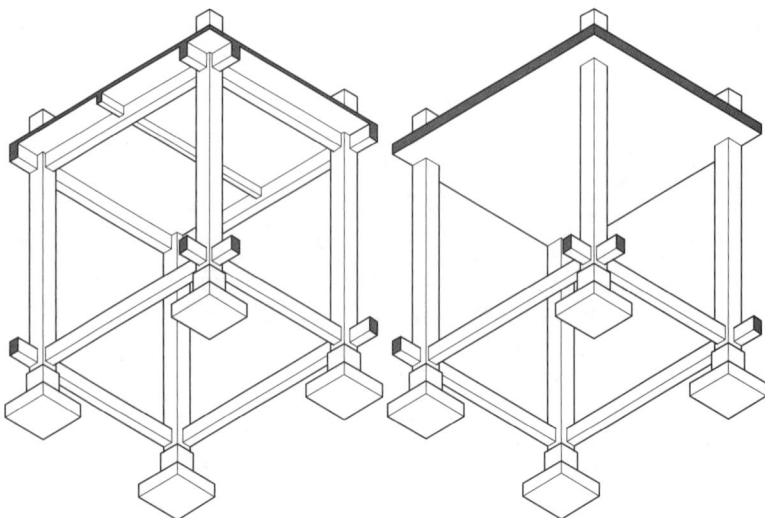

梁板结构

厚板结构

混凝土表面质感的处理

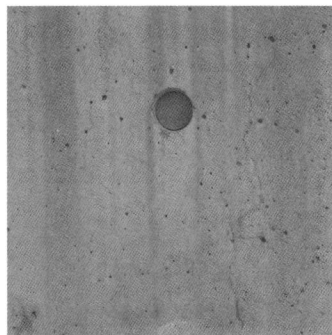

光面混凝土
具有类似于大理石质感的光滑表面，
和模板留下的划分线和孔洞。

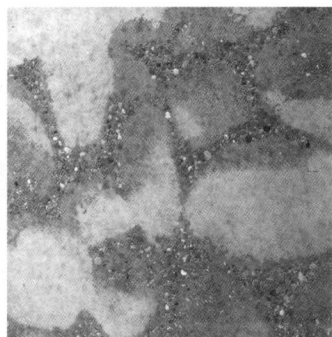

印花混凝土
由特殊模板和浇筑工艺形成的混凝
土印花表面。增加了混凝土材料的
亲切感。

模纹混凝土
使用竹子、木板等粗糙模板作为浇
筑模板，浇筑后墙面形成模板留下
的肌理纹路和印记。

型钢类型

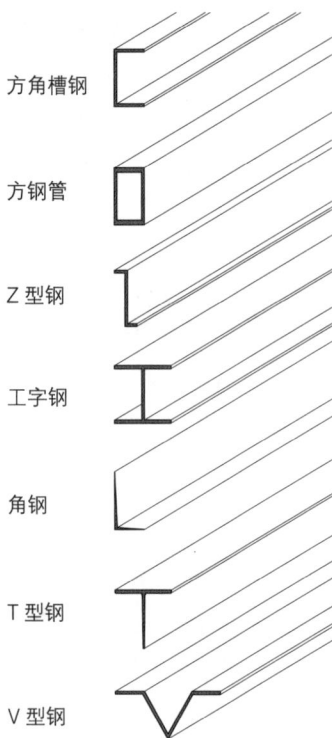

方角槽钢

方钢管

Z 型钢

工字钢

角钢

T 型钢

V 型钢

3.2.5　钢与玻璃

现代建筑设计及玻璃与钢建造技术的一个关键点是 1851 年英国伦敦世博会的水晶宫，它带来了材料、建造与工艺三方面的创新。巨大的金属框架与装配式玻璃系统创造出一种全新的通透建筑空间界面。作为现代主义美学的一部分，玻璃与钢二者通常一起出现。两种材料的结合为建筑带来了强度与精美的结合，使建筑显得纤细而轻盈。它们同时赋予建筑以更具人工化与现代感的形式与更加透明的空间，勾勒出景观和天空。

在钢材的普遍使用以前，建筑材料的自重、力学特性规定了结构及其对应建筑空间形态的极限，而钢材为新建筑结构形式的出现开辟了崭新的道路。由于钢材具有很强的抗拉性能，从而促进了新结构体系（如悬臂）与建筑形态（如摩天楼）的产生和发展。但钢材作为结构材料，有耐火性差的特点，其表面必须熬过耐火材料。

玻璃的制造与建造能力也在不断发展。首先，玻璃的表面通过磨砂、彩印、镀膜等不同处理工艺，或通过双层中空或充入惰性气体等构造，可以改变光线进入一座建筑或一个空间的方式，从而对室内空间视觉效果和物理环境质量起到极大的提升作用。同时，玻璃已经具备结构性能，能建造几乎完全透明的建筑，如最早的玻璃结构建筑——布罗德菲尔兹住宅的玻璃展馆，和后来走入大众视野的苹果公司专卖店。

钢骨框架

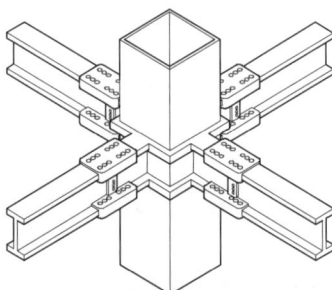

托架型柱梁节点

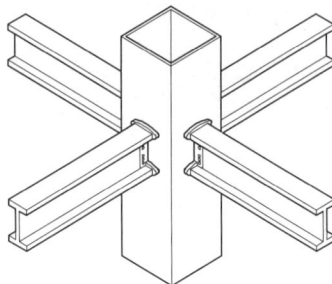

焊接型柱梁节点

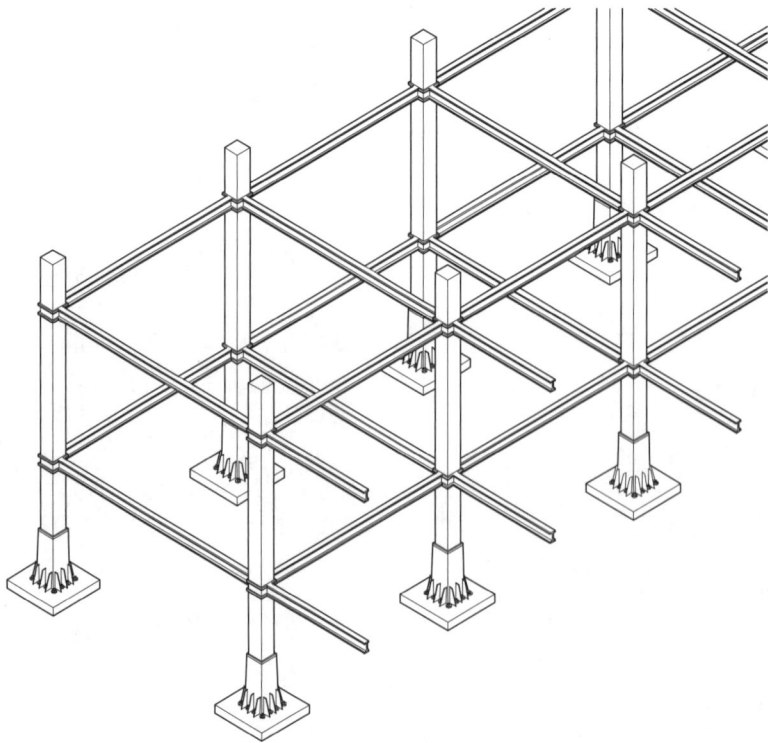

美国托莱多美术馆玻璃展厅（The Toledo Museum of Art）
钢结构与玻璃包裹相结合的建筑是目前最为普遍的展现轻盈和视觉通透感的方式。

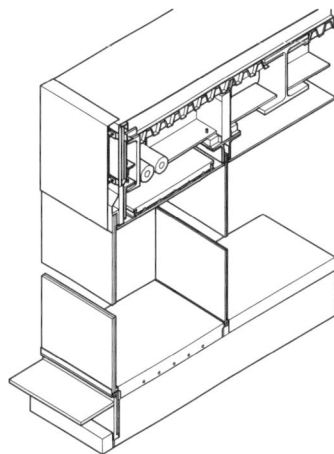

纽约第五大道与上海陆家嘴苹果专卖店（Apple Store on Fifth Avenue in New York and on Lujiazui in Shanghai）
热预应力法和层压加工技术，以及钛合金连接件的使用，使得制造更大、更多形状和力学性能更好的全玻璃结构建筑成为可能，从而使建筑的轻盈与通透形态得到了进一步的发展。

3.2.6　其他材料

　　除了木材、砖石、钢筋混凝土、玻璃和钢材这些已有长久历史或已被广泛使用的建筑材料，20世纪后期以来，许多新型的材料陆续被用于建筑。这些材料，有些具有新的、特殊的物理性能，例如，在悬索结构建筑中广泛使用的张拉膜材料，为建筑带来了非常轻质的顶棚和更加自由的造型；充气膜表皮带来了比玻璃更加轻质、节点更加简单的透光建筑表皮。而另一些则是在常用材料基础上通过工艺的处理成为更加节能环保的复合材料。例如在常用的空心混凝土砌块中填充轻质保温材料，既不增加自重，又提高了热工性能；还有一些石材饰面板，用很薄的石材面层和后部铝质蜂窝结构层复合而成，在减轻自重、减少石材消耗的同时，满足了装饰性要求。

英国伦敦千禧穹顶（The Millennium Dome）
由英国建筑师理查德·罗杰斯（Richard Rogers）设计，周长1km，直径365m，中心高度50m，由超过70km的钢索悬吊在12根100m高的钢桅杆上。屋顶由带PTEE涂层的玻璃纤维材料制成，表面积达10万 m^2，厚度仅为1mm的膜状材料，不仅强度和韧性极高（可承受波音747的重量），还具有卓越的透光性，可充分利用自然光。

英国伯明翰塞尔福里奇公司（Selfridges Department Store）
建筑外表面在垂直和水平两个方向上的曲率同时发生变化。建筑师用15000个经过氧化处理的铝盘覆盖整个表面，它们光鲜亮丽的外表不仅保护了粉刷墙面，同时也掩饰了建筑表面的瑕疵。从远处看，鱼鳞状的表皮拉紧在整个建筑物膨胀的外形上，在灰砖形成的城市环境中独树一帜。

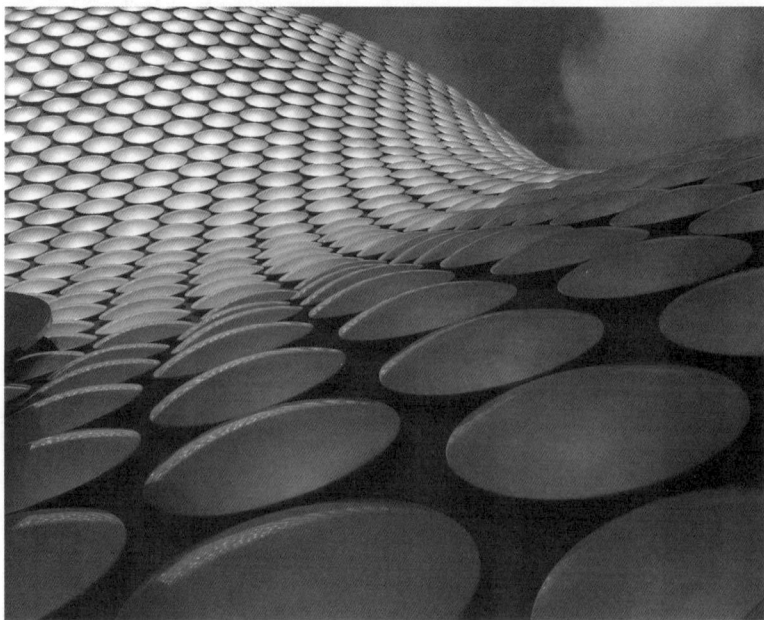

在创新性方面，建筑师可以考虑的有：感光材料、触摸感应技术、可调环境、远程控制、微型建筑等。在可持续性方面，应该关注自然的材料、绿色建筑、合理的朝向、回收与再利用、节能技术、传统工艺、可持续能源等。此外，建筑师还需要思考未来发展的可能，如智能材料、发光材料、形态记忆材料、虚拟现实、仿生材料、生态建筑、纳米材料等。

就如同 19 世纪钢筋混凝土、钢和玻璃的应用为建筑带来的革命性变革一样，在 21 世纪，各类新型材料的出现也必然会深刻地改变未来建筑的形象。作为建筑师应当敏锐地探索各类新型建筑材料能够如何更好地为建筑所用，为建筑带来突破性的发展。

中国国家游泳中心（水立方）
该建筑由中国建筑工程总公司、澳大利亚 PTW 建筑师事务所、ARUP 奥雅纳工程顾问有限公司联合设计。最引人注意的就是空间网架结构外围形似水泡的 ETFE 膜材料（乙烯 – 四氟乙烯共聚物）。ETFE 膜和玻璃相比是一种非常轻盈的透明材料，能在为场馆内带来更多的自然光，减少人工采光的消耗的同时，减轻建筑自重。

3.3　建筑构造

与建筑结构不同，建筑构造（Architectural Construction），是指建筑物各组成部分基于科学原理的材料选用及其做法。从理论上讲，结构和建筑设计施工图中的大样图都属于构造设计。但目前建筑设计与结构设计的专业分化使构造设计更多是指非结构构件的建筑部分。大体上，我们可以将建筑分为基础、楼地板、楼梯、屋顶、墙体和门窗洞口等部分，来设计其构造。除此之外，建筑组成部分还包括了内隔墙、阳台和天花吊顶等内容，本书将不做详细介绍。

建筑构造的设计，首先是为了满足建筑内部空间环境的人体舒适性与功能性。建筑各组成部分的不同构造处理方式，都是应对建筑中某种（或多种）需要解决的特定问题，主要表现在：安全稳固、防水、保温、采光、通风、防热、防噪、隔震等。例如，建筑外墙、屋顶围合出温湿度与气流更加稳定的室内环境，门窗解决了内外分隔的同时进行交换的可变需求，楼梯解决了人们在垂直方向上运动所遇到的阻碍，等等。

因此，构造设计需要根据功能需要，根据建筑材料的物理性能和外观形态对其进行选择。同时，由于一个建筑部分可能包含多种需要，必须选用不同材料来应对，因此又会产生材料之间的连接关系问题。例如，一扇窗既要满足保温，又要采光、通风，还要能够

建筑组成部分

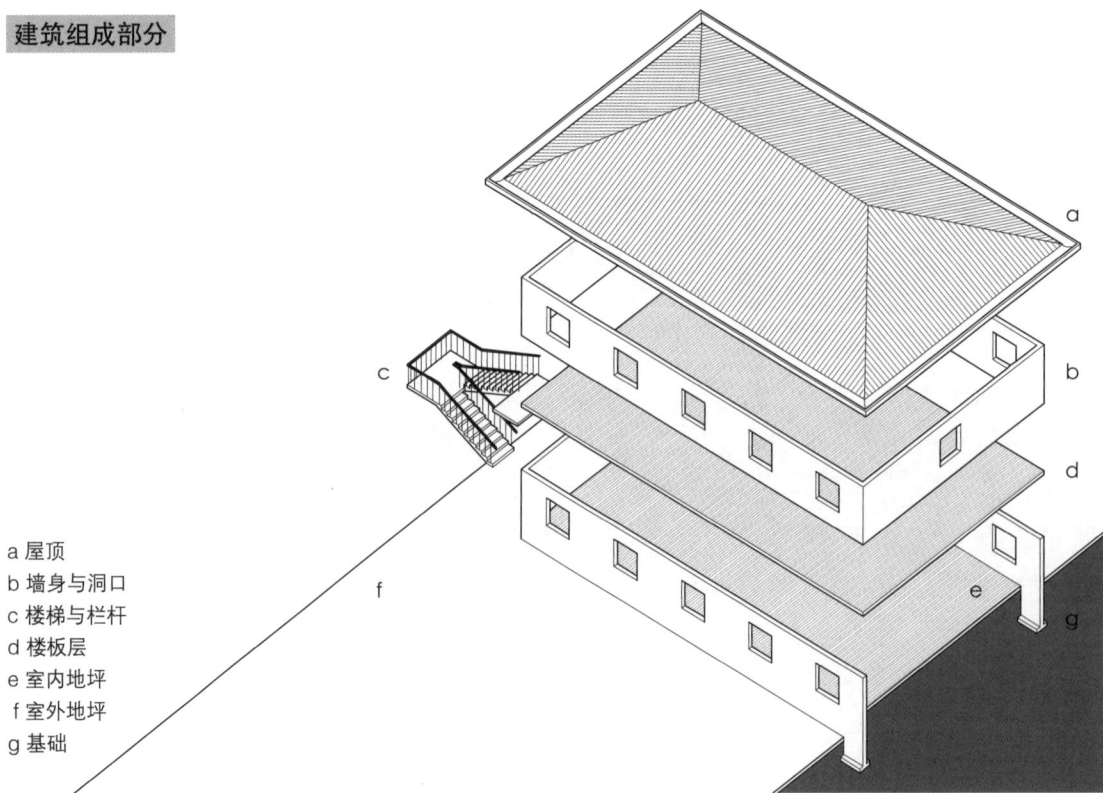

a 屋顶
b 墙身与洞口
c 楼梯与栏杆
d 楼板层
e 室内地坪
f 室外地坪
g 基础

安全地固定在墙洞上并保证灵活开关，选用的基本材料包括金属窗框、铰链、玻璃等。为增强保温性能，玻璃进一步选用双层中空玻璃；为防止寒冷季节室内冷凝水的产生，金属窗框进一步加入内置断桥的处理等。更重的玻璃与更高的热工与气密性要求又使金属窗框的断面变得更加复杂，以适应更高的强度、节能、连接等多重需求。

此外，构造设计还需要考虑材料制作加工和建筑施工中的工艺流程、技术难度、造价等有关建造的可行性与合理性。例如，在选择幕墙玻璃的分块大小时，较小的玻璃分块，虽然单块造价低，但同时也带来配套的金属框成倍增加、工序复杂、立面琐碎等不足；而较大的玻璃分块，又带来单块造价倍增、施工中易损耗等问题。

最终，我们必须十分注意，建筑各部分是如何统一成为一个建筑整体的。局部构造处理的形式会在很大程度上影响到建筑整体的形象与空间感受。例如，将两种不同材料交接的缝隙，通过构造设计隐藏到阴角里，不仅有利于防水，也会得到更好的视觉效果。

建筑师经常需要通过大比例的局部平剖面图来表达局部构造中的详细信息，这就是大样图。大样图通常采用 1∶5~1∶20 比例的图纸，各种材料要用特定的图案加以填充，并用文字形式标示出不同材料与构件的名称、型号、尺寸、做法等信息。

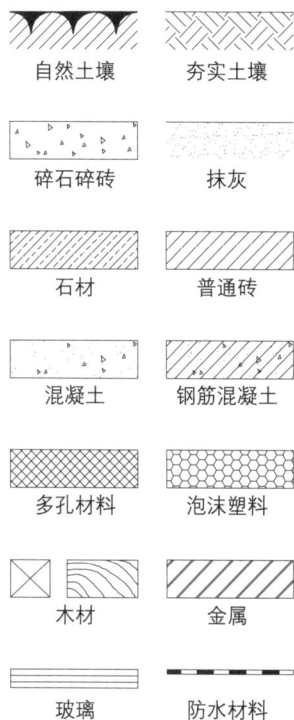

常用材料符号

自然土壤	夯实土壤
碎石碎砖	抹灰
石材	普通砖
混凝土	钢筋混凝土
多孔材料	泡沫塑料
木材	金属
玻璃	防水材料

材料的交接

3.3.1　地基与基础

基础指建筑底部与土地接触的承重构件，它的作用是把建筑上部的荷载传递给地基。实际上，基础支撑着框架或者承重墙，这就需要其足够强大去适应周围土地条件和承受任何预计的移动。地面运动能够被诸如地质条件的当地状况所影响，特别是土壤的干燥程度。周围的大型建筑或者树木同样会影响建筑的稳固性。

除了建筑自身的规模、体量和使用功能外，在选择采取何种类型的基础时，还必须考虑基地所在的地质构造条件，它包括地基的土壤类型、地貌、水文地质条件、土和岩石的物理力学性质、地震带分布等。由于基础工程的特殊性，还必须考虑施工中的现实条件，合理选择适当的基础类型。

从基础的材料及受力情况来划分，可分为刚性基础（又称为无筋扩展基础）和柔性基础（又称扩展基础）。刚性基础一般用三合土、砖、毛石、混凝土等受压强度大、受拉强度小的刚性材料制成，一

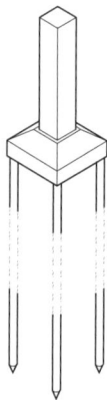

桩基础

刚性基础

三合土基础以石灰、砂、碎砖按1：2：4~1：3：6的体积比混合，分层夯实而成。它造价低廉，施工简单。

砖基础施工简便，适应面广。在砖基础下部做灰土垫层，可节省材料，形成灰土砖基础。

毛石基础是用未经雕琢的石块（毛石）和不小于M5的砂浆砌筑的基础，可就地取材，但整体性欠佳。

柔性基础

钢筋混凝土条形基础由底板和基础墙（柱）组成。现浇底板是钢筋混凝土基础的主要受力构件，其外形一般有锥形和阶梯形两种，基础底板下需要均匀浇筑一层素混凝土垫层，用于保护基础钢筋，还可以作为绑扎钢筋的工作面。

筏型基础（满堂基础）指连片的钢筋混凝土基础，一般用于荷载集中、地基承载力差的情况。

箱型基础用于基础埋深较深，并附设有地下室的情况，由底板、顶板和侧墙组成。这种基础整体性强，能承受很大的弯矩。

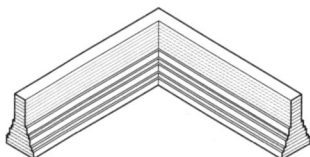

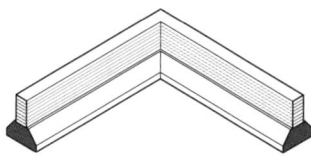

刚性砖基础　　刚性混凝土基础

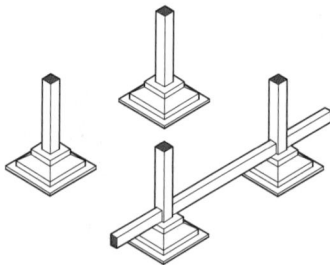

钢筋混凝土独立基础　　钢筋混凝土条形基础

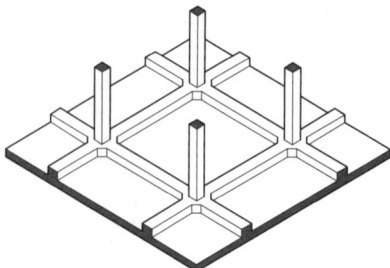

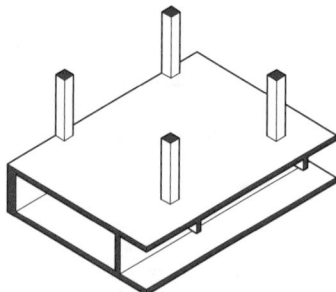

钢筋混凝土筏式基础　　钢筋混凝土箱形基础

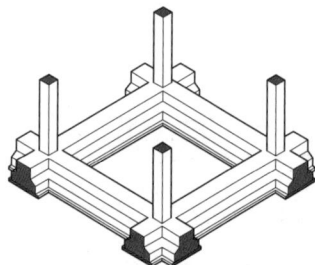

般用于层数较少的砌体建筑或轻型厂房。柔性基础通常采用用钢筋混凝土材料制成，其抗压与抗拉性能都很好，适用范围广泛，其形式主要有独立基础、条型基础、筏型基础、箱型基础、桩基础等。

　　砖砌大放脚条形基础和钢筋混凝土锥形基础是小型建筑中常见的两种基础形式。为使上部荷载能均匀下传，这两种基础的下部都做成梯形的"大放脚"。

　　对于软弱地基，可用桩基础增强地基的承载力。按照受力状态它可以分为端承桩和摩擦桩，按施工方式可分为预制桩和灌注桩。

　　除了基础，建筑的底部还包括了外墙底部的台阶、散水、排水沟等部分。它们保证了建筑稳固、人员出入的便利以及不受雨水侵蚀问题。在建筑墙基与室外地面的四周，做成防水的外倾斜坡或排水沟，可以迅速排走地面积水，保护建筑基础。室外台阶可以砖砌也可以石砌，基层的做法与地坪类似。

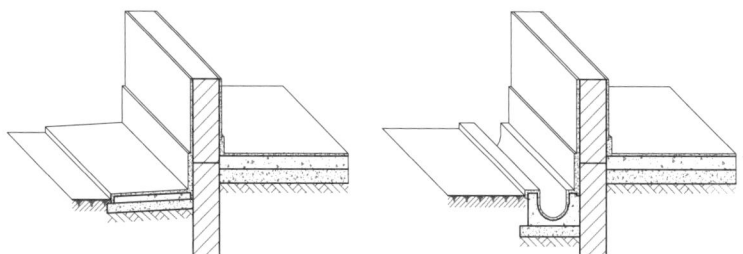

散水与明沟

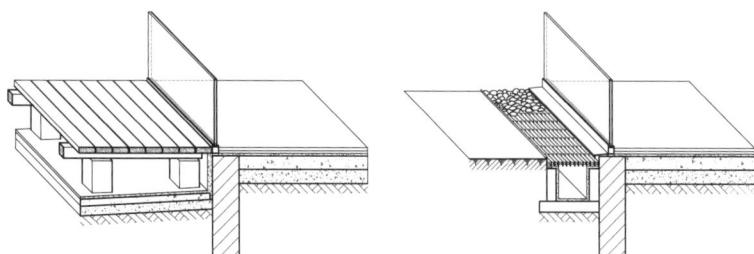

隐藏式排水

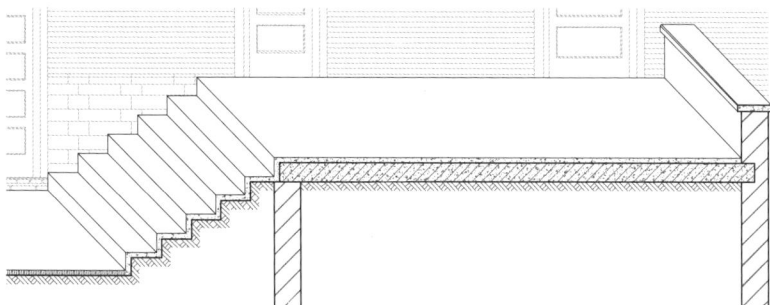

室外台阶

3.3.2　墙身与洞口

墙体是建筑空间的垂直界面，按照所在位置，可以将其分为外墙（有保温要求）和内墙（无保温要求），按照方向，可以分为纵墙与横墙；按照受力特点，可以分为承重墙、自承重墙、围护墙、隔墙；按构造做法，可以分为实心墙、空心墙（包括传统的空斗墙）、复合墙。此外，幕墙作为单独的概念，本书不做详细介绍。

不同的墙体在建筑中有着不同的作用：（1）承重作用，承受屋顶、楼地面、各种动、恒荷载；（2）围护作用，抵御自然界风、雪、雨等的侵蚀，防止太阳辐射和噪声的干扰；（3）分隔作用，将内部分隔成不同的空间；（4）美观作用，是人感知建筑内外在形象的主要界面。随着使用要求的提高，建筑外墙越来越多地使用了复合墙，以提高其围护与美观的性能。

建筑外墙上的洞口是联系墙身两侧，尤其是外墙所区分的建筑内外的通路，主要包括了门、窗和其他孔洞（如换气口等）。作为围护体系的一部分，外墙洞口要在密闭时保证室内气候与室外隔离（但窗仍能采光），而在开启时满足出入（门）和通风（窗）的需求。其开启的大小常因室内发生的活动、光照、视野和居住者对隐私的需求而发生变化。为雨雪天出入便利，外门还用设置雨棚。在日照强烈的地区，窗洞口还应设置遮阳的装置。

墙体类型示意

a 承重墙
b 自承重墙
c 内隔墙
d 矮墙
e 外墙
f 窗下墙
g 窗间墙
h 挡土墙
i 门洞
j 窗洞
k 雨棚
l 遮阳板

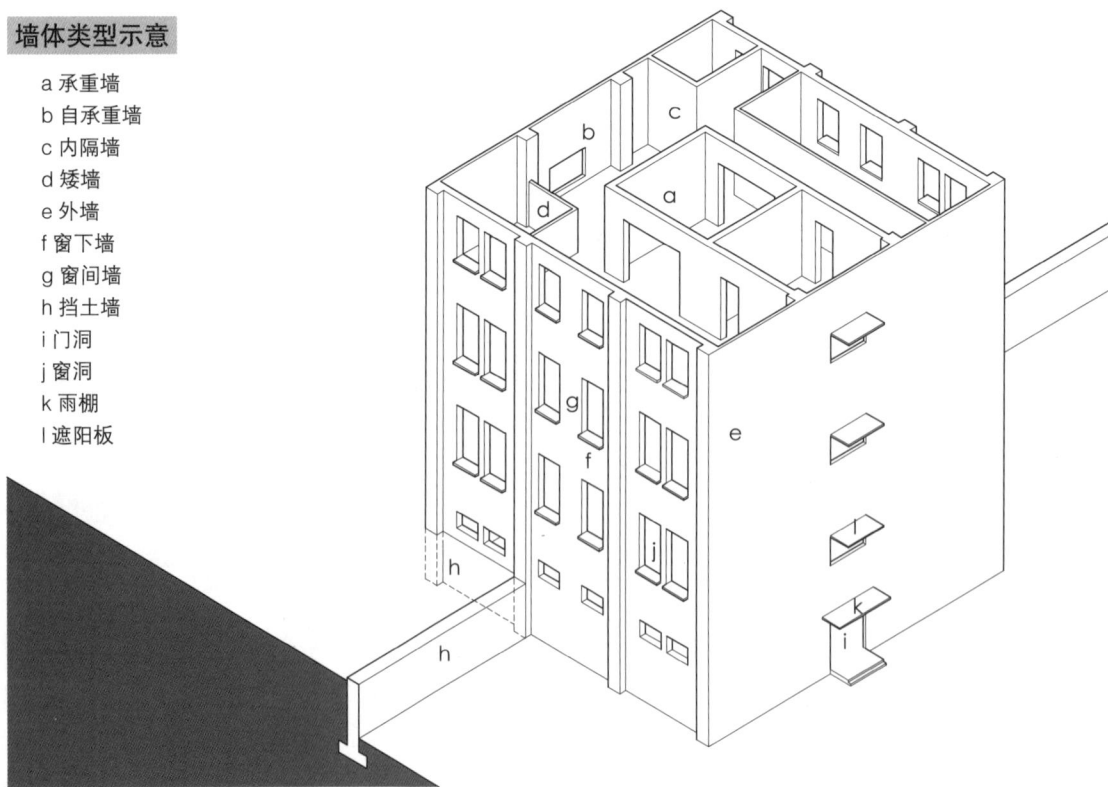

墙体构造层次

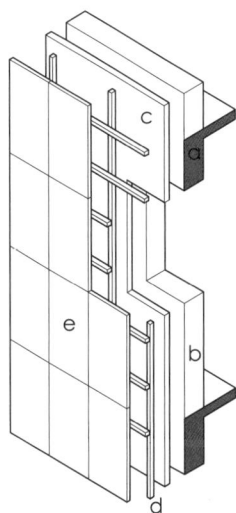

a 结构梁板
b 围护墙体
c 外保温层
d 外饰面龙骨
e 外饰面

　　随着使用要求的提高，建筑外墙越来越多地使用了复合墙，通过多种材料的复合使用，来提高外墙的围护、保温、美观等多重功能。复合墙由内向外分别有基层、保温层、外饰面固定层、外饰面层等。基层包括了建筑的承重结构（梁、柱）和满足基本围护稳固度的填充墙。目前我们国家多数建筑采用钢筋混凝土框架结构和混凝土空心砌块作为外围护墙体的基层。保温层是采用传热系数比砖或混凝土小得多、自重也轻得多的建筑材料，如挤塑板、岩棉板等，包裹在建筑外部形成一个整体的热传递屏障。外饰面固定层用于固定外饰面并将外饰面层的重量传递至建筑承重结构的构件，最常见的是用于各种形式挂板的金属龙骨。外饰面层决定建筑外表面的最终观感，同时也起到保护保温层的作用。常见的外饰面层材料有石材、陶土板、铝塑板、披叠板、饰面砖等。在外挂饰面的设计中，金属龙骨位置、饰面的划分与墙身洞口尺寸应互相配合，以便于备料、施工和获得较为统一的立面效果。

　　外墙的转折处，通常都需要做特殊的处理。例如传统的砖砌墙体，墙角砖的尺寸会有变化，以保证砖纹的连续性，或使用石材夹砌的做法增强墙角的稳固度。在石材挂板饰面的墙角转折处，石材采用梯形的切角处理，弱化了连接缝，并避免了石材尖切角可能带来的易破损问题。

面砖与干挂陶土板外墙

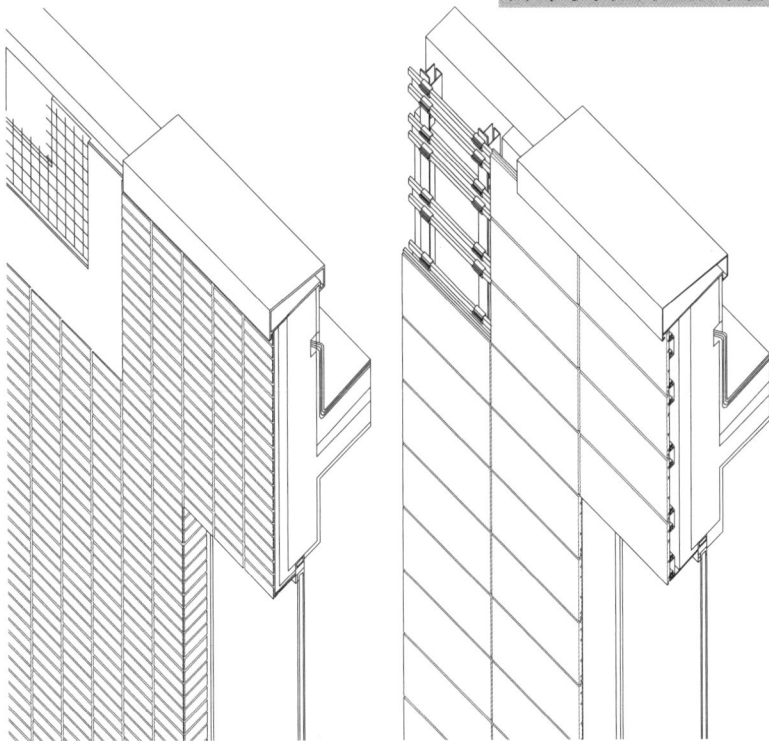

墙体转折

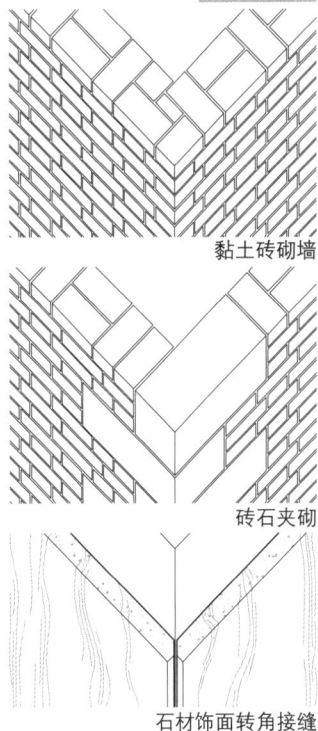

黏土砖砌墙

砖石夹砌

石材饰面转角接缝

3.3.3　门窗与玻璃幕墙

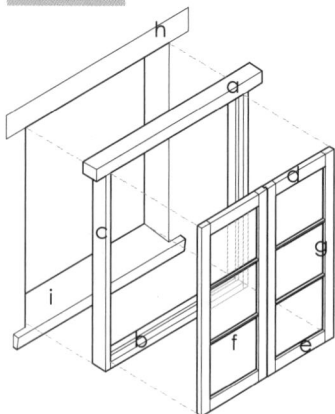

a 窗框上槛　　f 窗扇棂子
b 窗框下槛　　g 窗扇边框
c 窗框边框　　h 窗洞过梁
d 窗扇上冒头　i 窗台板
e 窗扇下冒头

门窗是建筑物用以通风、采光和人员物品进出的部分，它不仅是围护结构的一部分，也对建筑物外观起着很大的作用。门窗最主要的两个部分是门/窗框与门/窗扇。第二章已经介绍过，按照门扇或窗扇的开启方式，门窗可分为平开、推拉、折叠、旋转等类型。

门窗框分为上槛、下槛、边框和中框等部分，门窗框的断面形状和尺寸与门窗扇的层数、门窗扇厚度、开启方式、企口大小和当地风力有关。门窗扇由上冒头、下冒头、棂子、边框等组成。门窗框在和墙体连接时，还需要设置压缝条、贴脸板、披水条、筒子板、窗台板、窗帘盒等附件。

门窗的五金零件有铰链（俗称合页）、插销、窗钩、拉手、铁三角等。铰链又称合页，是门窗框和扇的连接构件，分固定和抽心两种。门窗扇关闭后，由插销固定在门窗扇上。窗钩又称挺钩或风钩，用来固定开启后窗扇的位置。门窗扇的中部可安装拉手，以利开关，拉手有弓背和空心等形式。铁三角用来加固窗扇的窗挺和连接上下冒头，木螺丝用来将五金零件安装于门窗上的相关部位。

传统的门窗的框材大多采用木材制作，以榫卯形式连接。现在

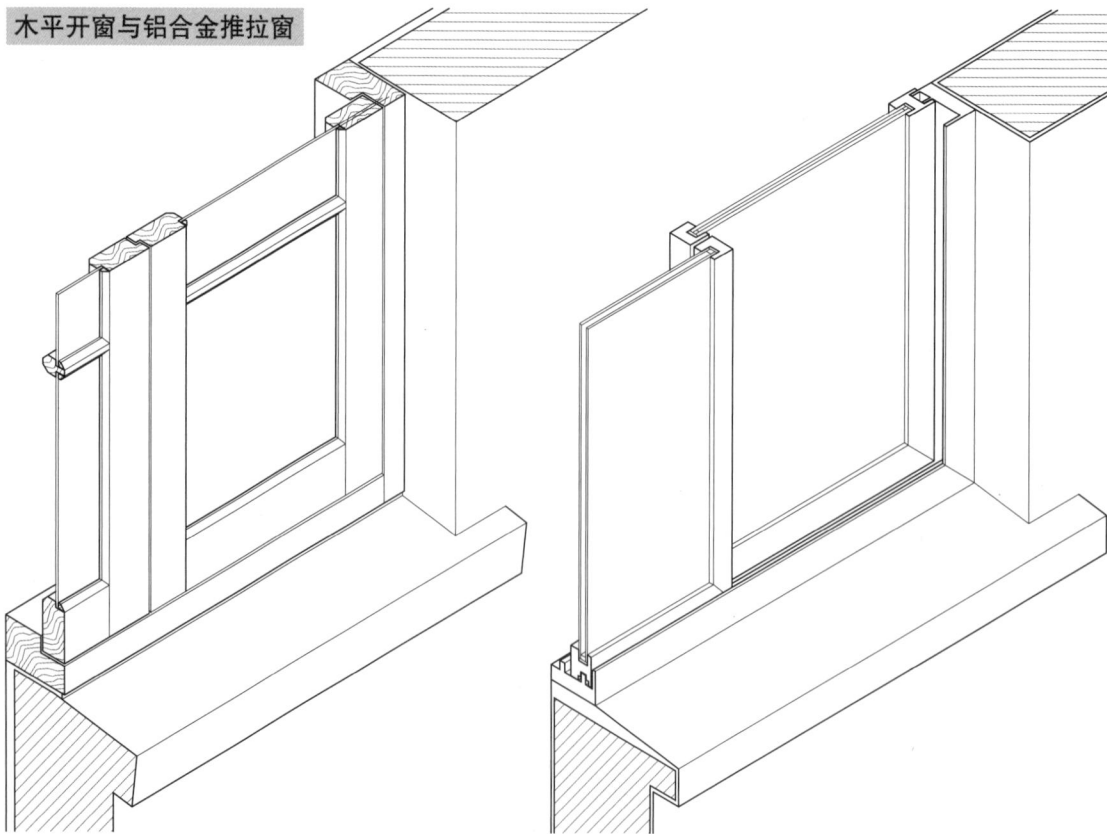

已被更加坚固耐用易加工的金属型材所取代。为了改善金属框门窗作为外墙保温薄弱环节的问题，越来越多的金属门窗框材还在内部置入了断桥的构造处理，同时使用双层甚至三层的中空玻璃、镀膜玻璃，以减少其导热性与热辐射，防止室内冷凝水的产生，降低建筑能耗。

随着时代的发展，很多建筑，特别是大型商业建筑和高层建筑，开始采用玻璃幕墙，用金属骨架与玻璃形成连续的表皮来包裹建筑，并将墙身与开窗统一起来，使建筑形体更加整体，也使建造可以通过产业化变得更加高效。常用的玻璃幕墙系统按照其构造形式主要可分为框架支撑与单元式两大类。框架支撑玻璃幕墙是玻璃面板周边由金属框架支撑并通过其固定在建筑主体结构上的玻璃幕墙。除了使用金属型材作为框架，也有为了更加通透轻盈的视觉效果使用玻璃肋或金属拉索作为骨架的幕墙。单元式幕墙则是由各种墙面窗与支承框架在工厂制成完整的幕墙结构基本单位，直接安装在主体结构上的建筑幕墙。也有幕墙将两者结合，通过主龙骨将幕墙单元连接到主体结构上。

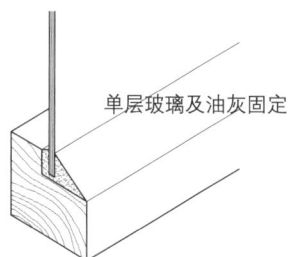

单层玻璃及油灰固定

双层玻璃及密封胶与扣条固定

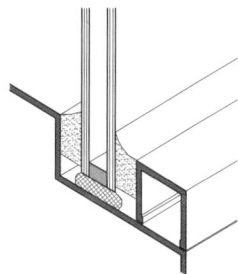

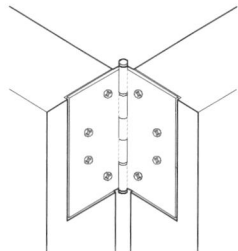

铰链（合页）

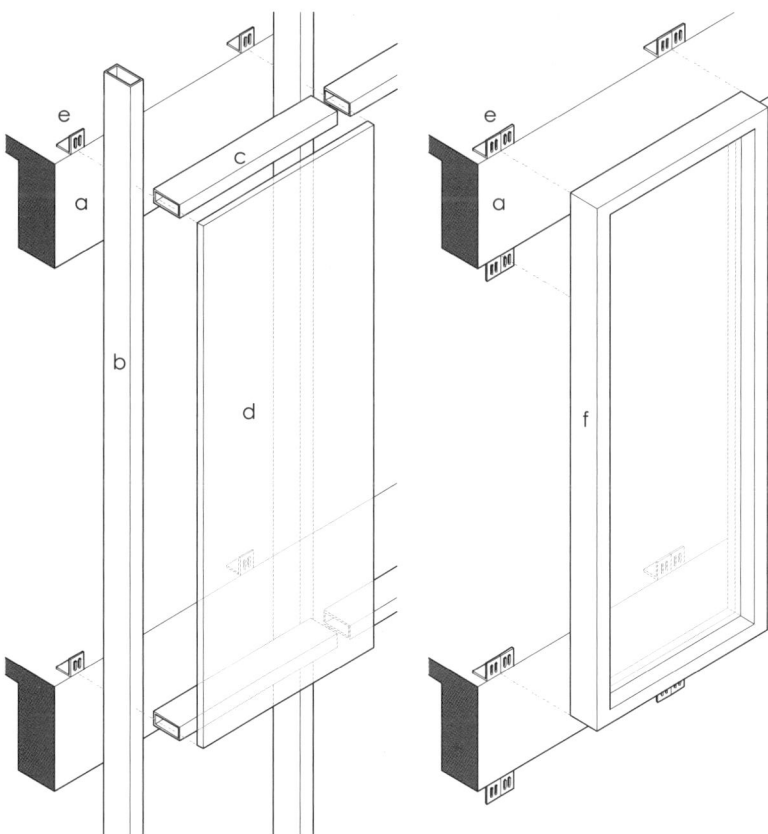

玻璃幕墙

a 建筑主体结构梁
b 幕墙竖龙骨
c 幕墙横龙骨
d 幕墙玻璃
e 预埋连接件
f 幕墙单元

幕墙玻璃的点支撑

3.3.4 屋顶

平屋面构造

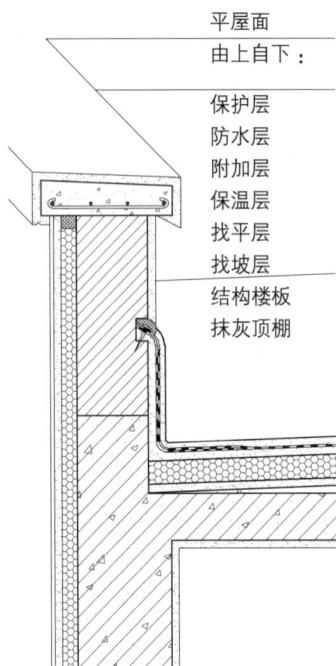

平屋面
由上自下：

保护层
防水层
附加层
保温层
找平层
找坡层
结构楼板
抹灰顶棚

屋顶是建筑物最上层起遮盖作用的外围护构件，用以承载雨雪荷载，隔绝雨雪、日照、气流、气温等因素对建筑内部的不利影响。屋顶由屋面和支承结构组成，屋面包括面层（防水和排水）和基层（起坡、传递荷载），支承结构附属于建筑的支撑体系，除了承担屋面荷载，也常常起到屋顶起坡的作用。

屋顶的形式，按照屋面材料大致可以分为钢筋混凝土屋顶、瓦屋顶、金属屋顶、玻璃屋顶等；按照屋顶坡度形态又可分为平屋顶、坡屋顶、薄壳、拱顶、折板、张拉膜等，其中最为常见的是平屋顶与坡屋顶两大类。屋顶的坡度与屋面材料、屋顶形式、地理气候条件、结构选型、构造方法、经济条件等多种因素有关。为维护安全、防止屋顶雨水漫流，平屋顶会设置女儿墙。坡屋顶的屋顶起坡空间还常常被利用作为阁楼，因此还会附设有老虎窗、天窗，檐部可设檐沟，并通过雨水管进行有组织排水。

平屋顶是目前应用最广泛的屋顶形式，其构造中除了本身的结构楼板，还应根据保温、防水、排水等功能要求在结构层之上增设保温层、防水层、结合层、找平层、保温层、隔汽层、找坡层等，

平屋顶：屋面坡度不大于 5% 的屋顶称为平屋顶（最小坡度为 2%）。平屋顶的坡度通常用材料找坡的方法做出，也可以用结构板材带坡安装（结构找坡）。平屋顶的承重结构以钢筋混凝土板为最多，可以现场浇筑，也可以采用预制钢筋混凝土板。

坡屋顶：屋面坡度不小于 10% 的属于坡屋顶，其防水问题比平屋顶容易解决，在隔热和保温方面也有其优越性。坡屋顶的构造包括两大部分，一部分是由屋架、檩条、屋面板组成的承重结构，另一部分是由挂瓦条、防水层和屋面瓦组成的面层。

相对而言，平屋顶构造与施工更加简单经济，形式上更加简洁，但防水隔热效果较坡屋顶差。

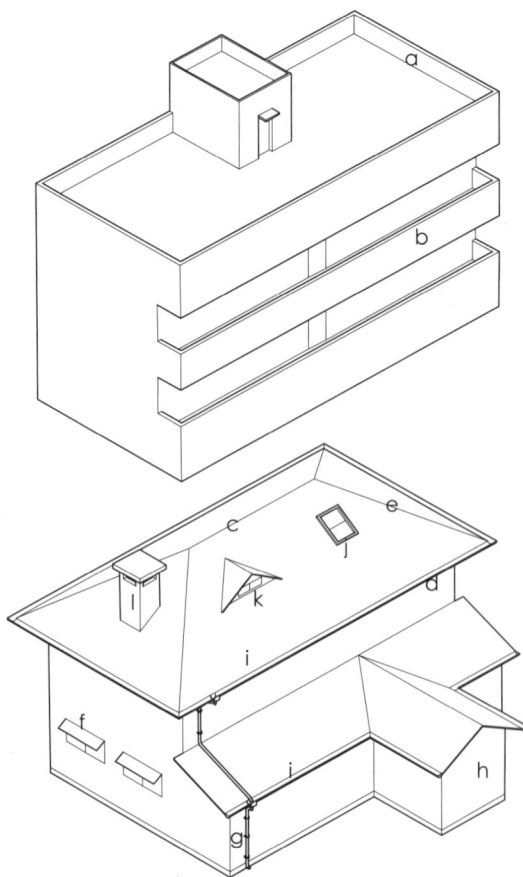

a 女儿墙
b 阳台
c 屋脊
d 屋檐
e 斜脊
f 披檐
g 落水管
h 山墙
i 檐沟
j 天窗
k 老虎窗
l 烟囱

结构层之下应设置顶棚。

平屋顶构造有两个需要解决的重点：一个是防水，另一个是排水。平屋顶防水所使用的材料主要有柔性的防水卷材、涂膜材料或直接使用金属板材屋面，要根据建筑性质、防水等级等情况加以应用。防水层在檐部转折和收头处应做加强特殊处理。平屋顶排水分为无组织排水和有组织排水两类，无组织排水情况下雨水由檐口自由下落，但目前多数平屋顶设计时会考虑有组织的排水，以减少雨水对建筑和危害。有组织排水主要有两种方式：檐沟排水的女儿墙排水。有组织排水宜优先采用排水管设于室外的外排水方式，以减少可能的渗漏度使用的影响，但应注意排水管对建筑立面效果的影响。在高层建筑、屋顶面积较大的建筑中，则可以采用内排水方式，并在室内设置独立的管井防止渗漏。

坡屋顶无论屋面还是结构形式变化较多，但相比平屋顶，雨水容易排除，不易渗漏，因此其面层构造和施工维修都更加简便。除了防水层、保温层之外，坡屋顶的面层可采用小青瓦、机平瓦、压型钢板等。坡屋顶可采用无组织排水，也可设檐沟组织排水。

常见坡屋顶形式

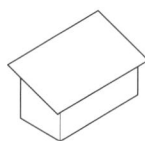 单坡

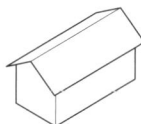 双坡

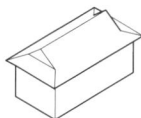 歇山

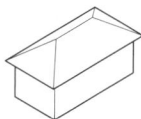 四坡

四坡攒尖

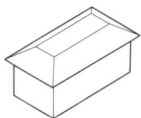 盝顶

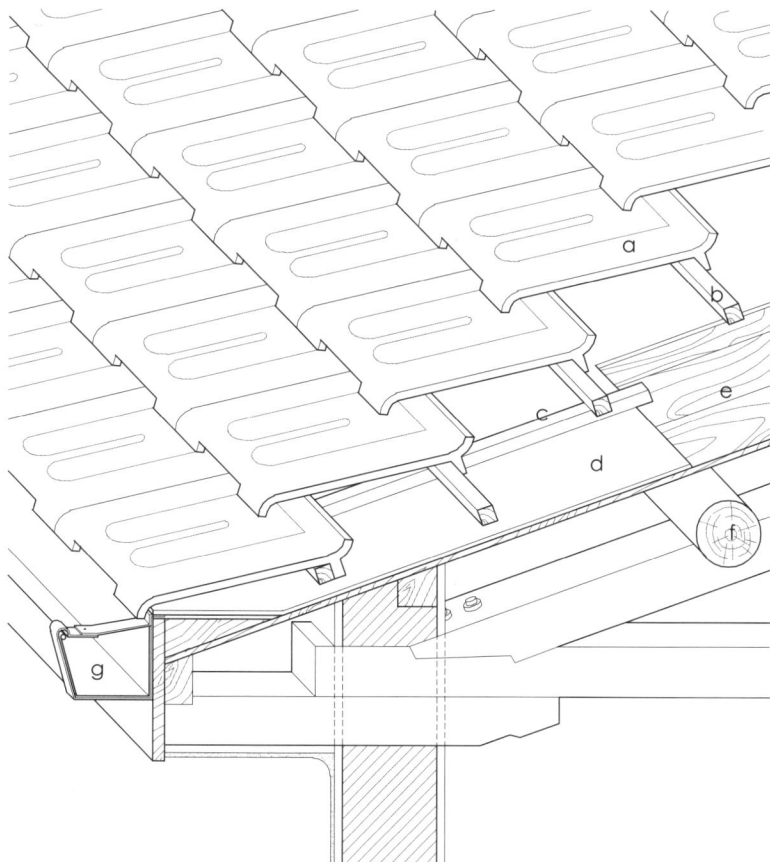

坡屋面构造

坡屋面
由上自下：

a 机平瓦
b 挂瓦条
c 顺水条
d 防水卷材
e 屋面板
f 檩条
g 檐沟

3.3.5 楼板与地坪

楼板与地坪是建筑内部承载垂直荷载的主要水平构件。楼板将人、家具、自重等垂直荷载传递给框架梁柱或墙体，同时对于联系垂直受力构件、增加结构整体性以抵抗水平荷载也有一定作用。地坪是指建筑物底层与土壤相接的水平构件，它将垂直荷载直接传递给地基。

楼板与地坪一般由面层和基层组成。一般我们所说的楼面和地面指的就是楼板与地坪的面层，它包括了装饰层（使用木地板、地砖等材料）、结合层（通常采用水泥砂浆找平、粘结）。面层的做法则根据实际情况有多种选择，需要满足坚固耐久（耐磨、不起尘沙）、减少吸热、满足隔声降噪要求。

地面和一些特殊位置的楼面（如卫生间、浴室、厨房、实验室等），必须考虑防水、防潮的特殊需要，适当做排水坡度，在填充层上部增加防水层。楼板层与地坪的差别主要在基层。楼板层的基层是结构楼板，按照使用材料的不同，可以分为木楼板、预制钢筋混凝土楼板、现浇钢筋混凝土楼板等。地坪的基层是在夯实的地基上增加垫层和结构层，垫层多采用碎石碎砖或三合土，结构层通常使用 60~80mm 厚的混凝土。

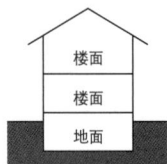

钢筋混凝土楼板层

a 钢筋混凝土柱
b 钢筋混凝土梁
c 上层楼面钢筋
d 下层楼面钢筋
e 钢筋混凝土楼板
f 结合层
g 饰面层

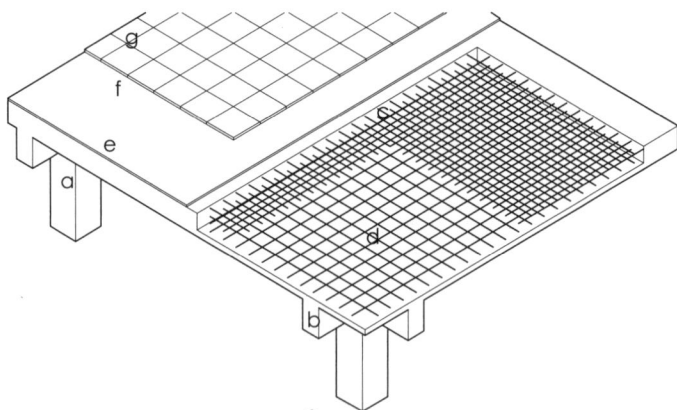

木结构楼板层

a 木制立柱
b 木制主梁
c 木制小梁
d 木制格栅
e 木地板饰面层

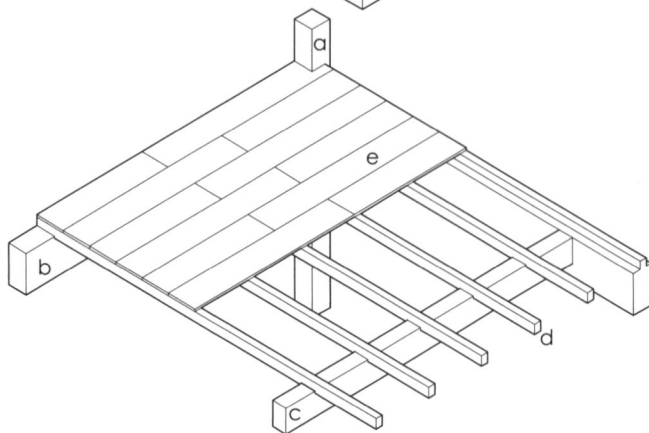

3.3.6　楼梯与栏杆

　　作为建筑中联系各楼层空间、实现垂直交通作用的重要构件，本书第 2 章已对楼梯的组成和不同形式做了大致的介绍。楼梯主要由梯段、平台组成。除了直跑楼梯、折跑楼梯等形式以外，还可以根据不同的消防等级对楼梯间形式的要求将其分为室外楼梯、开敞楼梯、封闭楼梯和防烟楼梯。对于最为常用的双向折跑楼梯来说，两个梯段之间需要留出空隙，称为梯井，公共建筑的梯井宽度不宜小于 15cm，休息平台的宽度必须大于或等于梯段的净宽度。楼梯平台上部的净高不应小于 2m，楼梯梯段之间的净高不应小于 2.2m。

　　多数楼梯还应设置栏杆，它是固定在楼梯梯段和平台边缘处起安全保障作用的围护构件。栏杆可以分为实体和镂空两种，实体栏杆又称为栏板，镂空式栏杆根据不同材料可以有很多做法，但为防止幼儿跌落，其镂空宽度不得大于 11cm。扶手一般与栏杆结合，设置于栏杆顶部，也可附设于墙上，称为靠墙扶手。扶手表面的高度计算从踏步前沿开始，梯段内扶手高度不小于 0.9m，水平段扶手高度不小于 1.05m。幼儿以及残疾人使用的扶手则应当在 0.6m。扶手的断面大小应考虑人的手掌尺寸，其宽度应在 6~8cm 之间，高度应在 8~12cm 之间，一般用木材、塑料、金属等制成。

常用扶手形式

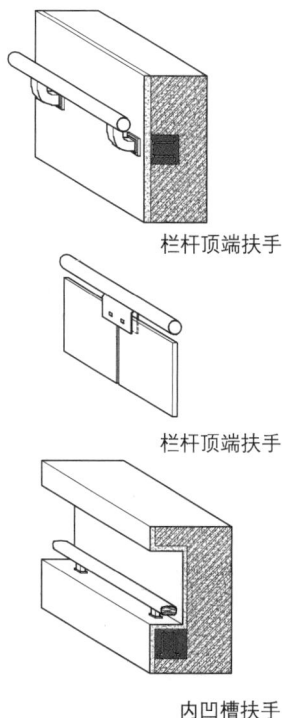

栏杆顶端扶手

栏杆顶端扶手

内凹槽扶手

楼梯组成示意

a 梯段
b 休息平台
c 楼层平台
d 楼梯梁
e 栏杆
f 扶手

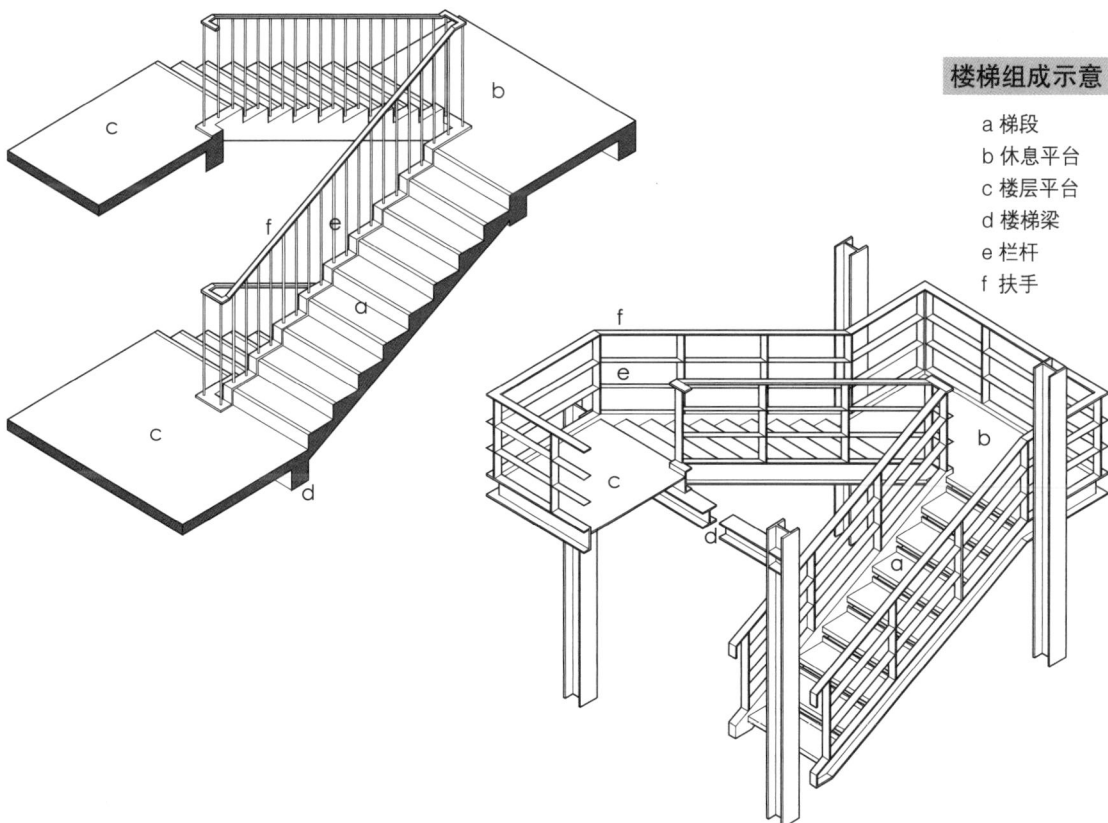

第3章参考习题

1. 建筑支撑体系认知

对象及意义：

本练习通过专业图纸进行建筑结构模型制作，让学生进一步体会建筑设计中图与物、问题与形式的关系。建筑的功能、形式等与支撑体系的材料选择和形式选择相互关联，并进一步了解多种多样的包裹体系的构造技术方案。

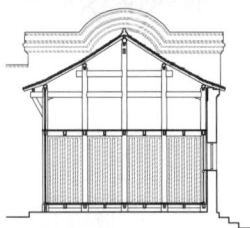

认知目的：

选取三种典型的框架结构建筑作为案例：穿斗式传统木框架结构、钢筋混凝土框架结构和钢框架结构。

通过二维图纸解读到大比例模型的制作，学生可了解框架支撑体系中不同材料的结构构造、高度跨度与杆件尺寸关系，体会支撑体系与建筑形式的关系，同时深化对图与实际建筑关系的认知。

训练步骤：

（1）建筑平剖面解读：以小组为单位（4人1组），根据图纸理解不同结构的组成部分，并通过实物感知不同结构影响下的不同空间与表皮效果。

（2）模型制作：制作模型（每个小组完成1个模型），表达完整的建筑结构（包括基础部分）。

（3）穿斗式传统木框架结构可使用小木棒作为主要的模型材料；钢筋混凝土框架结构可使用灰卡纸；钢框架结构可使用ABS工字钢模型材料。

（4）模型制作时应注意梁柱交接处的整齐一致。模型制作应注意保持整体的强度，纸质部分内部可做适当的加强处理。

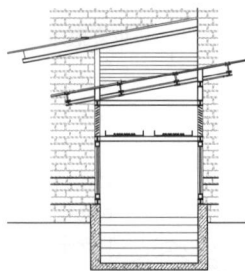

训练时间：

本练习共两周。

第一周，理解给定的图纸资料，制作工作模型。

第二周，完成正式模型制作。

成果要求：

结构模型每组1个：比例1：20。

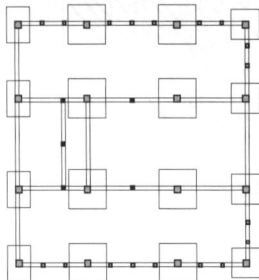

2. 建筑局部构造认知

对象及意义：

本练习关注的对象是建筑的一个组成部分——窗，关键点是窗及其与墙体之间的联系。具体的认知载体一是传统木窗，载体二是新型铝合金窗。传统木制门窗曾经是建筑中最普遍、最常用的做法，不仅可以使学生了解门窗基本组成构件的分类，也可以进一步认知木结构构件相互搭接所采用的不同榫卯做法（如插榫、夹榫等）及合页、插销、风钩等五金的不同作用。铝合金断桥双层玻璃门窗是当今实际建筑中正在大量应用的做法，不仅形式新颖，开启方式多样，而且具有木制门窗无法比拟的隔音、保温等物理性能。

认知目的：

本练习通过对实物木、铝窗完整模型的测量，辅助以剖开的窗转角局部模型，引导学生将认知建筑的眼光从较小比例的表达建筑空间的平、立、剖面，转向较大比例的表达建筑细部的门窗详图。进而促使学生深入体会建筑细部中所采用的不同材料及手法，其背后对不同使用功能问题之解决。

训练步骤：

（1）使用不同的测量工具对木、铝窗实物模型进行测量，并将测量数据记录在工作草图上（测量精度控制在2mm）。

（2）在统一的A3网格纸上，使用铅笔，徒手按比例绘制正式草图。

（3）使用不同口径的绘图笔，在铅笔正草的基础上，完成徒手墨线工作（0.7的笔绘制剖断线，0.4的笔绘制轮廓线，0.1的笔绘制投形线和分划线）。

训练时间：

本练习共两周。

第一周，实体测量及工作草图绘制。

第二周，铅笔正草绘制，交教师审阅并确认，完成墨线正图绘制。

成果要求：

（1）A3×1徒手绘制的1:5墨线正图,应包括课程、作业名称等。

（2）A4×2工作草图附后，包括原始测量数据（精选2张）。

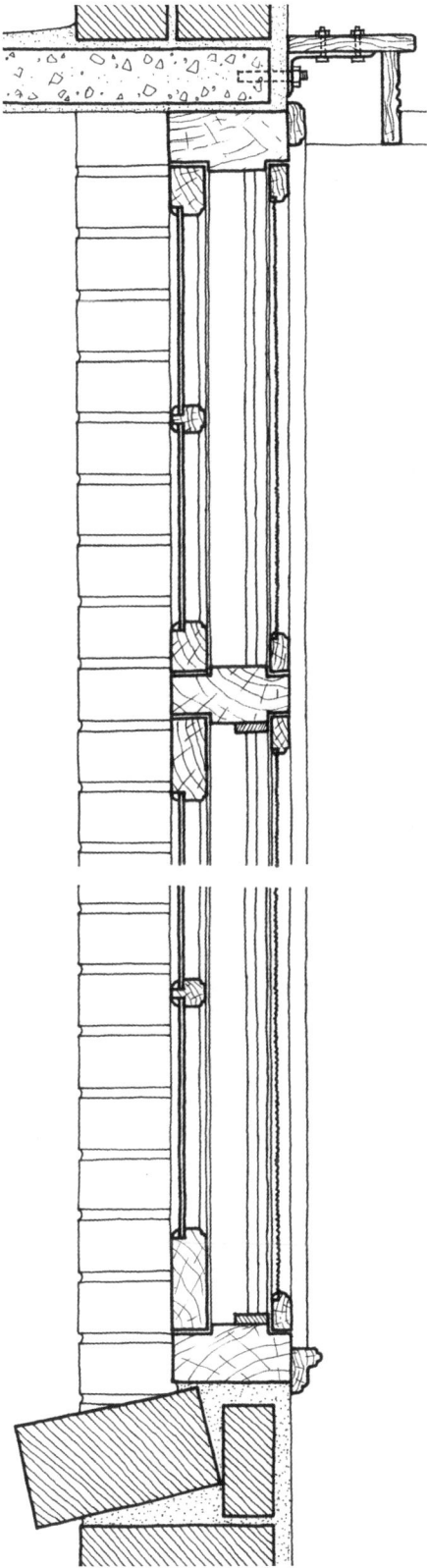

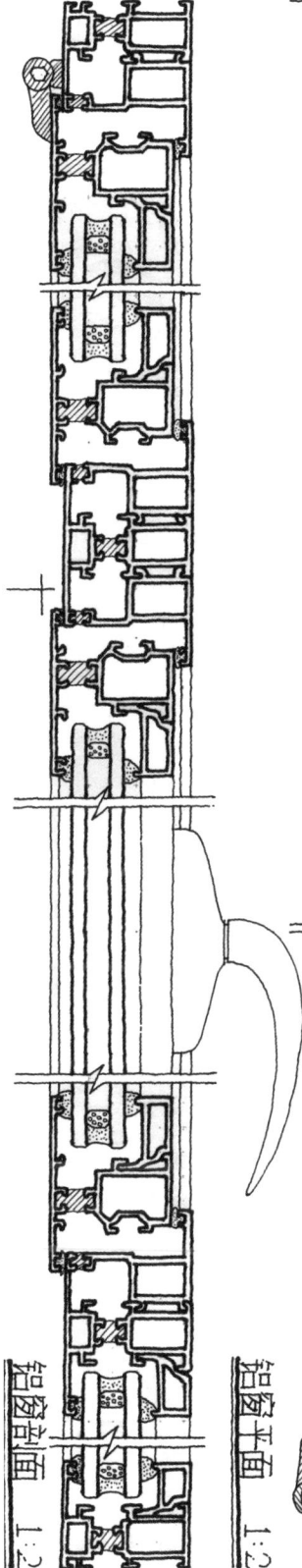

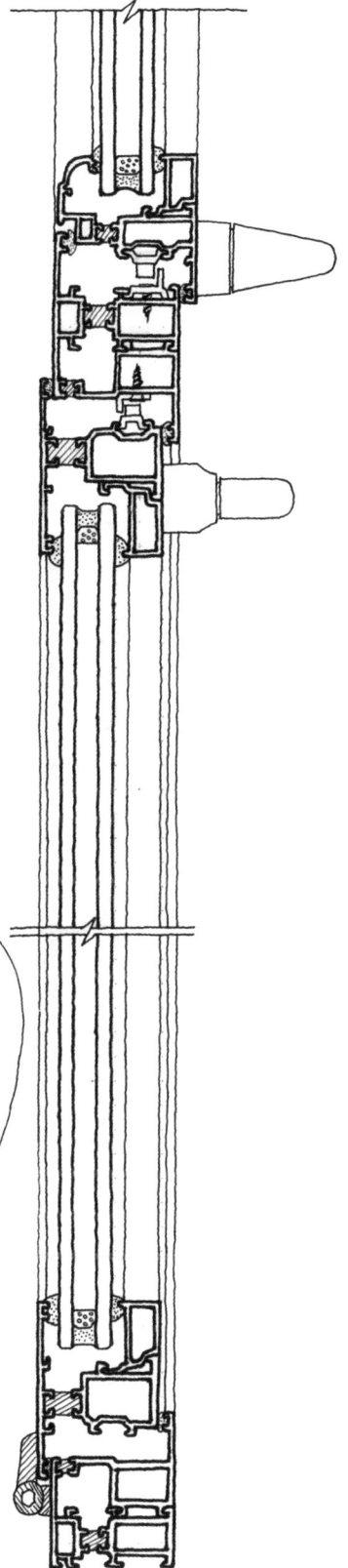

铝窗剖面　1:2

铝窗平面　1:2

3. 建造图示认知

对象及意义：

本练习关注建筑构造的表达及其现实意义，选取了八种常用的外墙饰面做法作为案例：干挂石材幕墙（T型缝挂）、干挂石材幕墙（挂式背栓）、陶土板墙面（K12系列）、披叠板墙面（有龙骨）、砌体外饰面、铝塑板外墙、压型钢板外墙、钢丝网抹灰面砖外饰面。

认知目的：

对材料、结构、连接、承重和内外部物理性能上的不同需求，导致了多种技术方案的产生。通过对不同实例大比例纸质模型的制作，促使学生体会建筑构造中的不同材料和技术手段，并关注墙体与门窗的交接，进一步从墙身大样的细部做法中深化对建筑的认知。

训练步骤：

（1）纸质模型制作：根据给定的墙身大样图纸，制作纸质模型（每个小组完成一个模型），模拟还原图纸所表达的建筑构造，以及墙体和门窗之间的关系。

（2）二人一组，共同完成一个案例；模型制作范围应至少包括上下两层楼板。

（3）使用不同厚度的白色卡纸作为主要的模型材料。如2mm厚纸板制作混凝土、黏土砖、外挂板等实体性构件，1mm厚纸板或普通白纸制作保温材料等疏松性填充物，硫酸纸制作窗帘等。

训练时间：

本练习共三周。

第一周，理解给定的墙身大样图纸资料，制作工作模型并绘制轴测分析草图。

第二周，修改工作模型和轴测分析图纸错误。

第三周，完成正式模型制作与图纸绘制。

成果要求：

（1）纸质正式模型一个，比例1：2。

（2）A3尺寸墨线图一张（轴测分析图），徒手绘制，比例和角度自定（构图应饱满）。

第 **4** 章　建筑环境

通过前面章节对于建筑的形象、内部空间限定和细部构造的介绍，大家对于什么是建筑已有了初步的了解。但是对于建筑设计来说，在哪里建造，是建筑产生的重要初始条件。在很多时候，建筑环境所暗示的各种对建筑生成的制约条件，也是确立建筑设计的形态、空间与建造策略的重要基础，同时这些策略是否能很好地应对这些制约条件也是评判建筑设计优劣的重要标准。因此，认知建筑环境、理解其空间特色是建筑师不可缺失的任务，也是建筑设计基础的重要内容。

首先，建筑的基本目的就是抵抗外界风雨侵袭、冷热变化，为人们创造尽量安全、舒适的庇护所。而地球上不同的地方、不同的季节，地理、气象条件千差万别。因此，作为建筑师，了解将要设计建筑的那片场地所在的具体自然条件是十分重要的，这可以帮助建筑师因地制宜地设计出符合当地地形、气候条件，更加安全、舒适与节能的建筑。在第 3 章，我们已经从建筑自身的构造角度探讨

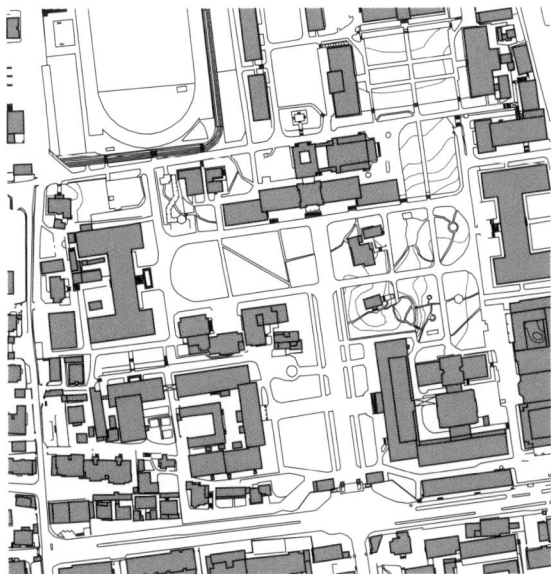

建筑与它的关系；在这一章中，我们将从更大尺度来探讨它与建筑形象、布局的关系。

同时，与我们生活在充满人际交往的社会中相类似，我们现今看到的大多数建筑都不是孤零零存在于完全自然状态的荒野之中的。许许多多、形形色色的建筑伫立在一起，通过街巷、网络互相联系，形成了我们现在多数人所生活的村庄、集镇与城市。如果建筑师要在其中设计一座优秀的建筑，与它周边的"小伙伴"形成良好的关系，除了自然地理气候因素，还必须充分考虑与周边建筑、街道，甚至是当地历史发展脉络等因素之间的联系。

建筑周边的环境实际上与建筑类似，也是一个三维的空间，但这个空间尺度更大、包含的内容更广、组织关系更加复杂。在这一章，对建筑环境的解读将以城市环境为主要内容，因为它承载了越来越多人的生活，包含了大多数的建造活动，也对建筑设计提出了最为基本的环境要求。

4.1 建筑环境概述

4.1.1 自然、乡村与城市

    提到环境，我们首先大致会想到三种场景——自然、乡村与城市：自然是人迹罕至的海洋、沙漠、草原、丛林、高山、冰川和生活其中的野生动物；而乡村是田园中散落的低矮院落和田埂边辛勤耕作的农夫；城市则是车流拥挤的街道、密集高耸的楼宇和摩肩接踵的人群。自然、乡村与城市环境特征的差异，反映了人的活动对环境改造的程度。总体来说，人的活动或者说介入越少，环境就越"自然"，人的活动越密集，人造物的密度就越高，环境就越"城市"。因此我们在讨论建筑环境问题时，常常将其粗略地分为自然环境与人工环境两大类。但我们所见的城市都是逐步演化而来，从自然、乡村到城市并不存在清晰和确定的突变界线。即使是在高度人工化的城市环境中，自然的要素，如四季气温、降雨、日照、风向的变化、地形、地质、水文、植被等仍然对人工环境的生成具有十分重要的影响力。

    无论从世界范围还是我们国家的历史发展与现实来看，人口向城市聚集的趋势是不可逆转的，未来大部分人口都将工作、生活在城市中，建设活动也将大多发生于此，建筑设计所要面对的环境问题也和城市相关。因此，在这一章，我们会把对建筑环境的理解重点放在城市环境上。

4.1.2 物质环境与非物质环境

    城市的自然和人工环境，由实在的物质构成，例如建筑物、河流、树木、阳光、空气等，我们将其称为物质环境。而城市中一些

城市形态基本要素

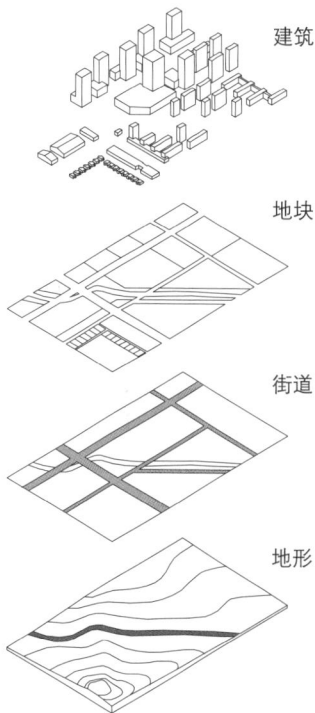

建筑

地块

街道

地形

同样重要的因素则主要存在于人的意识层面，如城市的政治、历史、文化氛围，经济活动、民族宗教等，我们称其为非物质环境，或社会环境。物质环境可以直接感知，并通过具体的物理、几何特征加以描述，成为建筑设计的限定条件。但非物质环境需要通过分析和提取那些承载它的物质环境要素，才能转化为建筑设计的限定条件。因此，在建筑设计基础的学习中，我们主要了解的是基本的城市物质环境特征。将非物质环境转化为建筑设计条件的能力，需要大家依靠更加广泛的跨学科知识和设计经验的长期积累来逐步获得。

4.1.3　城市的形态与肌理

　　城市的物质环境总是在一定的尺度范围内以某种较为稳定的空间形式表现出来，我们称之为城市形态（Urban Form）。一般来说，城市形态包含这样几个最基本的物质要素：地形地貌、街道（及其划分的街区）、地块、建筑物。这些物质要素在不同的外界条件、组织规则影响下，会生成丰富多变的城市形态。例如，具有相似类型的地块和建筑为单元的许多传统村镇，是在顺应地形和互相制约条件下逐步塑造而成的，多呈现出有机的、不规则的形态特征；而经由人为规划、以整齐的街道网格、空间轴线形成的城市，则表现出较为规整的城市形态。而城市环境的形态，最直观的表现形式就是鸟瞰状态下所表现出的城市表面凹凸、材质变化的质感，也就是我们通常所说的"城市肌理"（Urban Fabric）。它是在地形地貌、街道、地块、建筑物的共同作用下的城市形态的平面表达。

城市肌理

我们可以从城市航拍图中看到许多不同区域的多种城市肌理形态。例如左起依次为传统风貌区、现代居住区、商业中心区和城市风景区的肌理形态。

4.1.4 城市地图

　　和建筑需要用二维的图纸工具来记录、表达相类似，城市的物质空间也需要借助二维图纸来记录和表达。但由于通常城市的地表水平尺度大大超过它的高度，因此，平面图就成为主要的记录城市物质空间的工具。这类平面图我们通常称之为城市地图。由于构成城市物质空间的要素并不只有建筑，还有地形、道路、各种基础设施等，因此，城市地图也分为许多种类。在地形测量的基础上制作的、以一定比例尺及地形的定量表达为特征，记录城市地表各物质要素位置分布情况的城市平面图，我们称之为城市地形图。在城市地形图中，建筑是由简单地平面外轮廓加以表达，建筑的高度，则通过平面图上的层数标识来表示，而其他要素的信息，也会通过标准化的图示符号加以表达。城市地形图是帮助我们记录和认识城市

城市地形图

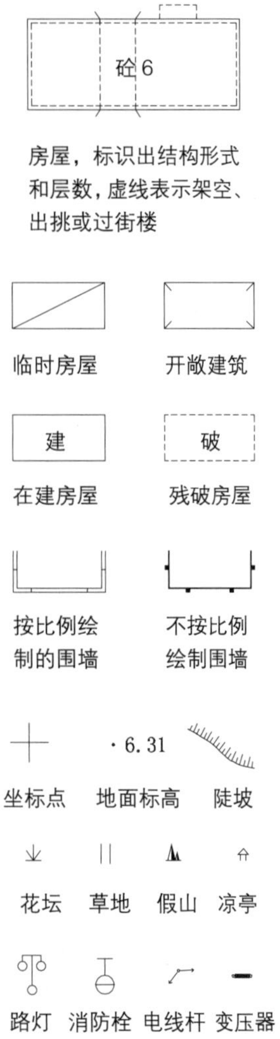

房屋，标识出结构形式和层数，虚线表示架空、出挑或过街楼

临时房屋　　开敞建筑

在建房屋　　残破房屋

按比例绘制的围墙　　不按比例绘制围墙

坐标点　地面标高　陡坡

花坛　草地　假山　凉亭

路灯　消防栓　电线杆　变压器

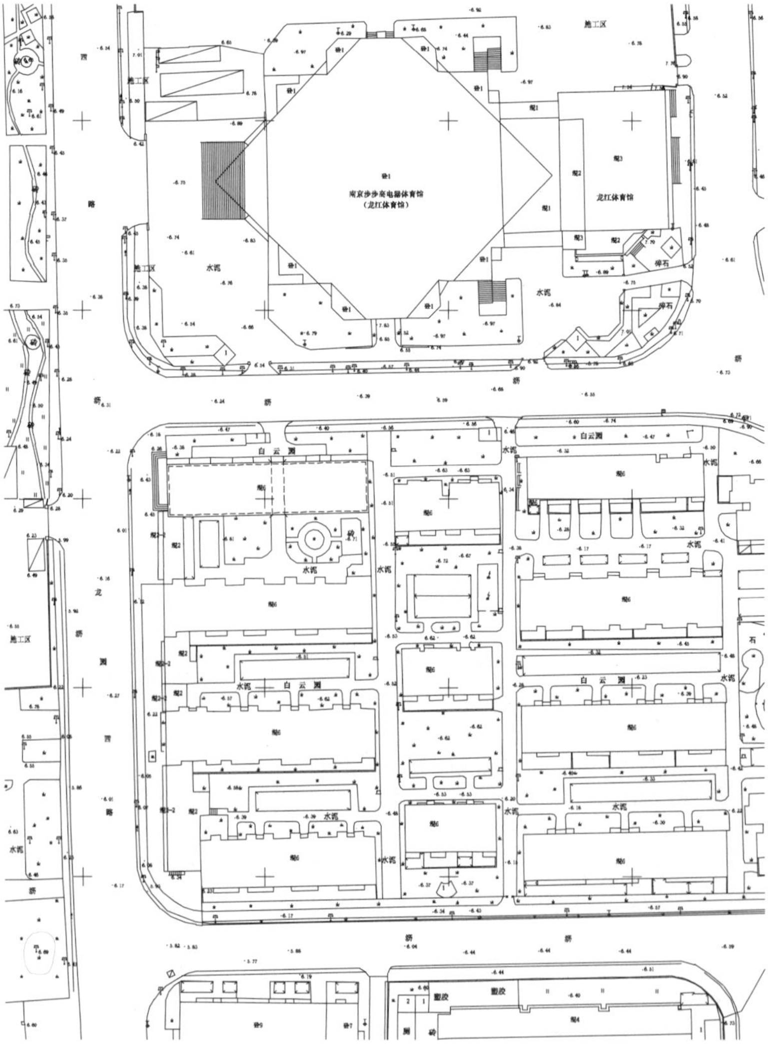

环境与形态的基础工具。在建筑学与城市规划中最常使用的地形图比例是 1 ∶ 1000，1 ∶ 2000，1 ∶ 5000，按照上北下南的方向绘制，并根据城市坐标设置绘制单元。当然，现在我们也有许多便捷的网络工具，如谷歌地图、谷歌地球、谷歌街景等，通过它们提供的城市航拍图和街景图，即使不能够到实地去，也能够帮助我们粗略地了解更多不同地域的城市形态特征。

　　地形图中的信息十分丰富，但我们有时候需要的是表达某个特定信息的地图，以便我们更加清晰地认知它，因此需要更多类型的地图，比如，表达城市中产权地块的地籍图、表达地块使用功能的用地功能图、表达城市道路网情况的路网图、表达某一个建筑、地块或其他要素在城市中相对位置的区位图等。

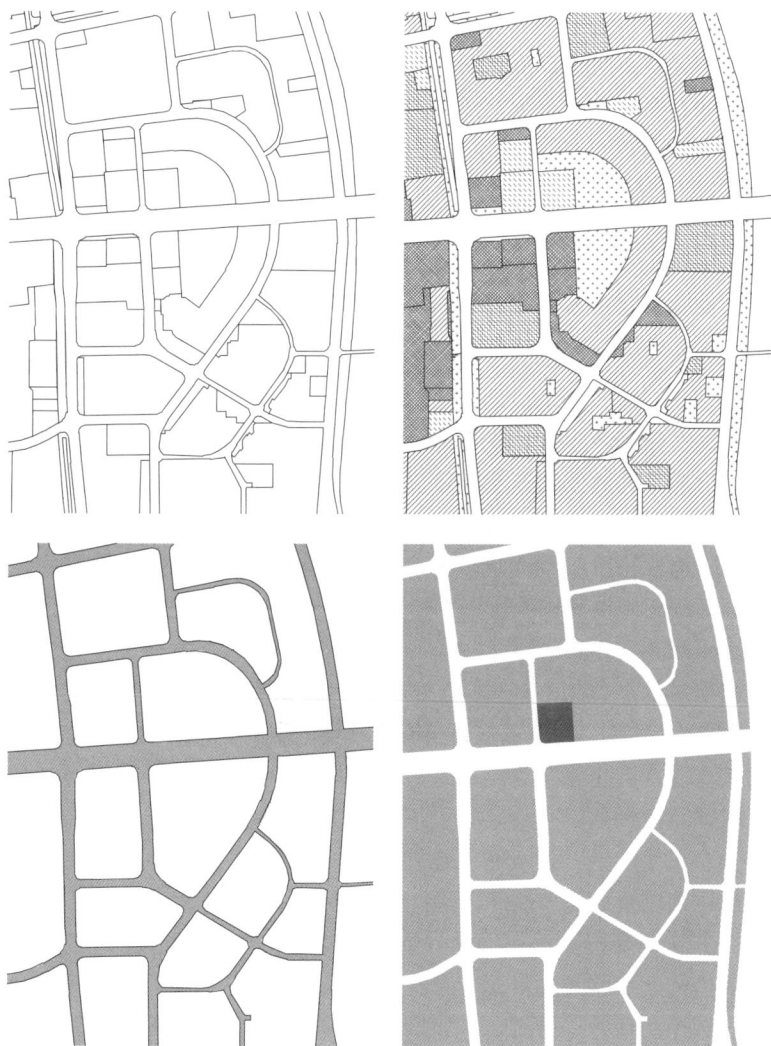

左上：地籍图。表达各个地块的权属边界，一般会有地块编号，并对应与地块的土地所有者。

右上：城市用地功能图。各地块以不同图案或颜色填充，并标有用地功能代码。

左下：城市路网图。单独表示的城市道路系统平面图，也常常用不同线型、线条粗细和颜色的线条来表示不同等级、功能的城市道路。

右下：区位图。用于表示出某一具体建筑、地块或区域在更大的城市范围内的相对位置。

4.2 地块与建筑

4.2.1 街块与地块

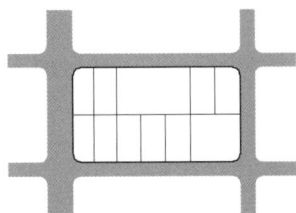

有建造的土地，才会有城市中的建筑。除了城市街道、河道等十分明确是城市居民所共有的，其他城市土地都需要被划分成块，每一块土地都需要确定其权属，即土地的所有者或使用者，然后由这些所有者或使用者在自己的土地内进行建造活动。首先，街道将城市土地划分成较大的块，这些由城市街道围合的大块区域称为街块（street-block），或者街廓。一个街块的面积往往比较大，因此街块之内的土地会进一步划分成更小的部分，这些更小的土地单元就被称为地块（plot），每块土地及土地边界内的建筑都有明确的界限及所有者或拥有使用权的主体。通常来说，每一个地块都应与城市街道相连，这样地块中的建筑才能直接与街道发生联系。

地块的大小、形状与其上的建筑的功能、规模是相互联系的。大型的建筑或建筑群，比如大的购物中心或居住小区，常常占据整个街块。但多数情况下，建筑用地都会比街块小，一个街块内会包含若干个地块。

4.2.2 地块与建筑

建筑密度 = $S_1 / S \times 100\%$

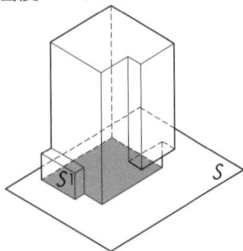

容 积 率 = $(S_1 + S_2 + ... + S_n) / S$

建筑高度 = H

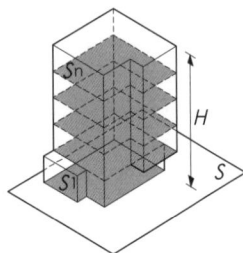

就地块与建筑的关系而言，首先要考虑土地的经济性因素。单位土地上建设的建筑，占地面积越大、楼层越多，获得的可使用建筑面积就越大，我们称之为土地使用强度。使用强度越高，土地的使用效率和经济效益就越高。衡量土地使用强度有三个主要的指标：建筑容积率、建筑密度和建筑层数。建筑容积率是指所有楼层的总建筑面积与地块内用地面积的比值，它是决定土地利用强度的核心指标；建筑密度又称建筑覆盖率，具体指用地范围内所有建筑的基底总面积与用地面积的比率（%），它反映出用地范围内室外开敞空间水平和建筑密集程度；建筑高度是指建筑物室外地面到其檐口或屋面面层的高度（不计屋顶上的水箱间、电梯机房、排烟机房和楼梯出口小间等），对于多数建筑来说楼层的层高变化有限，因此通常建筑高度越高也意味着建筑层数的增加。这三项指标与建筑形体有一定联系。例如，在给定容积率的地块中设计一幢建筑，那么楼层越少、高度越低，建筑密度也就越大，地块内室外空间就越少，建筑形体就较为宽扁；反之，建筑就会更加细长、高耸。

其次，要根据地块的边界条件考虑建筑形体在场地内的布局。地块内的建筑除了不能超越自身地块权属边界，还常常需要遵守一些规划控制线的退界要求，以满足城市整体上对公共开放空间的需

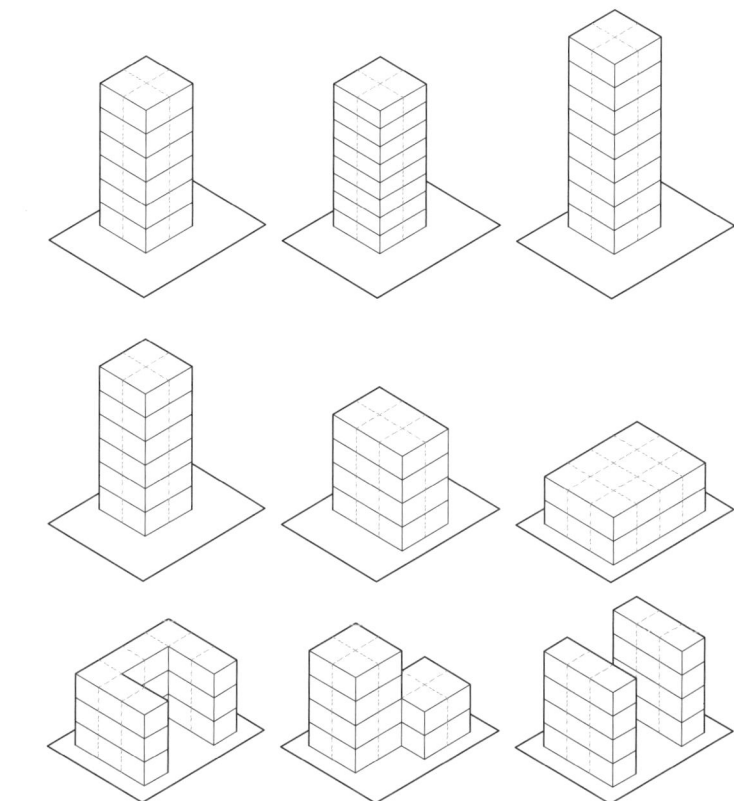

土地使用强度指标与建筑形体

建筑密度一定，如果不改变高度，要增加容积率就必须压缩层高，增加楼层数。但由于层高受结构、设备管线、人的直立活动限制，其数值有一个较为固定的合理区间。因此，通常在建筑密度一定的情况下，要增加容积率也意味着建筑高度的增加。

而在容积率一定的情况下，根据地块周边条件及建筑使用需求，调整建筑密度、高度、体型组合、单体数量等，可以变换出多样的建筑形体。

规划条件

城市中有如此多的地块以及其上的建设需要，协调它们之间的关系就显得十分的必要，城市规划以及规划建设的法规、规范、标准应运而生。

对于一个地块，规划除了提出土地的用地性质（功能）、使用强度指标、地块出入口位置，还会对不同高度的建筑退让周边道路、建筑的距离、配套设施如地面与地下机动车停车数等作出规定。地块内的建筑形态就会受到这些条件的影响。

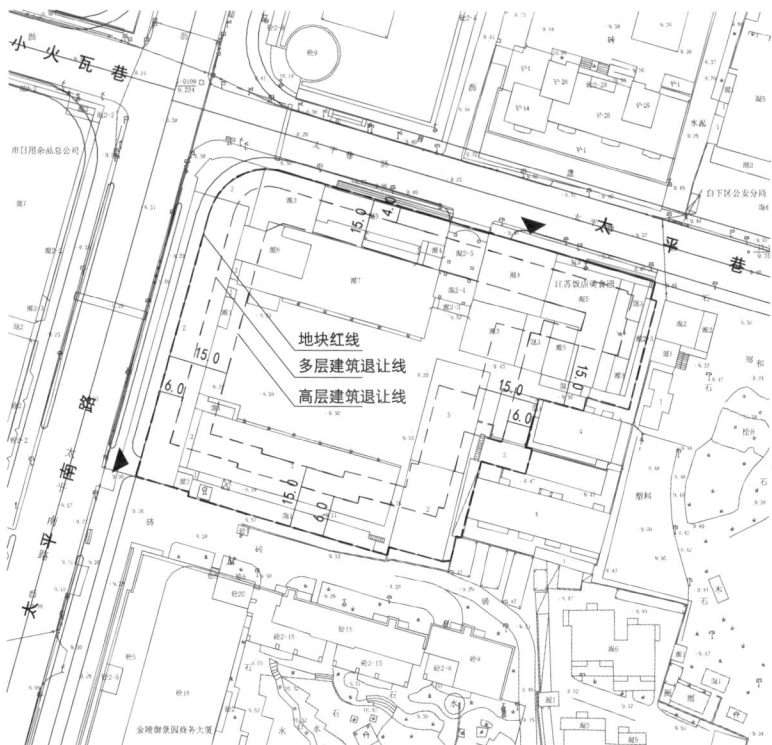

地块红线
多层建筑退让线
高层建筑退让线

总平面图

总平面图中要表达的基本信息包括：建筑的平面位置（以屋顶平面或地面轮廓表示）、建筑层数、建筑与场地出入口、周边道路名称、室外软硬地划分、构筑物、停车位与地下室出入口、指北针、比例尺。（示例见 101~103 页）

按使用分类

按高度分类

按形态构成分类

要。城市规划中常用的控制线有：道路红线、轨道交通橙线、水域岸线规划控制蓝线、高压黑线、历史文化保护规划控制紫线、绿化用地绿线。另外，地块本身的面积、形状，以及它的边界条件（例如周边街道的性质、相邻地块内建筑的功能类型、距离、高度等）、配套基础设施（电力、给排水、燃气等）都会对地块内建筑的位置与形体带来限制。例如，为了防止火灾蔓延，地块内的建筑需要与周边建筑保持一定的距离，并为消防留出通道；要满足周边住宅底层住户基本的日照条件，不能形成遮挡，等等。

第三，对于城市环境来说，地块内的建筑形体与室外空地的设计同样重要，我们称之为"总平面设计"。一方面，建筑的形状会对地块内的室外场地划分与限定造成很大的影响。另一方面，室外场地要根据建筑与地块的出入口位置来设置人行、车行的通道以及其他必要的室外活动空间（比如地面的停车场、学校的操场等）；同时划分出硬地和软地，对铺地、植被、水体和景观小品（比如雕塑、凉亭、喷泉）进行设计。表达这些内容的图纸，称为"总平面图"。

4.2.3　城市建筑

城市中的建筑，除了受到地块条件的制约，还必须满足使用需求、建造技术及消防安全等诸多限定。由于城市中存在许多类似的限定要求，使某些建筑的形体、内部空间组织、场地布局呈现出相似的模式，我们通常称之为建筑类型。在这些建筑类型中，我们可以发现许多在长期的城市发展中沉淀和保留下来的十分有效、通用、和城市空间紧密联系的建筑空间组织规则。了解这些常见建筑类型的场地布局、功能组织模式、形体与尺度特征、相关规划与建筑基本规范，可以为下一阶段的建筑设计学习提供很好的认知基础。

不同的分类标准，划分出的建筑类型也各不相同。按使用对象，建筑可以分为民用建筑（包括居住建筑与公共建筑）、工业建筑等大类；按照建筑使用功能，可以再进行细分，如居住建筑可分为住宅、公寓、宿舍等，公共建筑可分为文教建筑（如医院、学校、体育馆、博物馆等）、商业建筑（如商场、写字楼、宾馆等）、城市综合体等；按照防火等规范对建筑层数和高度的要求可以从形态上继续细分，例如住宅大致可以分为低层（1~3 层）、多层（4~6 层）、中高层（7~9 层）、高层（10 层及 10 层以上），公共建筑大致可分为 24m 以下、24~50m、50~100m 和 100m 以上，厂房可分为单层、多层（2 层及 2 层以上，24m 以下）、高层（2 层及 2 层以上，超过 24m）；还可以按照几何形态来继续区分它们，例如塔式高层住宅和板式高层住宅。因此，城市中的各种限定因素，最终可以将建筑塑造为一些模式化的形态类型。

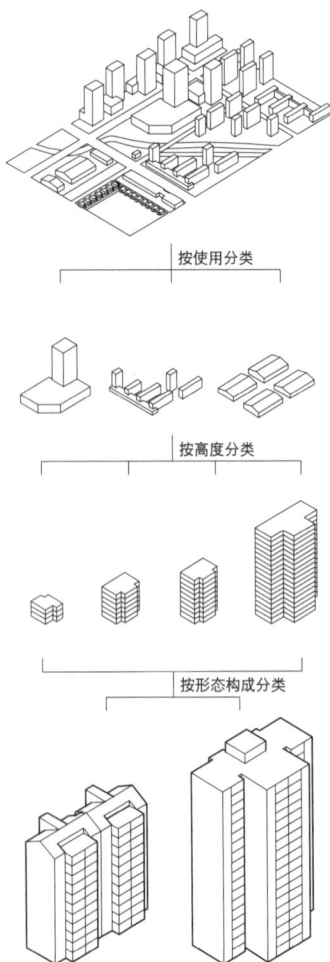

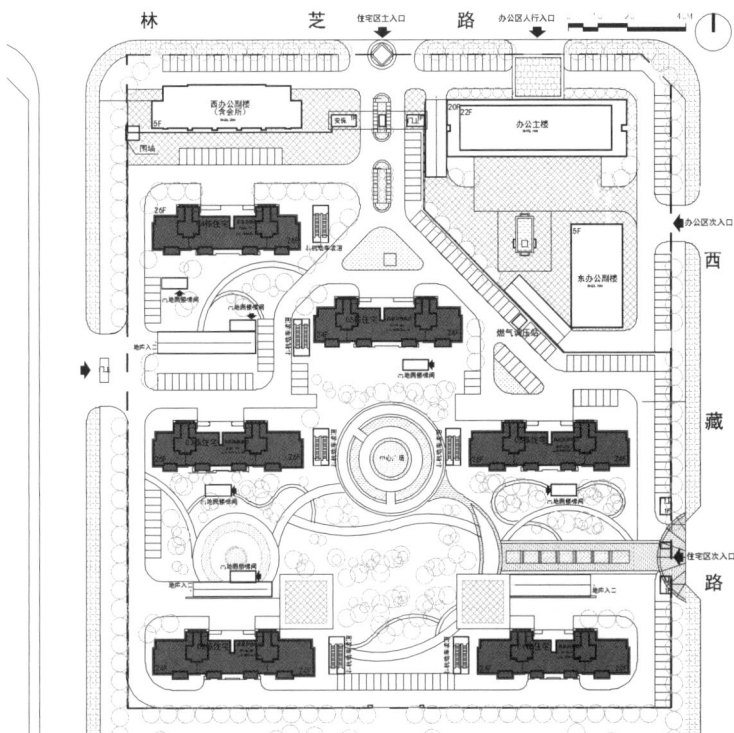

总平面图

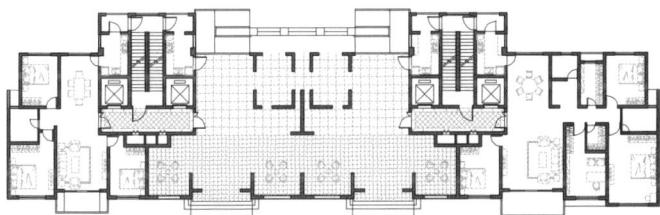

一层平面

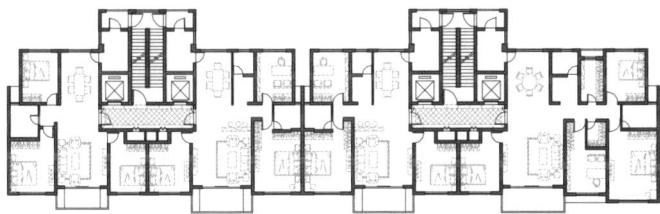

标准层平面

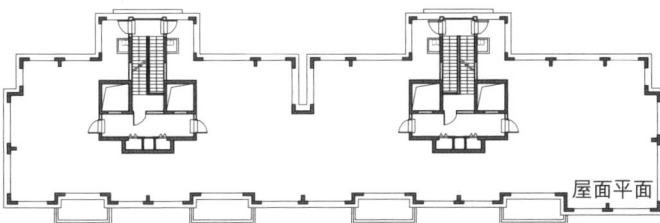

屋面平面

住宅与住宅街坊

住宅是城市中最为基本、与人们的生活联系最紧密的建筑类型。在人多地少的中国的城市中，绝大多数住宅单体建筑都是多户居民共用的集合住宅。

场地的建筑与功能布局：城市中的住宅区，由城市道路划分为若干住宅街坊，其中的住宅地块内通常都包含若干幢住宅单体建筑，它们可以都是同一种类型，也可以是多种类型的组合。它们多按有利于日照和通风的建筑朝向来排布，并构成了中国城市最为显著的肌理特征。南北向的建筑间距是由南侧建筑高度对北侧建筑的冬季日照遮挡情况决定的。在地块内部，根据住宅群的规模，若干住宅单体还会形成小的组团，通过内部的道路系统相联系。较大规模的住宅街坊会配置相应的公共建筑，如会所、商店与幼儿园。

场地交通组织：一个住宅地块通常需要设置两个车行出入口与城市道路相连通，为获得更好的居住环境，越来越多的住宅地块实现了人行与车行的分流，甚至将机动车的交通与停车完全布置在地下或半地下。

住宅建筑单体：在同一个住宅地块内，住宅单体无论哪种层数类型的住宅，其建筑单体大都是由若干住宅单元在东西方向上拼接而成。所谓住宅单元，是指由多套住宅组成的建筑部分，该部分内的住户可通过共用楼梯和安全出口进行疏散。而套，指的是通常供一户家庭使用、由居住空间和厨房、卫生间等共同组成的基本住宅单位。在同一个楼层，共用楼梯和安全出口住户的通常是2~4户。因此，中国城市的住宅建筑都有类型化的、单元重复的形态特征。

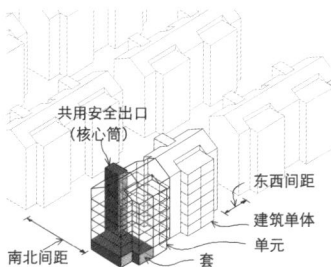

大型商业购物中心

现代城市中的商场和购物中心，为了吸引更多的客流，更长时间的停留，以获得最大化的商业效益，越来越多地容纳多种功能：其中不仅包括了传统商场中买卖各种商品的店铺、超市，还集中了各类餐饮、娱乐（比如影城、游戏厅、溜冰场等），形成综合体建筑，因此它往往面积巨大，需要占用较大的城市地块，甚至整个街区。

场地交通组织：大型商业综合体一般将场地选择在人流十分集中的城市中心区或者机动车交通和停车较为便捷的郊区。建筑功能的复杂性要求在地块的平面布局中通过有效的交通组织将小汽车、顾客、后勤服务、货物等不同的流线分开，并设置相应的出入口。

内部空间组织：和租宅类似，商场为了满足安全疏散需要（主要是消防的安全疏散），也需要按照规范设定的安全疏散距离设置垂直联通各个楼层安全出口的共用楼梯、电梯（我们通常称之为垂直交通空间）。它们常常与公共卫生间组织在一起。在日常的使用中它们并不显眼但却处在所有人都能尽快到达的位置。从功能的楼层设置上看，商业空间在地面上通常有3~8层，需要较大空间和层高的影城通常设置在顶层，地下一层也常常用做商业空间，而地下2层以下会用做停车场、设备用房及其他辅助空间。商业楼层内部通常包含一个或若干个贯穿不同楼层、面向商铺开放的共享空间/贯穿空间，或者采用内街的形式，不同楼层之间以自动扶梯相联系，帮助商家营造热闹的商业氛围。

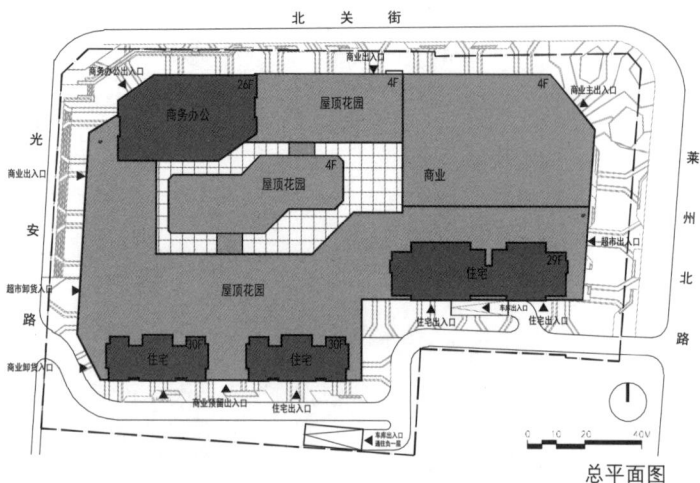

总平面图

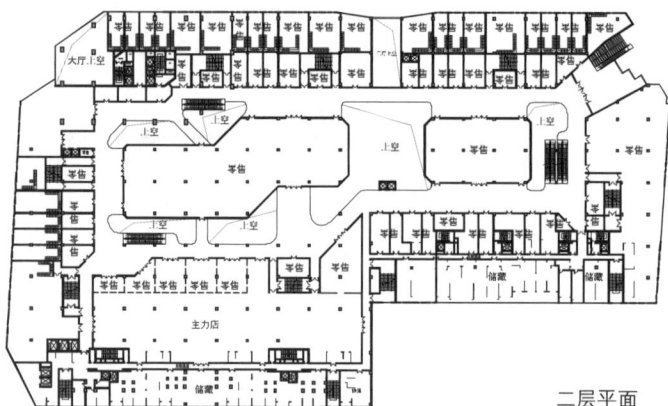

二层平面

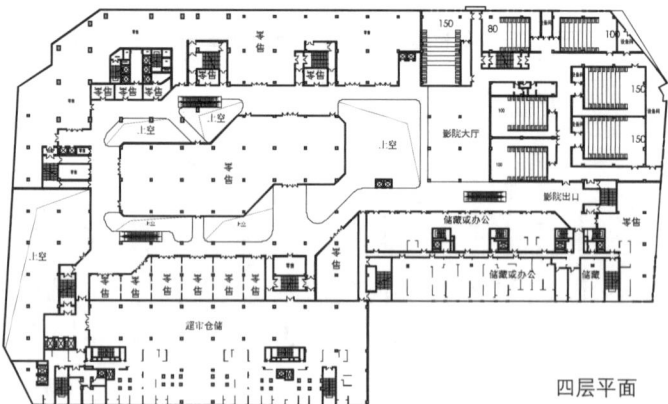

四层平面

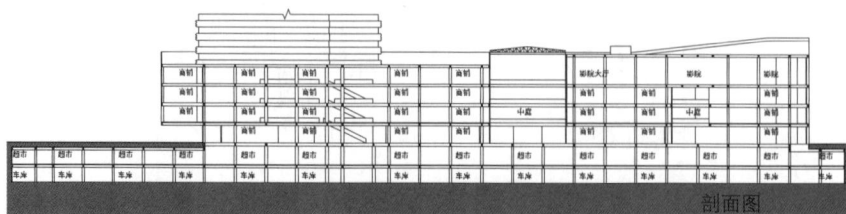

剖面图

高层旅馆和办公楼

建设高层建筑可以提高地块容积率，增加土地使用强度，但建造的成本也大幅提高。高层建筑主要是在土地经济价值的提高超过建设成本提升幅度的情况下产生的。而从建筑设计的角度看，高层建筑的垂直方向的交通、服务设施的便利性和安全性是它最需要解决的技术问题。从功能上看，除了高层的居住建筑，最常见的高层公共建筑就是旅馆和办公楼。

场地交通组织：它与大型商业中心类似也有着复杂的功能与交通流线要求，要将人、车、物的流线与出入口分开设置。

形体与功能布局：高层公共建筑在通常情况下会包含两个部分：裙房和塔楼。塔楼指较高耸的主体部分，裙房则是与主体相连的相对较低矮的部分。这两部分承担着不同的作用：裙房用以安置对交通与安全疏散要求较高的、人流较大、较复杂、尺度多样的功能空间，比如购物中心、会议餐饮、娱乐、健身中心等；而塔楼则安排功能、交通方式较为单一的空间，如办公、旅馆。通常塔楼部分会有很多平面布局相同的楼层，这样的楼层称为标准层。从各种标准层的平面图我们会看到与住宅、商场类似的集中布置楼梯、电梯、设备用房和管道井以及厕所的辅助空间部分和主要使用部分。从结构使用的角度出发，高层建筑一般会设有若干层地下室，用于停车和安排设备用房。

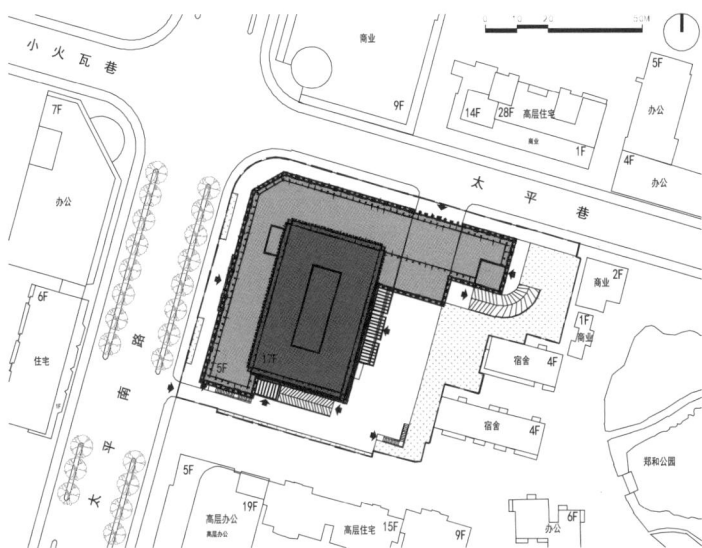
总平面图

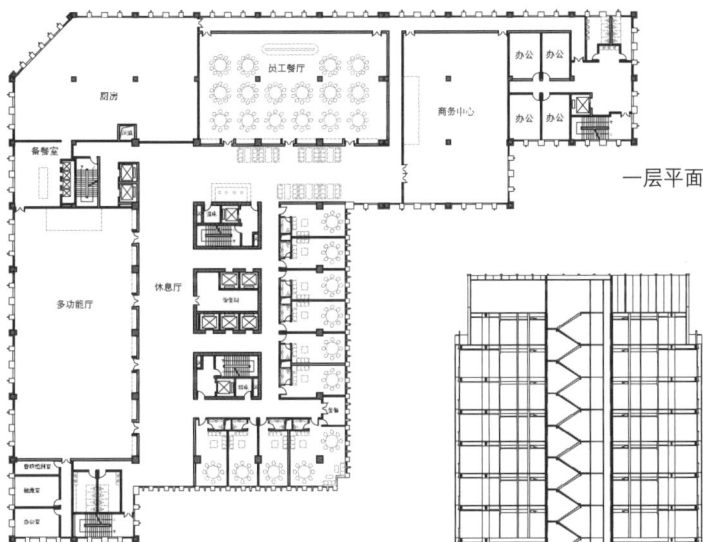
一层平面

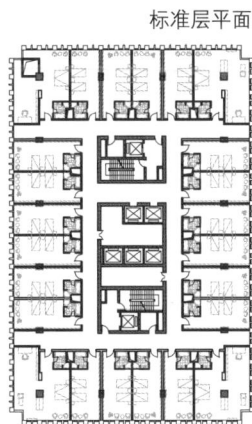
标准层平面

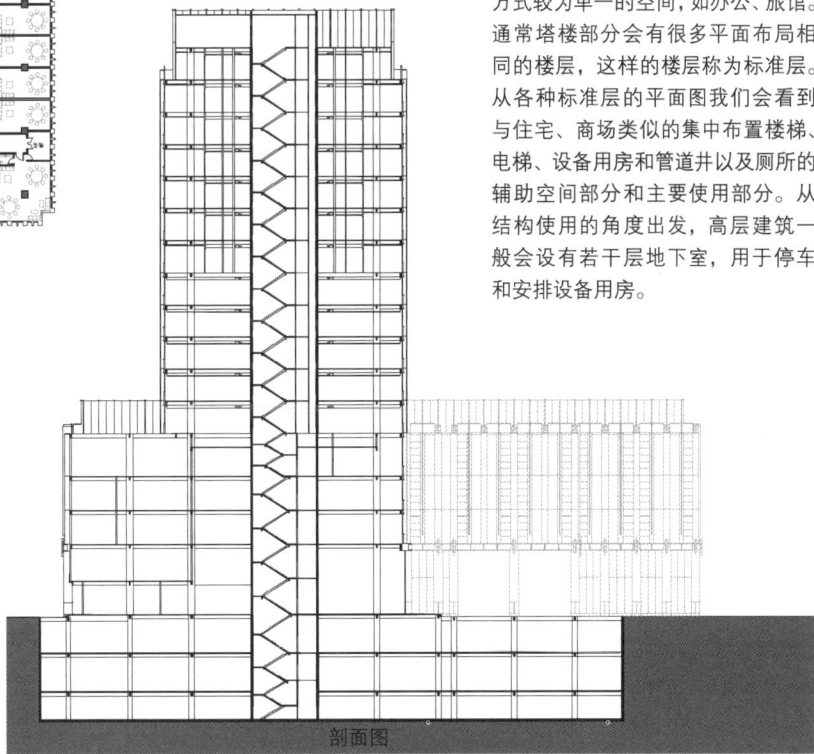
剖面图

4.3 城市外部空间

4.3.1 城市外部空间的类型

街道（线性）

河道（线性）

广场（面状）

公园（面状）

我们如果将城市地形图中的建筑部分涂黑，就形成了一张图底关系图，留白的部分属于室外的开敞空间，我们称之为城市外部空间。它与建筑空间的最大区别就在于它是没有顶的空间。当然，这其中有些空间是私密的，只为少数家庭服务，比如老城传统住宅内部的院落；有些是半私密半公共的，只为一些特定的群体服务，比如封闭式管理的住宅区和学校内部的开敞空间；还有些是公共的，是所有市民所共享的，比如街道、广场、公园。公共的外部公共空间是城市居民公共活动的重要场所，其空间品质是舒适的城市生活的重要保证。因此，对于城市来说，它们比具体某个建筑物的内部空间更加重要，这一章的内容也主要围绕公共性的城市外部空间展开。按照形态，公共的城市外部空间还可以大致分为线性空间和面状空间两大类。线性空间包括了城市街道、河道、绿带等；面状空间则包括了广场、公园等场所。

4.3.2 城市外部空间的界面与质感

正如图底关系图所显示的，城市开放空间与城市中的建筑相互依存，添加或减少建筑物，图中留白部分的状态也随之改变。我们由此可以看出，城市外部空间主要由两个部分所限定：地面与建筑形体的垂直边界。

建筑形体的外立面，作为限定城市外部空间的垂直界面，有着最为直观和重要的作用。可以说城市的外部空间能够直观反映城市

图底关系图表达出不同肌理形态下的城市建筑肌理及其外部空间

0   25   50   100M

中建筑与建筑之间的关系，舒适的城市公共开敞空间也首先依赖于合理的建筑形体与布局。从质感上看，建筑外立面采用的材料和构造形式，也影响着人们在开放空间活动时的感受。当然，建筑界面的附属物，如空调外机、灯箱广告标识等，对界面的秩序也会产生很大的影响，特别是在一些商业高度集聚的城市空间内。在进行设计时，应从界面的角度将其作为需要特别考虑的因素。另外，植物，特别是高大的乔木也是具有特殊质感的垂直限定元素，例如街道两侧的行道树，对街道空间界面构成了重要的影响。

建筑界面

而由于城市外部空间是没有顶的空间，因此地面就是它唯一的水平限定要素。首先，材质的区分可以限定出不同的开放空间领域，比如水面、硬铺地和草地；其次，小的高差变化也可以限定出不同的空间领域，比如我们常见到街道中人行道与车行道之间的"路牙"。

广告标识界面

因此，从城市的角度来理解，有图才有底，建筑设计中的建筑形体和立面形象不仅是关系到自身的造型问题，而且对城市开放空间的影响更加的直接。作为建筑师，应当把建筑本身与建筑之外的开放空间作为同样重要的部分来看待，因为它们实际上是设计中不可分割的两个部分。如果建筑之间不能形成有秩序的几何认知界面，那么就会形成有体积（建筑）而无外部空间的城市环境。以街道为例，如果街道两侧的建筑密集、而连续，高度与街道宽度相比较高，界面就会较为封闭，给人较强的围合感；反之，界面就会较为开敞，围合感就比较弱。如果周边的建筑排列整齐，那么人对界面的感知也会较有秩序；反之则给人较为杂乱的感觉。

自然植被界面

通过高差与材质限定的水平界面

4.3.3 城市外部空间的功能

交通

庆典、集会

休闲

社交

　　城市的外部空间，特别是公共的外部空间，也有其自身的功能。了解这些功能有助于在建筑设计时将建筑内部空间的使用更好地与其衔接，使建筑更好地成为增加城市活力的积极因素。首先，它是人群集散、流通的空间，这一功能主要由街道和广场来承担。街道对于城市来说，就像人体的血管，联系着城市的各个部分，人们通过街道去往需要的地方，为城市和建筑输送活力。因此，街道最主要的功能就是交通。工业文明之前的城市街道相对比较狭窄，基本没有平面功能上的分化。机动车出现之后，城市道路迅速拓宽，出现了不同车道的分化。现在我们可以看到城市街道包含机动车道、非机动车道、步行道，它们之间还常常通过隔离栏或隔离绿带进行区分。城市道路根据其交通运输的职责，分为快速路、主干路、次干路和支路四类。快速路和主干路是城市的主动脉，路幅宽阔、机动车通行容量和速度都比较快，道路交叉口和机动车出入口都比较少；次干路和支路就像次动脉，有较多的道路交叉口和机动车出入口，宽度和车速较低，承载了更多城市生活；而城市中还有许多机动车难以通行的狭窄的巷道和弄堂，它们就像城市的毛细血管，联系着城市居民最为日常的生活。而许多重要大型城市公共建筑外的广场，就像城市的"门厅"，起到短时间内聚散大量人群的缓冲作用。

　　其次，城市外部空间还是城市公共活动的重要场所。例如，在广场上举行仪式性的庆典、检阅、演出或商业推广。如果街道两侧会发生大量的购物、社交活动。

　　第三，城市外部空间还为城市提供了自然景观和休闲娱乐活动的场所，比如城市中可供居民散步、健身的沿河步道、带状绿地与城市公园。沿街的行道树和绿化带，也起到遮阴、美化的作用。

　　最后，路灯、垃圾箱、电话亭、邮筒、座椅、公交车站、广告牌、指示牌等"城市家具"也都是具有实用功能、方便城市居民生活的城市外部空间要素。

　　同一空间中也可能存在多种功能。以街道空间为例，在满足同样功能需求（机动车道、非机动车道、人行道、绿化带）的情况下，不同划分方式，会带来不同的空间效果。

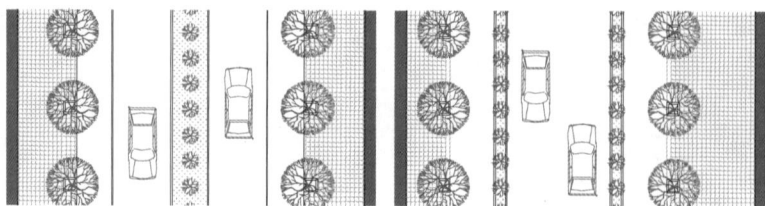

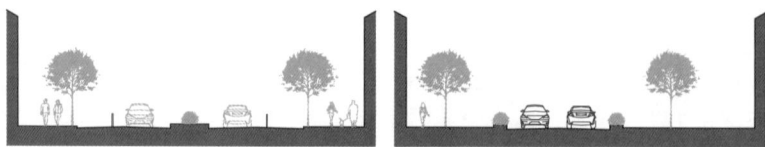

4.3.4　城市外部空间的尺度

　　和建筑内部空间一样，城市外部空间也需要讨论尺度的问题。外部空间的尺度也需要根据外部空间的功能定位及人们活动的性质、密度、频率等要求加以确定，比如城市机动车道的宽度就由并行车辆数所决定。但由于城市外部空间的公共性以及没有"顶"的限制，其尺度与室内空间相比也应当放大。首先，关于外部空间平面尺度，日本学者芦原义信在《外部空间设计》中，从人的感知角度提出了两个相关假说：（1）在使用性质相似的情况下，外部空间可以采用内部空间尺寸 8~10 倍的尺度；（2）外部空间设计可以采用 20~25m 作为模数，它也与可识别人脸的距离相吻合。其次，垂直界面的尺度要与平面尺度相呼应，通常我们使用"高宽比"来表达。在同样的围合程度下，高宽比越大，空间就越显得狭窄和压迫，而高宽比越小，垂直界面的限定作用也就越弱。空间就越开阔。

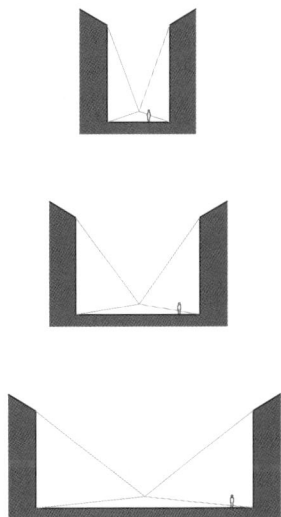

4.3.5　城市外部空间的层次与标志物

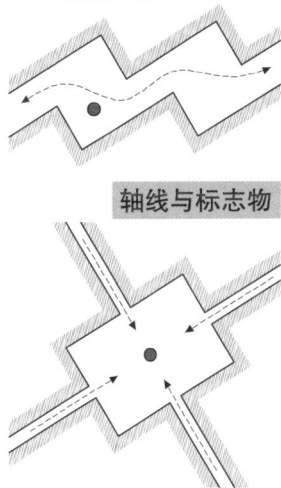

　　除了功能与尺度的考虑，城市外部空间的设计，还要考虑空间的组织关系，例如轴线、层次与标志物。轴线的设置会使人感觉的庄严和仪式性，而传统古城、村落曲折、变换的街巷，与大城市笔直的道路空间相比，拥有更多的层次感，可以获得更加丰富的城市空间体验。另外，外部空间的标志物也会提升外部空间的内涵和可识别性。标志物也可称之为地标，它可以是一座有实际使用功能的建筑，也可以只是具有象征意义的纪念碑、雕塑、喷泉，甚至是历史悠久的大树。作为城市外部空间的一个视觉焦点，它往往独立存在于开放空间之中，是人们认知其周边城市区域的一个标志、符号，它可以强化人们对这一区域的印象或作为空间的视觉焦点。例如天安门广场的人民英雄纪念碑、澳门的大三巴牌坊、法国巴黎星形广场的凯旋门等。

4.4 自然环境

4.4.1 自然环境与建筑的形态

受到太阳辐射分布的纬度差异、海陆分布和海陆对比关系、随山地海拔高度变化、地形起伏状况等因素的影响，不同的地区在四季的日照、气流、降雨、温湿度上有着较为明显的差异。这样的差异除了在第3章谈到的对建筑室内空间保温、防水、通风、遮阳等细部构造提出不同的要求之外，对建筑物的形体、朝向，以及建筑物之间的排布关系等也产生了直接的影响。我们国家幅员辽阔，气候特征差异较大，因此产生了许许多多在形态上具有鲜明地域特色、反映当地气候特点的地方建筑，例如内蒙古草原的蒙古包、西北黄土高原的窑洞、闽西南的土楼等。在使用同样建筑材料和构造形式

蒙古包

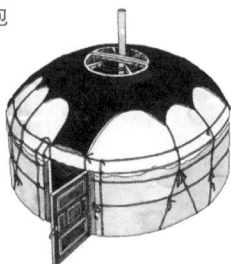

黄土高原的窑洞

青藏高原的藏族碉楼

云南傣族民居

一级区划指标

区名	主要指标	辅助指标	各区辖行政区范围
I	1月平均气温 ≤ -10℃ 7月平均气温 ≤ 25℃ 7月平均相对湿度 ≥ 50%	年降水量 200~800mm 年日平均气温 ≤ 5℃的日数 ≥ 145d	黑龙江、吉林全境，辽宁大部地区；内蒙古中北部及陕西、山西、河北、北京北部的部分地区
II	1月平均气温 -10~0℃ 7月平均气温 18~28℃	年日平均气温 ≥ 25℃的日数 <80d 年日平均气温 ≤ 6℃的日数 145~90d	天津、山东、宁夏全境；北京、河北、山西、陕西大部分地区，辽宁南部；甘肃中东部以及河南、安徽、江苏北部的部分地区
III	1月平均气温 0~10℃ 7月平均气温 25~30℃	年日平均气温 ≥ 25℃的日数 40~110d 年日平均气温 ≤ 5℃的日数 90~0d	上海、浙江、江西、湖北、湖南全境，江苏、安徽、四川大部分地区；陕西、河南南部；贵州东部；福建、广东、广西北部和甘肃南部的部分地区
IV	1月平均气温 >10℃ 7月平均气温 25~29℃	年日平均气温 ≥ 25℃的日数 100~200d	海南、台湾全境；福建南部，广东、广西大部分地区以及云南西部和无江河谷地区
V	7月平均气温 18~25℃ 1月平均气温 0~13℃	年日平均气温 ≤ 5℃的日数 0~90d	云南大部分地区，贵州、四川西南部西藏南部一小部分地区
VI	7月平均气温 < 18℃ 1月平均气温 -22~0℃	年日平均气温 ≤ 5℃的日数 90~285d	青海全境，西藏大部分地区，四川西部、甘肃西南部；新疆南部部分地区
VII	7月平均气温 ≥ 18℃ 1月平均气温 -20~-5℃ 7月平均相对湿度 50%	年降水量 10~600mm 年日平均气温 ≥ 25℃的日数 < 120d；年日平均气温 ≤ 5℃的日数 110~180d	新疆大部分地区，甘肃北部，内蒙古西部的部分地区

的情况下，建筑的形体越规整、外表面积越小，开窗面积比例越小就越能减少室内外温湿度的传导，以利于建筑保温。因此在冬季寒冷、保温要求高北部与西北部地区，体型方整、墙面厚实、开窗面积小的建筑就更加常见。而在人口较为集中的中东部地区，有利于日照与通风的合院式住宅占据了主导的地位。

　　为区分不同地区气候条件对建筑影响的差异性，合理利用气候资源，防止气候对建筑的不利影响，我国制订了《建筑气候区划标准》GB 50178—93，以 1 月平均气温、7 月平均气温、7 月平均相对湿度为主要指标，以年降水量、年日平均气温低于或等于 5℃ 的日数和年日平均气温高于或等于 25℃ 的日数为辅助指标，将我国分为 7 个一级区划（如 I 型 – 严寒地区；II 型 – 寒冷地区；III 型 – 夏热冬冷地区；IV – 夏热冬暖地区；V – 温和地区等）和 20 个二级区划，明确了各气候区在进行建筑设计时需要遵循的基本要求。

二级区划指标

区名	指标				
	1 月平均气温	7 月平均气温	最大风速	7 月平均气温日较差	年降水量
I A I B I C I D	≤ -28℃ -28~-22℃ -22~-16℃ -16~-10℃				
II A II B		> 25℃ < 25℃		< 10℃ ≥ 10℃	
III A III B III C			> 25m/s < 25m/s < 25m/s	26~29℃ ≥ 28℃ < 28℃	
IV A IV B			≥ 25m/s < 25m/s		
V A V B	≤ 5℃ > 5℃				
VI A VI B VI C	≤ -10℃ ≤ -10℃ > -10℃	≥ 10℃ < 10℃ ≥ 10℃			
VII A VII B VII C VII D	≤ -28℃ -28~-22℃ -22~-16℃ -16~-10℃			≥ 25℃ < 25℃ < 25℃ ≥ 25℃	< 200mn 200~600mm 50~200mm 10~200mm

东北朝鲜族民居

皖南民居

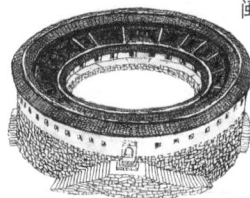

闽西土楼

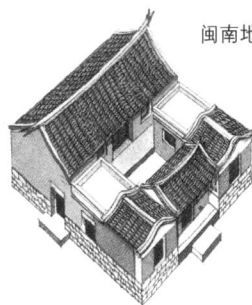

闽南地区民居

4.4.2　阳光与建筑的朝向、间距

光影与建筑形体

光影与材质

阳光对于建筑的影响，表现在两个方面。首先，建筑设计可以借助光、影效果的运用，更好地从视觉上表现出建筑的形体与空间（比如坚实的体积感或通透轻盈的效果）、材料与质感（比如玻璃的反射、折射，毛玻璃的漫射效果）。其次，是它对建筑物理环境的舒适性与节能效果的影响，包括热辐射的温度变化和自然光照条件变化的影响。从对城市环境的实际影响来看，后者更为重要。

对于中国多数地区，和季节、昼夜日照条件变化大的东、西两个朝向相比，南向都是日照与采光最好的朝向。尤其是在冬季，建筑物，特别是居住类建筑，需要尽可能多的南向日照以获得更加明亮、温暖的室内环境来保证必要的舒适度。但在现代的多层或高层居住区内，由于建筑的互相遮挡，许多地方都可能处于阴影区内。为了保证住宅和其他一些特殊建筑的使用者在冬季最为寒冷、太阳高度角最低的时候，也能不被周边过高的建筑所遮挡，就必须制定一定的规则，使其尽量合理地获得必要的日照时长。高度越大的住宅，建筑单体南北向的间距就越大。这也是中国城市现代居住区住宅肌理形态的主要塑造因素。

日照时数

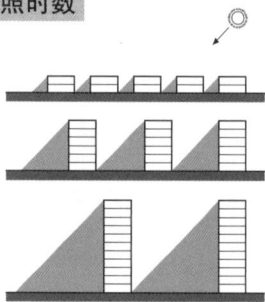

建筑气候区划	I、II、III、VII 气候区		IV 气候区		V、VI 气候区无限定
	≥ 50	< 50	≥ 50	< 50	
日照标准日	大寒日				冬至日
日照时数（h）	≥ 2		≥ 3		≥ 1
有效日照时间带	8–16 时				9–15 时
时间计算起点	底层窗台面（距室内地坪 0.9m 高的外墙位置）				

住宅作为城市居民生活起居的最主要空间，冬季日照是其基本需求。考虑气候区、太阳起落时间以及城市用地紧张程度，《城市居住区规划设计标准》GB 50180—2018 对住宅日照时数做了细致的规定。另外，像养老院、幼儿园、中小学等也有相应的日照规定。

由于建筑遮挡、各地经纬度等因素的差异，日照时数的计算比较复杂。现在可以借助相关计算机软件来进行，得出计算高度水平范围内的日照时数，帮助建筑师能够更加快速地优化调整建筑布局，满足规范要求。

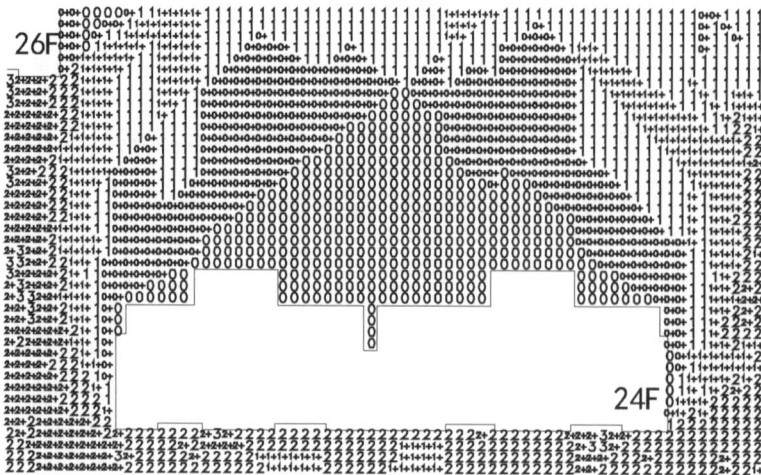

4.4.3 风环境与建筑形态

不同的地区在不同季节，受到大气环流以及地形等因素的影响，风向和风力都有所不同。了解建筑环境中的风向，对于建筑规划选址以有利于城市有害气体扩散、防止易燃易爆点发生灾害时对居民健康的损伤及建筑室内通风有着很大的影响。

"风玫瑰图"能帮助我们很好地了解该地区的风向情况。"风玫瑰图"也叫"风向频率玫瑰图"，它是根据某一地区多年统计的各个风向的百分数值，并按一定比例绘制，一般多用八个或十六个罗盘方位表示。由于该图的形状形似玫瑰花朵，故名"风玫瑰"。玫瑰图上所表示风的吹向（即风的来向），是指从外面吹向地区中心的方向。根据统计数据的不同，风玫瑰图可以表达常年风向，也可以表达冬夏季风向，也可以表达某一具体月份的风向变化情况。

另外，在城市中，建筑较为密集，不同的建筑群体布局也会造成局部风环境的改变。例如高层建筑会造成周边街道内较强的湍流风场。研究风环境和建筑布局的关系，可以通过风的引导改善局部通风条件，疏散城市废气，改变城市热岛效应的影响，创造更为舒适的城市空间。

风玫瑰图

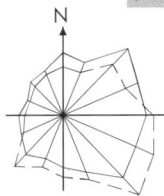

在风玫瑰图中可以分别表示出不同季节的风向信息，例如上图中实线表示的是冬季风向，虚线表示的是夏季风向

风与建筑形体、布局

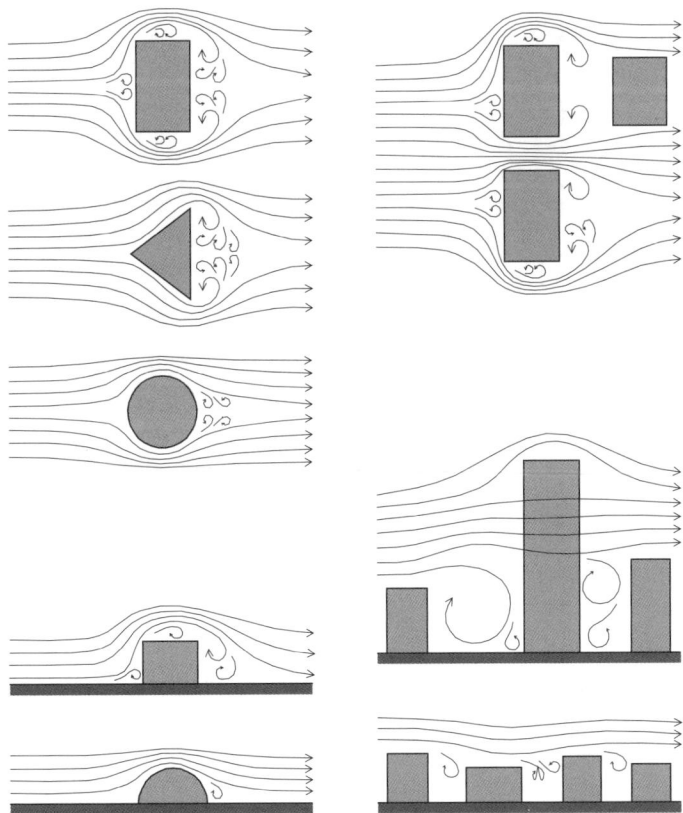

左：气流经过建筑时风速会增大。矩形建筑表面积越大受到的风压就越大，而且在角部更加明显。在风速很高、建筑形体有很大变化的时候，建筑表面附近会形成低压区和低压气旋。选择较少垂直迎风面和凸角、体型平滑的建筑形体，可以有效减小建筑风压和建筑物周边的气旋。

右：建筑的布局形式也会影响周边的风环境。例如，从平面布局看迎风面有建筑阻挡，后排建筑受到的风的影响就较少，而风从两座平行的建筑之间穿过就会形成高速的气流；而从垂直高度看，高度较为平均而密集的建筑群，地表不容易形成湍急的气流，但高度差异较大的建筑群，由于高度高的建筑的阻挡，在其周边区域就容易形成风速较高的湍急气旋。

4.4.4 地形的坡度、坡向与汇水

坡地建筑的场地处理

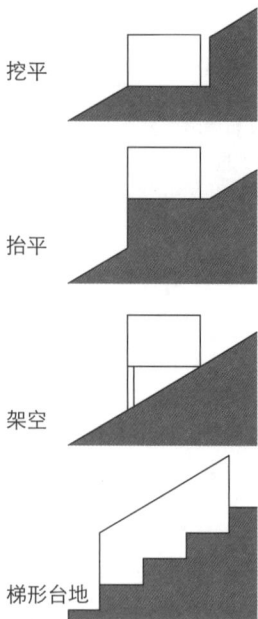

挖平

抬平

架空

梯形台地

通过读取城市地形图中的地表标高数值，我们会发现平时看来十分平整的城市，也大多存在着地形的起伏变化。当地形的海拔高度起伏变化比较大，就形成了坡地和谷地。在城市地形图中，较大的地形起伏区域会用等高线图加以表示。坡度表示单位地表平面长度方向上高度变化的变化幅度，通常会用坡面的垂直高度 h 和水平距离的比值或者坡面与水平面夹角的度数表示。坡度越大，地形越陡。而在等高线图中，等高线越密集，就表示此处坡度越大。同时，平原地带获得的阳光和风较为均质，但在地形比较陡的山区，朝向阳光和背向阳光的坡地，气候条件就会有很大的差别，分布的植被也可能因此而不同，我们把这种坡面的朝向称之为坡向。在自然地形的坡度和坡向共同作用下，一定区域的降雨和地表水总是汇聚到这一区域地形较低的部分，形成湖泊与河流。地表的水流汇聚到一共同的出水口的过程中所流经的地表区域，称作汇水区域，它是一个封闭的区域。而城市的水体，如湖泊、河流，是城市排涝、泄洪的重要通道。

人们在选择建造地点时，通常会选择靠近水源、地形较为平整但地势相对较高的地点。因为建造房屋需要较为平整的场地，建造活动也较为容易，相对较高的地势利于排水、防止内涝破坏房屋。

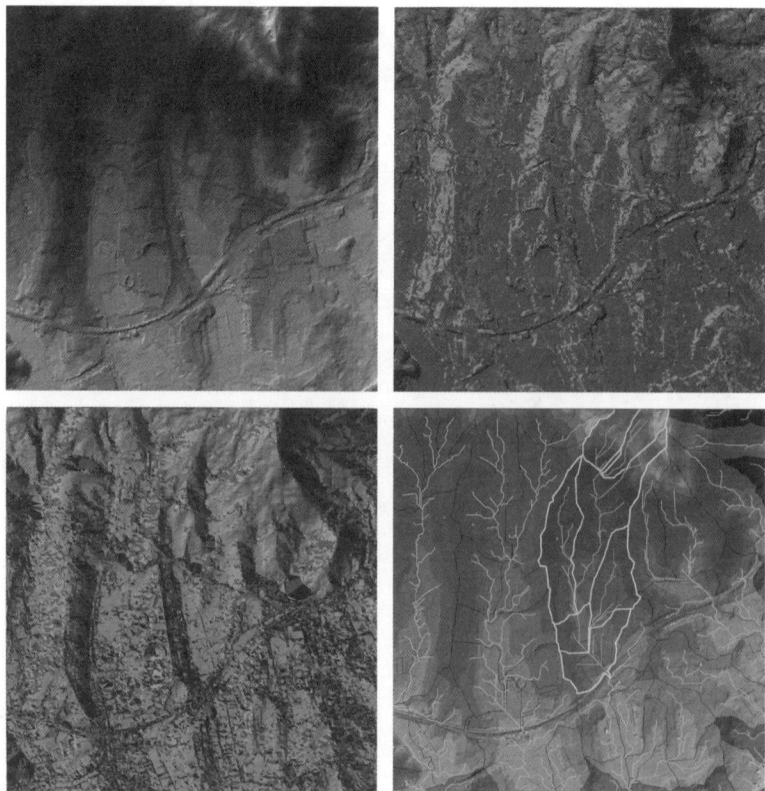

左上：以等高线表达的地形；右上：以坡度表达的地形；左下：以坡向表达的地形；右下：地形的汇水区域。

坡度较大的区域，就需要首先平整场地，将坡地改造为台地的形式。坡度过大的地方，容易发生滑坡、泥石流等地质灾害，不宜作为建筑用地。这些区域通常自然植被条件较好，适合保留作为城市公园。

4.4.5　植被与景观

　　温度、阳光和风等环境要素是没有具体实在的形状的，但植被却具有实在的三维形体特征。植被从形态上可以分为三大类：草地、灌木和乔木。首先，利用它们的高低、大小不同的空间形态进行组织，可以创造更加丰富和生动的城市空间；其次，植被在四季的花期、色彩和落叶变化，还给城市整体环境带来时间上的多样性，创造变化的视觉感受；第三，植被具有吸尘、吸碳、净化空气的生态效应。

　　包括植被在内的城市中可见自然要素，如山体、林地、湖泊、河道，是十分的宝贵的资源，不仅具有生态、减灾效应，而且为城市居民提供了更多接触自然的休闲场所。身处其中，"看风景"就成为十分重要的内容。从建筑设计的角度考虑，如果在其中创造一个空间，选择好的视觉朝向，能看到优美的风景就十分的重要。同时，这个创造出的空间也要尽量减小对自然景观的改变，甚至利用景观特性成为自然景观中的一个景点。在中国传统中，选择好的观景点设立亭子，或通过建造塔等标志物创造景观焦点，都是很好的例子。

景观焦点

景观视线（借景）

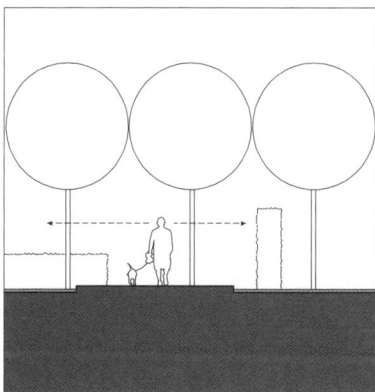

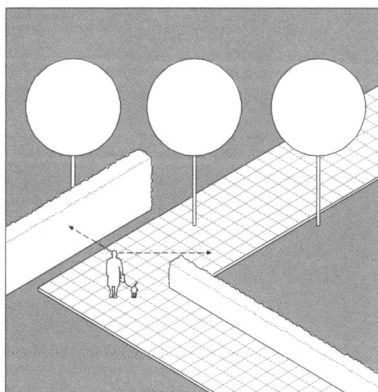

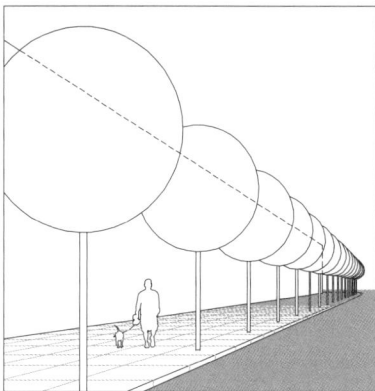

上图：将植被看做不同高度和质感的空间限定要素；下图：从时间角度考虑植被在不同季节质感、色彩的变化特征。

115

第4章参考习题

1. 城市街道空间环境认知

认知对象：

本次练习将城市开放空间的典型——街道作为认知对象，主要关注街道空间的三个方面：街道界面的视觉感知、尺度关系、街道的功能。学生需要在城市历史街区、现代居住区、商业中心区、城市风景区各选择一条街道进行实地调研、拍照记录，城市地形图中各类信息解读，以及电脑虚拟模型的制作，以及街道空间图示的绘制与比较分析。

认知目的：

通过对城市开放空间的理解，初步建立对建筑形体、界面与城市公共开敞空间环境关系的理解。学习基本的场地调研方法，并运用计算机图示分析工具加以展示。

训练内容与步骤：

（1）3~4人一组，合作完成训练。

（2）读懂所提供的原始资料（城市电子地形图、航拍图和卫星照片等）所包含的城市空间信息，学习城市现场的实地调研与照片记录方法。

（3）根据原始资料与实地调研在电脑中建立三维城市模型。

（4）各组在各个城市片区中各选择一条至少带有一个道路交叉口且不短于300m的城市道路。

（5）沿道路每隔20m设定一个调研点进行拍照，记录街景，注意使用同样的焦距，并记录下来，同时利用电脑三维模型求取同样的场景用于分析研究。

（6）绘制并分析街景照片中可见的建筑界面。

（7）按照拍照点在三维模型场景中求取并分析街断面。

（8）记录道路断面的功能划分，沿街立面。

（9）比较不同城市片区的可见界面、街道断面尺度比例及变化、道路功能、沿街界面，绘制能表达其异同的分析图。

训练时间：

本练习共两周。

第一周：完成调研拍照及计算机建模

第二周：完成分析图纸绘制

成果要求：

（1）电脑模型4个，skp格式。

（2）按照要求所做的分析图，PPT格式电子演示文件与210mm×210mm页面尺寸的纸质文本（张数自定）。

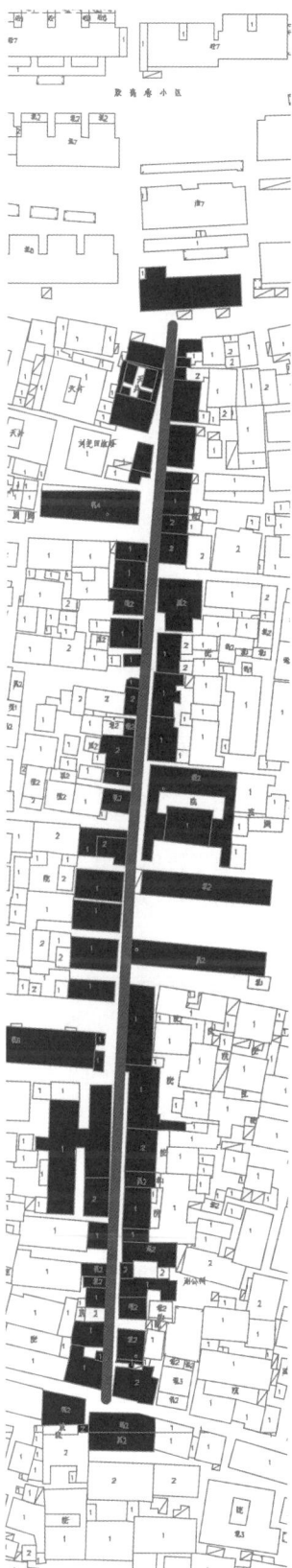

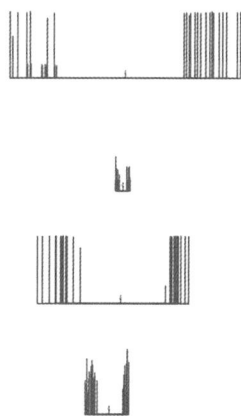

不同道路断面尺度与变化的比较

2. 地块与建筑类型认知

认知对象：

学生通过对城市历史街区、现代居住区、商业中心区典型地块及其建筑的不同功能、尺度和交通流线组织方式的调研分析，来理解不同的城市环境要素组织原则、不同的城市功能要求对建筑形态的影响。

认知目的：

本次练习通过对地块与建筑类型的认知，来理解塑造城市物质空间环境的内在因素并如何影响建筑的生成。

训练内容与步骤：

（1）3~4 人一组，合作完成训练。

（2）各组在三个城市片区中各选择一个典型的沿街转角地块进行调研分析，画出调研地块的区位图，分析地块所在街廓的地块划分特征（尺度、形状、数量等）及其与街道的关系。

（3）通过平面图与剖面图，画出地块及其建筑的功能布局，分析其与城市开放空间特别是街道空间的关系。

（4）对地块形状、尺度与地块内建筑形状、尺度的关系进行分析，计算地块的密度、容积率、高度指标，并研究其他可能表述其关系的方法。

（5）通过平面图与剖面图，画出地块及其建筑的交通流线组织分析图，包括水平交通与垂直交通，人行、车行流线与出入口、停车场，分析其与城市开放空间特别是道路及其他基础设施的关系。

训练时间：

本练习共一周。

成果要求：

（1）按照要求完成区位图、功能布局、形体尺度、交通流线分析图，jpeg 格式。

（2）城市调研报告，PPT 格式电子演示文件与 210mm×210mm 页面尺寸的纸质文本（张数自定）。

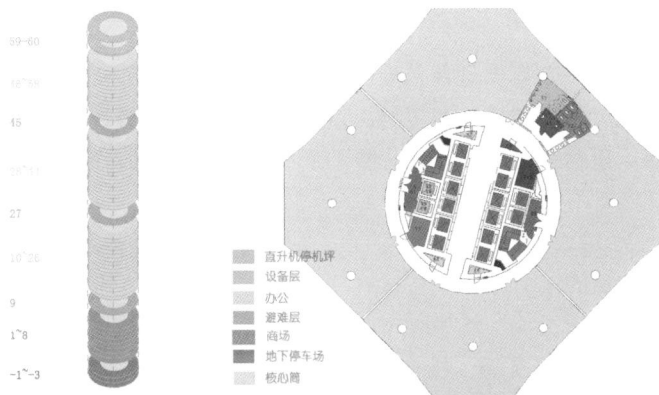

场地环境的交通分析

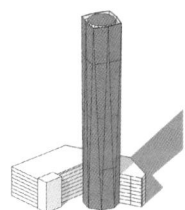

直升机停机坪
设备层
办公
避难层
商场
地下停车场
核心筒

塔楼的垂直交通分析

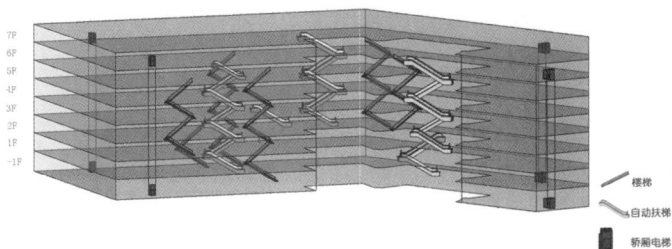

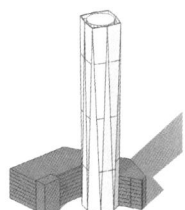

7F
6F
5F
4F
3F
2F
1F
-1F

楼梯
自动扶梯
轿厢电梯

裙房的垂直交通分析

3. 自然地形与植被认知

认知对象：

选择一片带有典型自然地形的城市风景区，它的物质形态是以自然地形、水系和植被为主导，道路系统顺地形地势蜿蜒曲折、界面开阔或以植被为主，在绿化景观系统、道路系统方面与之前三类人工环境有不同之处。

认知目的：

对"城市公园"类型城市肌理的认知，其要点在于理解自然地形的坡度、坡向、汇水、植被分布、游览路径、景观朝向等空间特征，这些空间特征都会影响到建筑的生成。同时理解地形图中等高线所表达的空间含义，进一步训练学生掌握用图记录、分析物质空间的能力。

训练内容与步骤：

（1）3~4 人一组。

（2）根据地形图与实地调研资料在电脑中建立三维模型。

（3）结合地形平面图与剖面图分析自然地形的坡度、坡向情况，并与前三个城市空间类型的城市剖面进行比较分析。

（4）结合地形平面图与剖面图分析自然水系情况，并与前城市历史街区、现代居住区、商业中心区进行比较分析。

（5）结合地形平面图与剖面图分析不同植被种类的分布情况，并与城市历史街区、现代居住区、商业中心区的绿化系统进行比较分析。

（6）结合地形平面图与剖面图分析道路分布情况，并与城市历史街区、现代居住区、商业中心区的道路系统进行比较分析。

训练时间：

本练习共一周。

成果要求：

（1）计算机模型一个，skp 格式。

（2）坡度、坡向、水系、植被、道路分析图与比较分析图，jpeg 格式。

（3）城市调研报告，PPT 格式电子演示文件与 210mm×210mm 页面尺寸的纸质文本（张数自定）。

地形剖面分析

坡度与坡向分析

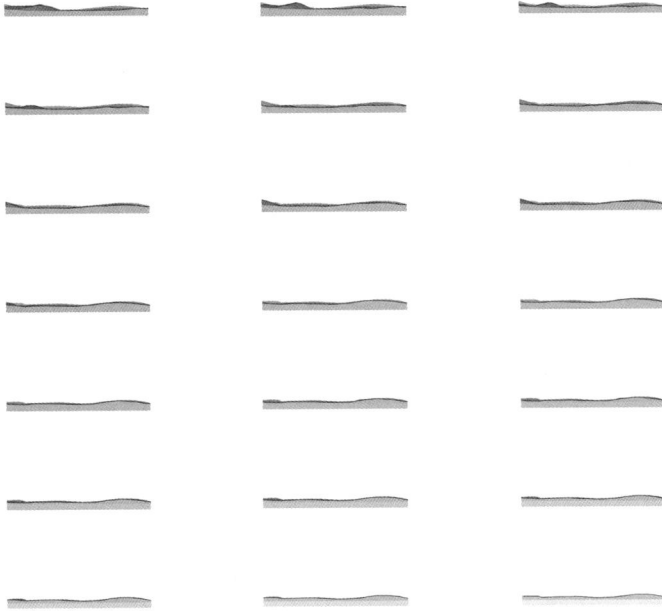

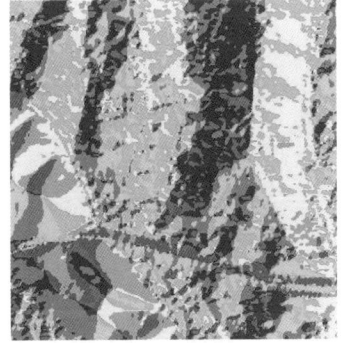

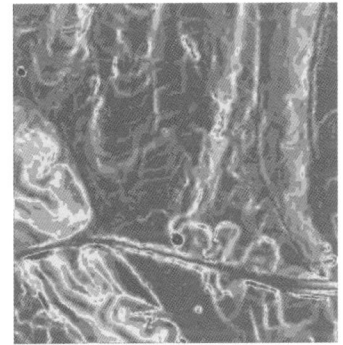

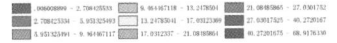

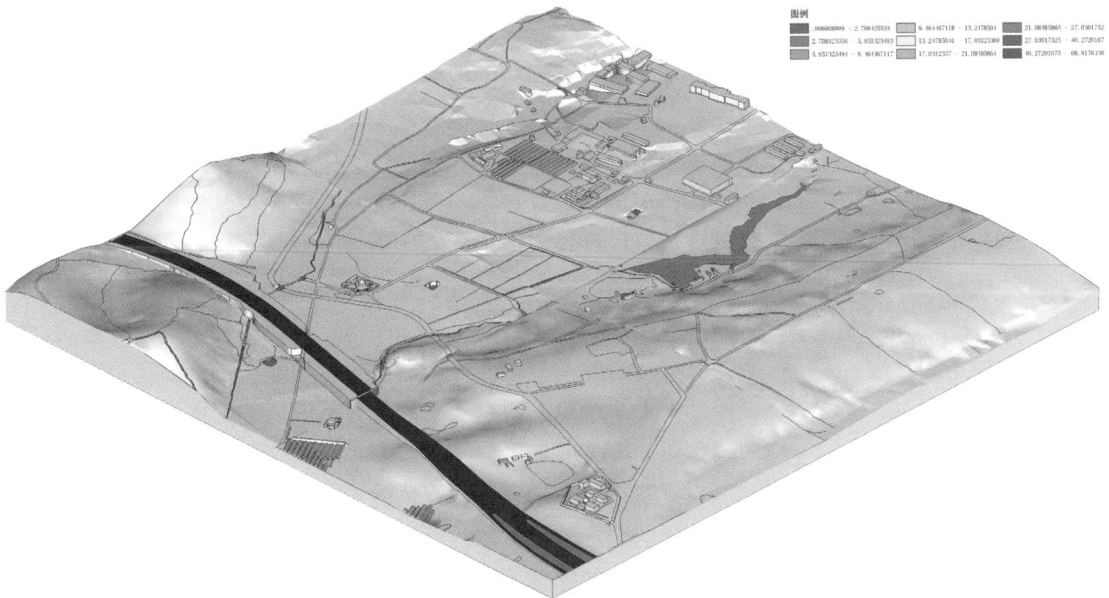

第 **5** 章　设计操作

　　一座建筑从计划到建成使用，需要经历选址、立项、审批、勘察、设计、报建、施工安装、竣工验收、交付使用等步骤，即通常所说的"基本建设程序"。建筑设计只是一座建筑诞生过程的其中一环。其中还会夹杂有大量修改、审查的环节。而基本的建筑设计过程又包括方案设计、初步设计和施工图设计三大部分，即从业主提出设计任务书一直到交付建筑施工单位开始施工的全过程。这三部分在相互联系的基础上有着明确的职责划分，其中方案设计作为建筑设计的第一阶段，担负着确立建筑的设计基本意图并将其形象化的职责，它对整个建筑设计过程所起到的作用是开创性和指导性的。初步设计和施工图设计则是在此基础上与其他专业配合，如结构、电气、暖通、给排水等，从而逐步落实经济、技术、材料等物质要求，将设计意图转化成建造的指导性文件。建筑学专业教学进行的建筑设计操作训练，主要集中于方案设计阶段，其他部分的训练主要通过以后的建筑师业务实践来完成。

　　在建筑设计基础课程中设置的设计操作训练，其深度则相当于方案设计的最初阶段，其目标首先是让学生理解在建筑方案生成过程中需要解决的建筑设计基本问题。建筑的使用需求是建筑产生的

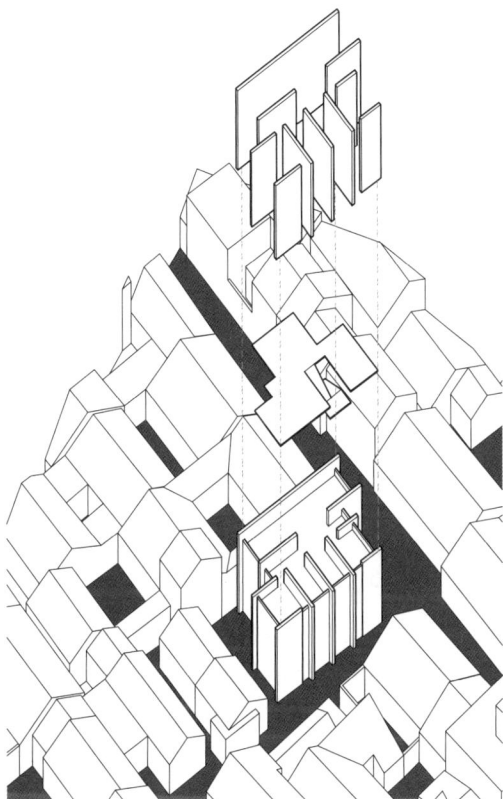

第一要素，建筑的场地是建筑物形体决策的限定因素，材料和结构是建筑物体的基本构成。由于建筑设计是一个复合问题，初学者应该由单项问题入手，才能较好地理解和体验解决问题的过程。因此，设计问题可以简化为三个基本方面：功能与空间、场地与环境、形式与建造。

其次，建筑设计是一个操作过程，操作的内容是综合运用建筑知识，根据对象的具体情况，优选出相对合适的处理手法，形成合理的建筑设计方案。场地、功能、材料、施工以及建筑造价和安全使用等因素对于最普通的建筑都不可避免，建筑师应该在建筑设计过程中加以考虑。在建筑设计学习的入门阶段，就是学习怎样在操作过程中逐步协调解决功能与空间、场地与环境、形式与建造的问题。同时，建筑形式是建筑设计的手段和结果，而不是目的，它的价值和设计问题的三个方面及其操作过程直接相关。

第三，图纸、模型等不仅是交流的手段，更是帮助建筑师在设计过程中进行思考的工具，为初学者打下坚实的思维基础。通过设计操作学习在建筑设计过程中熟练运用各种建筑表达工具，可以激发更多的空间想象力，从而有利于推进设计进度、挖掘设计深度。

5.1　设计构思

基础的建筑设计训练与制图技法和形态构成训练有着本质的不同。它大致可分为设计构思、设计深化和设计成果表达三个阶段，其顺序不是单向和一次性的，需要经过任务分析 – 设计构思 – 分析选择 – 再设计构思的循环往复过程才能完成。

5.1.1　设计任务书

在实际建筑设计项目中，任务书主要会提供建筑场地的基本信息与规划要点，提出功能与经济技术指标要求，规定设计成果的基本内容与形式、设计周期等。理解并满足任务书的要求是职业建筑师专业技能的重要组成部分。在本科学习阶段，出于训练的需要，设计课程的任务书不像实际建筑项目那样全面，往往都带有特定的训练目的。在低年级的学习阶段，任务书往往不会在技术与技术性上提出过高的要求，主要的训练目的是综合处理场地、功能、建造问题的基本技能。

设计构思在任务书解读的基础上展开，最为主要的是理解设计任务需要解决的关键问题。建筑师的核心价值在于通过设计来解决实际的问题，这些问题往往是复杂而多层次的，需要将它们进行分类，选择合理的技术途径，并挖掘不同技术的潜力。在解决问题的过程中，才产生了设计方法。问题不同，对问题的理解不同，采用的具体方法就会不同。处于入门阶段的同学必须认识到，一项建筑设计任务的完成，和中学数理化解题不一样。它更像是一道命题作文，没有确定的答案，只有更合适的、更有创造性的思路、方法与叙事语言。

5.1.2　场地调研

在设计中，整体关系的重要性高于细节的处理，整体策略的失误造成的后果比局部的错误更加难以弥补或容忍。因此，设计通常遵循从整体到局部的思考过程。一些小型的、功能简单的建筑，有时可以从局部细节出发，但仍要从整体上反向修正这种局部的出发点。因此，设计构思应从对场地环境的调研开始，从整体上把握建筑与周边环境的关系。调研应用到的就是我们在第四章学习到的建筑环境知识。

调研内容主要包括物质环境、人文环境两个方面。在设计基础阶段，则更加偏重物质环境的解读。调研的方法包括间接的方法和直接的方法。在拿到任务书后，可以通过识别地图、地形图，查找文献资料等间接的方式了解场地的区位、交通、人文历史背景等信息，建立对场地环境的基本印象。而后，通过实地踏勘，亲自感知场地的外部空间环境特点，比如沿街界面、景观视线、交通人流情况等，弥补间接资料的不足，培养对现场的敏锐感受力。另外，还需要通过一些必要的表达工具来帮助自己更加全面地理解场地环境。例如，绘制区位交通分析图来判断场地与整体城市的关系，制作场地模型沙盘理解与周边建筑体量的关系等。在了解了场地环境后，如何确定建筑的形体及其在用地内的位置就有了依据。

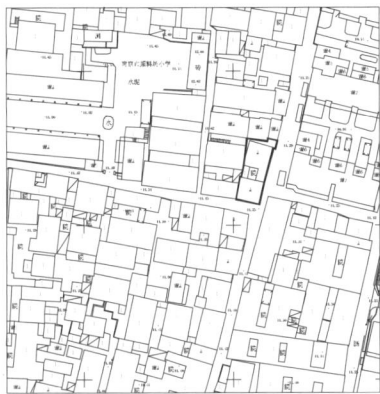

地形图解读

用地：基地边界、形状、尺寸、面积、朝向关系等；

周边道路与交通设施：现有及未来规划道路级别，名称、连接关系，公交站点，停车设施等；

周边地块建筑：包括周边地块的边界、建筑肌理、形状、高度、功能，是否文保、地标建筑等；

地形地貌：用地内外的标高、坡度、朝向，水系、重要植被等；

市政设施：足以影响建筑布局的设施，如变电所、垃圾站等。

场地调研分析

观察：对地形图信息进行实地验证，加强对场地的熟悉程度，发现在地形图上未被关注的重要信息，现场人流、车流的状况，寻找场地内重要的视觉对象和角度；

访谈：向周边居民或游客等不同类型的人群询问与场地相关的信息，补充自己的认知；

记录：在打印的地形图上对调研信息进行标注，用相机、无人机等拍摄照片、视频，便于工作时回顾场地情况。

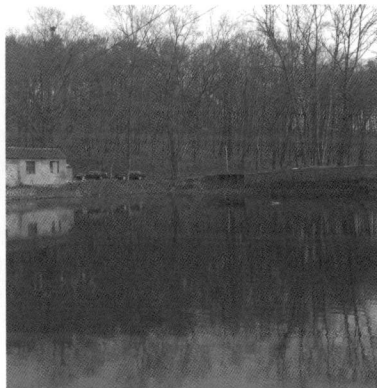

场地模型

根据建筑规模，制作 1 ： 100~1 ： 1000 的场地体块模型，将构思形体模型放在场地内，帮助思考建筑形体与场地外部空间的关系。

5.1.3 建筑形体与外部空间

在场地调研的基础上，我们可以开始考虑采用怎样的形状、体量以及它摆放的位置，会增进与周边环境的关系，同时在建筑内外的空间使用上更为合理。

首先，根据任务书的建筑规模（面积、层数、高度、使用人数等）设定，考虑建筑的基本占地面积和体积。

其次，根据城市肌理中展现的周边建筑平面形体与外部空间的关系，以及主要城市公共空间中的建筑界面围合与限定的人眼视觉感知关系（例如街道空间界面、重要的视觉地标、视廊等），进一步考虑它的形体或形体组合关系。这是在设计构思阶段最为重要的步骤。在这里，我们可以用通过图底关系图、环境模型、现场照片融合等表达手段去判断设计的形体策略。

第三，对一些基本的技术性环境功能问题进行判断，例如，满足城市规划对退线、间距的要求，建筑形体是否会对周边建筑造成阳光遮挡、视线隐私等的严重干扰，场地内交通组织（出入口与交通流线、停车空间）是否顺畅，室外空间是否满足使用要求等。

最后，粗略考虑建筑功能、建造形式与建筑形体相匹配的问题。这一问题会在设计深化阶段被进一步加以考虑。

建筑形体对外部空间及城市肌理影响的比较

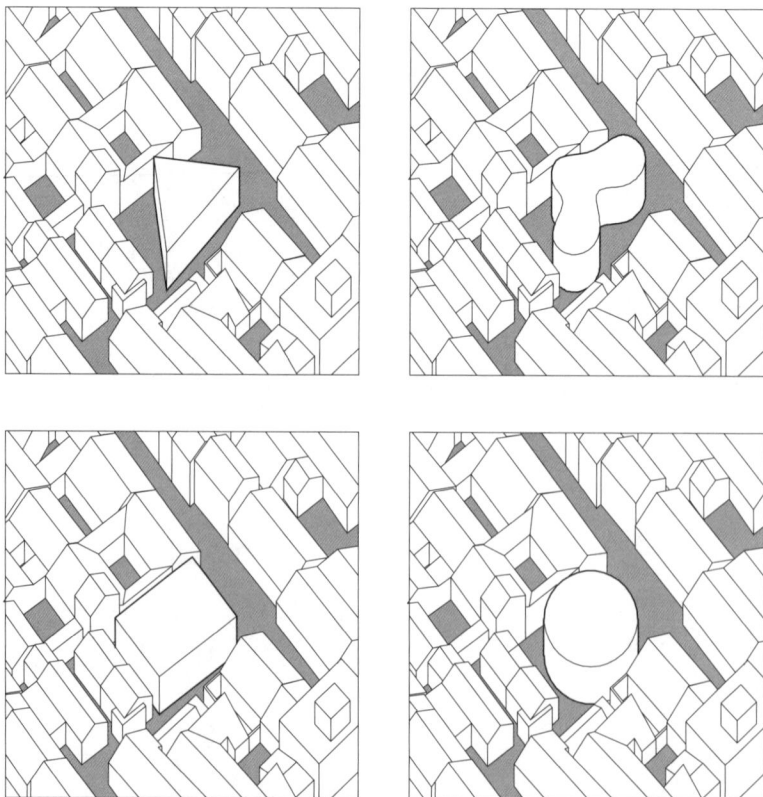

5.1.4　多方案比较与判断

　　同样一个设计任务，解决问题的方法与途径也存在多种可能性，这就需要对不同的可能性进行比较与优选。多方案比较不仅出现在方案构思阶段，也会出现在之后的深化阶段，不仅整体方案需要多方案比较，局部的细节处理往往也需要多方案比较。为实现方案的比较与优化，首先应提出数量尽可能多，差别尽可能大的不同方案。其次，依据功能、环境与建造的要求，通过综合评价、逐步淘汰，并对其进一步完善、深化，弥补设计缺项。

　　通过长期经验的积累才能形成自己的合理性评判体系。但在建筑设计的基础训练中，教师通常会在任务书中规避过于复杂和有争议的场地、功能与经济技术指标设定。在方案构思阶段，最主要和困难的工作就是对建筑形体与外部空间关系的判断。例如，在高密度传统城市肌理中使用分解组合的建筑形体，可以更好地与周边环境相融合。但如使用单一体量，甚至具有异质性的形状，则会通过强烈的对比和冲突将建筑凸显出来。它们并没有绝对的对错标准，建筑师总是根据一定的社会共识和项目功能需要在两者间取得平衡。一般地来看，如果项目本身具有特别的地标和纪念性意义，对比的策略就会占优势，但多数时候协调性会更具共识。

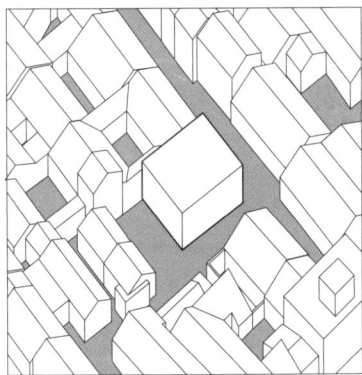

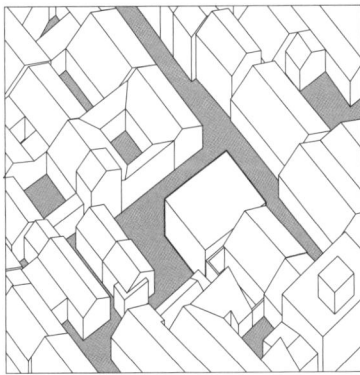

位置布局对外部空间及场地流线影响的比较

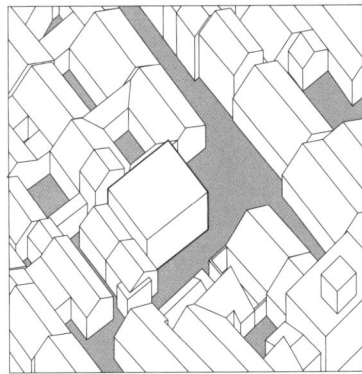

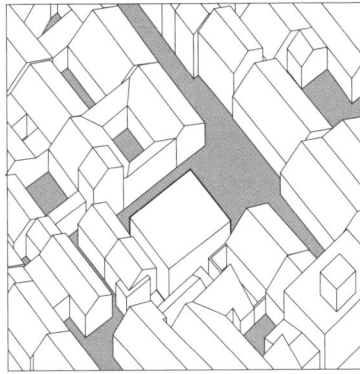

5.2　设计深化

5.2.1　功能与流线

功能与尺度

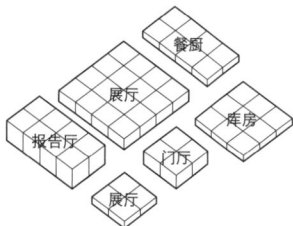

流线组织

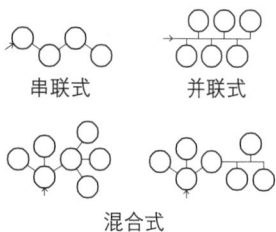

串联式　　并联式

混合式

建筑的功能指建筑物及其内外部空间应满足的实际使用目的。例如，旅馆建筑的主要功能是满足人们短期居住需要，其内部主要由接待门厅、餐厅、厨房、客房等功能空间构成。除主要功能空间之外，辅助功能空间也是必不可少的，如交通空间（走廊，门厅，过厅，楼、电梯间，坡道，自动扶梯）、卫生间、储藏室、设备间、管道井等。建筑的主要使用功能往往是千变万化的，而辅助功能却基本保持稳定（往往占到总建筑面积的 30% 左右）。功能反映出建筑各个组成空间的使用者数量、活动方式，设计者需要了解功能从而将适宜的使用者的活动设计体现在建筑空间与构件的尺寸、材料、构造等多个方面。

建筑的流线俗称动线，是指人、车辆等在使用建筑时的主要活动路线。流线反映出建筑功能空间是如何被组织到一起成为一个建筑整体的。在很多复杂建筑中往往有多条流线，设计者要理解使用者是如何使用建筑的所有功能空间的。流线设计通过联系和划分不同的功能空间序列，使建筑的使用更加有序和高效。其重点是主要空间与辅助空间合理的布局关系，以及交通空间的经济、便捷、高效。

建筑的功能与流线分析

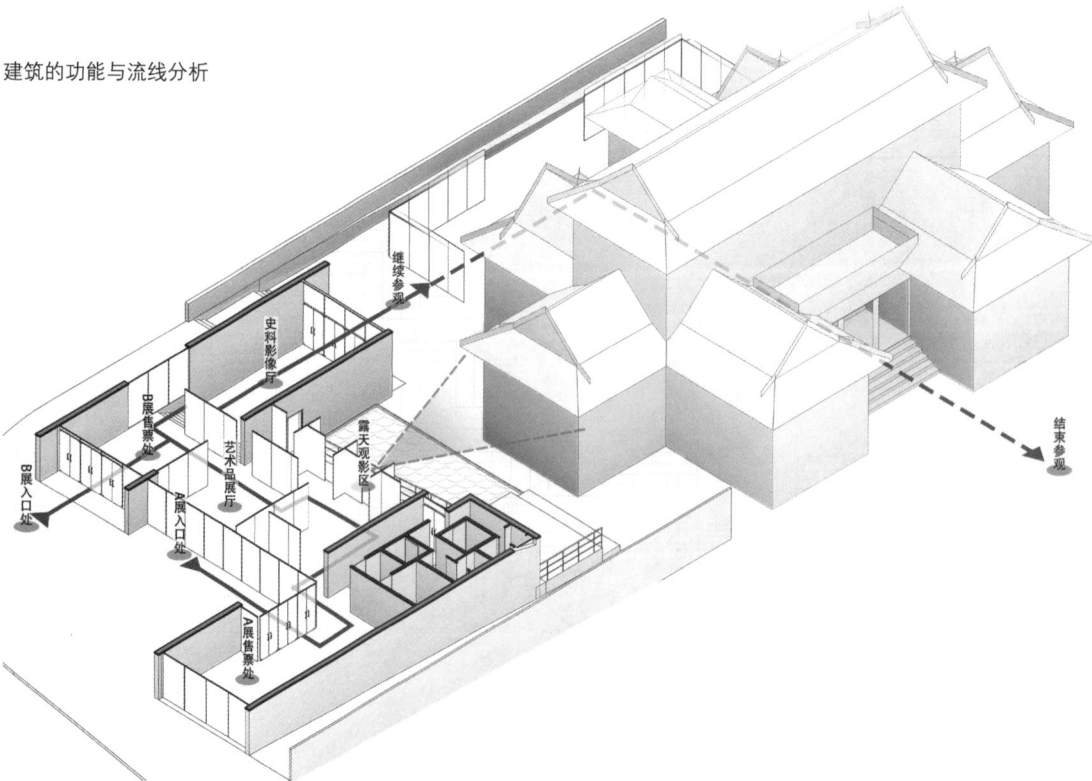

5.2.2 感知与空间限定

功能与流线的分析，设定了建筑内外不同空间的尺度与组织关系，完成了最基本的使用层面的设计工作。但人在空间内，其他的器官，比如听觉、嗅觉，尤其是视觉的感知，会超越单纯的身体运动范围（或者说单纯的功能需求）来建立对空间的感知。因此，以视觉为主要对象，通过水平与垂直构件对功能空间进行限定（参看本书第 2.4 节），以获得最佳的空间视觉感知体验，就是设计深化的又一项重要工作。

空间限定工作主要针对以下几个方面。首先，通过视域的控制，创造与功能、流线更加匹配的空间感知体验。例如，同样平面尺寸的一个有顶空间，四周有墙、单面开启、双面开启、四面通透，空间的视觉感受是完全不同的。由多个不同功能区域组成的建筑空间，不同的组合限定形式会导致人体运动过程中视域变化程度的差异，从而影响人对空间封闭还是流动、单调还是丰富的判断。其次，根据视觉感受的需要对空间尺度进行调整，它常用在创造超日常尺度需求与感受的纪念性空间中。例如，在同样垂直限定条件下，水平向延展顶面，会压抑人的空间感受，把人的视线引向四周；而墙面高度升高，就会强化人对竖向的空间感受。第三,是用于对光的引导，通过空间中明暗关系的变化影响人对空间的视觉感知。

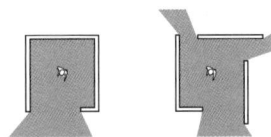

视域控制

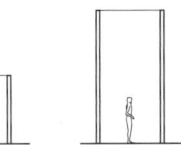

感知尺度控制

光影控制

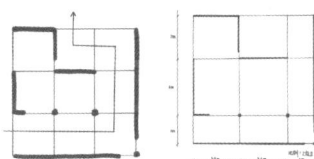

左图示意了一个空间限定训练中通过垂直与水平构件对流线、尺度、光影的处理。

首先根据流线关系，确定建筑的平面布局和基本限定关系，其次，结合功能与感知，对空间尺度进行调整。第三，研究光影效果对感知的影响。第四，赋予空间材质。

5.2.3 材料、结构与构造

前面提到了结构对空间起到了物质支撑的作用，但结构不等于空间。我们在设计中要根据空间的需要来选择合适的结构材料和结构形式，并根据结构的限制对空间尺度、划分与限定进行调整。框架体系是在我们日常接触的建筑中最为常用的结构形式，也是基础设计训练中主要使用的结构形式。我们需要在设计中大致了解使用钢筋混凝土、钢、木等不同结构材料时，梁、板、柱的交接关系，跨度与构件高度与尺寸的大致关系及其对空间的影响。

空间限定构件内外表面材料的颜色、质感，会在很大程度上影响到我们对空间与建筑形体的感受，设计中，我们需要根据空间使用与感受上的需要，结合强度、采光、保温、防水、耐久、经济性等实际要求，来选择合适的材料和构造方式。如公共建筑就需要考虑立面材料或屋顶形式作为城市地标要素的景观效果；而居住类建筑则需要通过阳台、落地窗、转角窗等的合理构造设计满足好的室内南向日照和通风。

在此过程中，设计也会从功能流线、空间限定、结构构造上进行反复的调整和多方案比较，从而找到最为理想的结果。当然，在设计基础训练阶段，材料、结构与构造的技术要求并不是重点，关键是要建立从技术角度考虑空间设计的思维习惯。

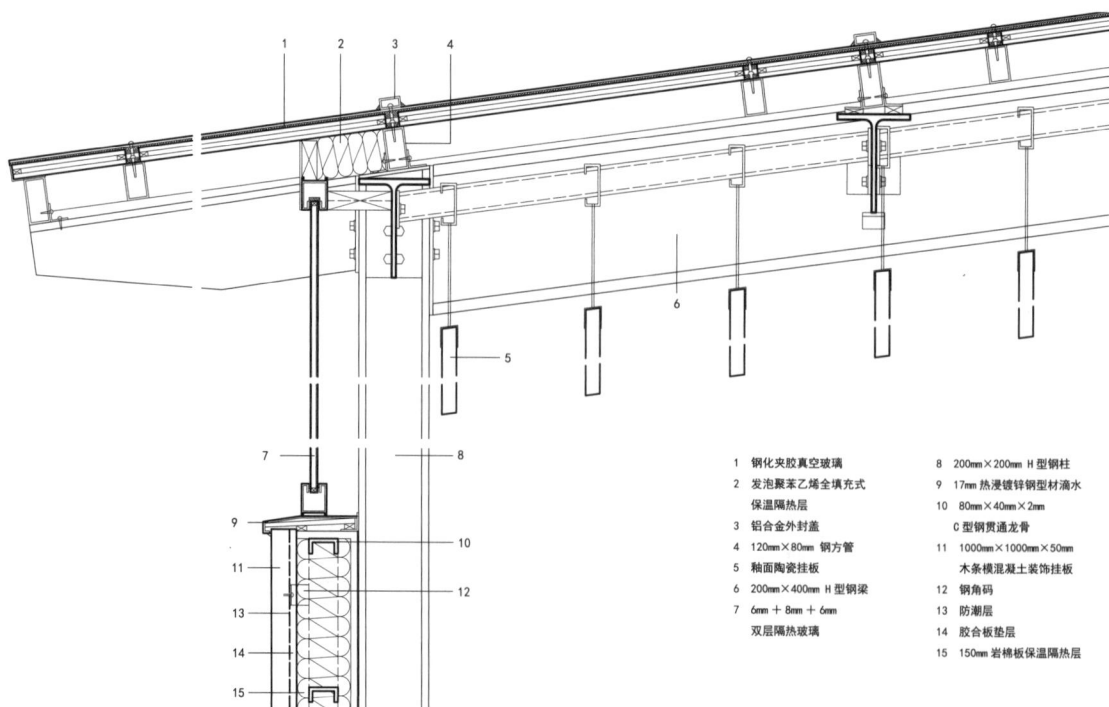

1	钢化夹胶真空玻璃	8	200mm×200mm H 型钢柱
2	发泡聚苯乙烯全填充式保温隔热层	9	17mm 热浸镀锌钢型材滴水
3	铝合金外封盖	10	80mm×40mm×2mm C 型钢贯通龙骨
4	120mm×80mm 钢方管		
5	釉面陶瓷挂板	11	1000mm×1000mm×50mm 木条横混凝土装饰挂板
6	200mm×400mm H 型钢梁	12	钢角码
7	6mm + 8mm + 6mm 双层隔热玻璃	13	防潮层
		14	胶合板垫层
		15	150mm 岩棉板保温隔热层

5.2.4 场地设计

建筑设计方案不仅包括建筑物本身的设计，也包括建筑周边场地的设计，场地与建筑应当形成一个整体。在构思阶段形成的建筑内外、场地与周边环境关系的处理策略应当在深化阶段加以完善。

首先，是场地功能分区和交通流线组织的完善。建筑外部场地也有其功能需求，如主入口的集散广场、绿化景观空间、地面机动车与非机动车停车空间、交通空间等。根据建筑与场地的各种出入口位置，对场地功能需要进行合理布局，并设计车行道、消防通道与步行空间。注意它们与建筑物的必要距离，确保留出满足设置楼梯、台阶、坡道等交通设施的空间。其次，要将建筑内外空间、建筑外界面与场地平面作为一个整体来考虑。例如，考虑建筑主要出入口的外部空间序列来增强由外入内的空间过渡或仪式感，通过半室外空间、玻璃幕墙、室内中庭与绿化、内庭院等增强室外绿地景观与室内公共空间的相互渗透。还可以通过将建筑主体架空，用开放式的底层空间增强场地与建筑的关系，特别是在场地较为局促的条件下，可以更好地解决交通组织和设置缓冲空间。第三，利用和处理好场地的高差，进行场地竖向设计。除了组织场地排水，把高差与建筑空间的交错、流线与出入口的组织结合起来，灵活布置场地台阶、坡道等，可以创造出更灵活高效与丰富的室内外空间体验。

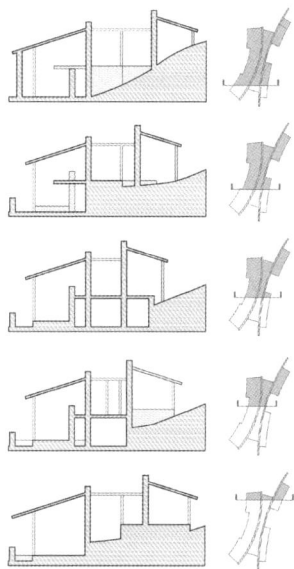

通过连续剖面分析场地高差变化及建筑空间应对关系

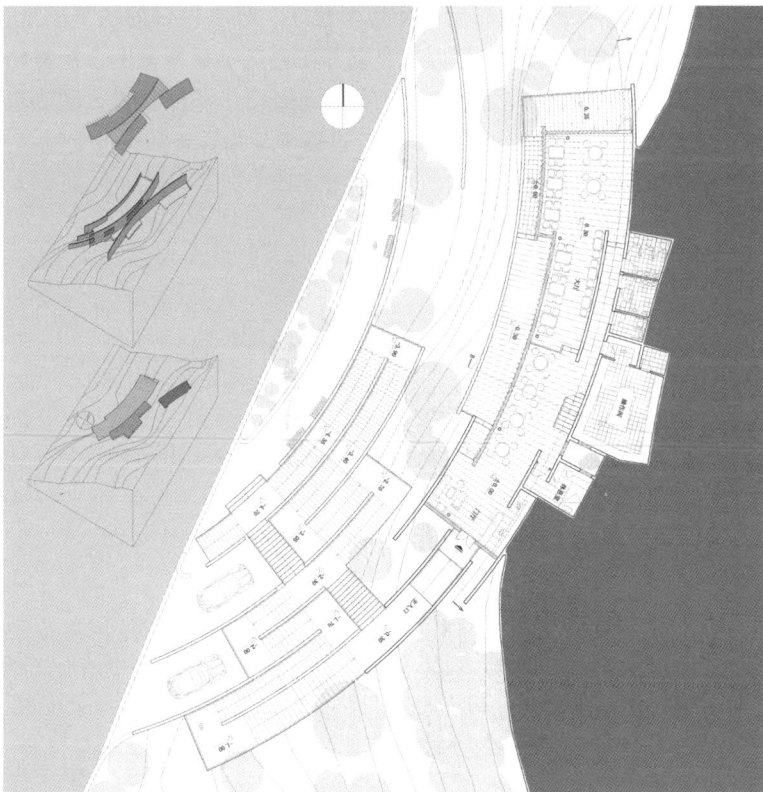

5.3 设计表达

多方案构思草图

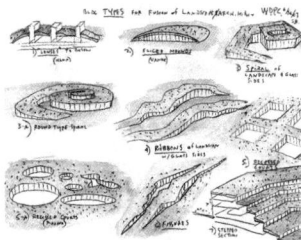

设计表达是把你脑中的空间构思，以视觉的形式呈现。它不仅是设计成果的体现，也是设计过程中的必备工具。恰当地使用表达工具，可以帮助你用眼睛和手对自己的设计进行判断、修正，更加高效和深入地推进设计，也能使别人更加清晰地理解你的设计意图。在之前的章节中，我们已经学习了建筑表达的不同方式，以及如何用图来表达建筑与城市空间，这一章节中我们就具体介绍不同的表达方式在设计过程中应如何使用。

形体与外部空间关系构思草图

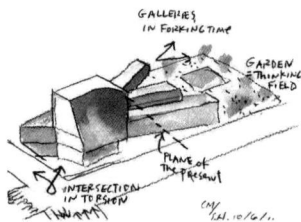

5.3.1 徒手草图

徒手草图可以应用在建筑设计的各个阶段，然而它在构思阶段中使用得最多。它可以是反映城市环境关系的总平面图，反映空间划分的平、剖面图，反映体量关系的轴测图，也可以是反映人眼视觉效果的透视图。相比其他表达方式，它可以更快捷和简单地表达复杂思考，生成方案，并帮助设计者迅速做出判断和修改。虽然它不够细致和准确，但更有利于设计构思阶段的多方案生成和比较。

内部空间构思草图

绘制徒手草图，往往要打印一份和场地相关的底图作为绘制草图的依据。例如，思考建筑的平面，可以先按比例打印一张带有设计范围的场地平面图。而后，使用半透明、吸水性较好的草图纸，蒙在底图上绘制草图，还可以在之前草图基础上重复蒙图，反复修改。这样，你的设计就可以在之前的思考基础上不断推进，同时也留下思考过程的证据，更加便于设计过程中与指导老师进行交流。

构造做法构思草图

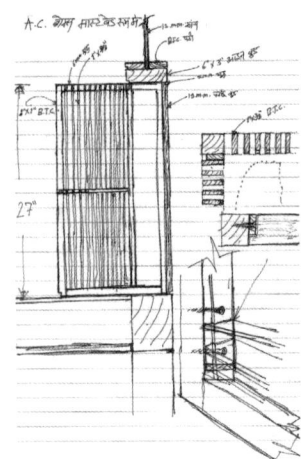

立面与外部空间效果草图

5.3.2 实体模型

场地模型

实体模型是以三维形式来表达设计思考、推进设计过程，或作为设计成果。根据与设计过程的关系，实体模型可分为工作模型和表现模型。工作模型与草图类似，是设计构思阶段实体化的三维空间。与草图相比，它制作更费时一些，但也更加直观。而表现模型为表现设计成果而使用，多在设计完成后制作，更倾向于是对设计成果建成后三维空间效果的展示。

实体模型要依据其所要反映的不同尺度下的设计问题和设计的阶段来确定其合适的比例与大小。例如，小比例场地环境模型用于研究建筑与基地周边地形、建筑界面及形体关系的理解，而大比例细部大样模型则主要用于研究构件连接方式及其尺度的合理性。

工作模型

制作模型的材料并不需要也很难与实际所使用的材料相同。通常情况下，其材质和色彩都更加抽象，这样可以在表达上更好地强化和突出设计重点和设计理念。工作模型的材料与制作和徒手草图一样，不需要非常细致和准确，主要反映整体空间关系，利于方案的比选，因此材料与制作上应尽量简单高效易修改。易切割和粘贴的纸板、瓦楞纸板、吹塑纸板、塑料板、木棍、塑料杆件等都是常用材料。在只需要分析形体关系时，特别是在场地模型中，可以使用油泥（橡皮泥）、石膏或泡沫塑料进行快速捏制或切割。而表现模型的细节往往更加丰富和接近真实，制作较为精细，材料也更加考究。因此，它也会倾向于使用更难加工、价格昂贵的材料，如实木、有机玻璃、金属等，或使用如实体切削、喷漆、三维雕刻、三维打印等更复杂的制作工艺。

表现模型

小比例建筑模型更适合使用抽象材质表达整体空间氛围；大比例建筑局部模型用以验证材料、构造、空间尺度感觉。模型的摄影与效果图有着相似的作用，呈现的是设计中的亮点。

5.3.3　技术性图纸

在方案设计的后期，需要绘制技术性图纸，以专业规范的图示语言将设计构思清晰完整地表达出来。技术性图纸中最基本的便是平面图、立面图、剖面图和细部节点图。这些图纸都是精确的，它们使用比例来表达所包含的空间和形式。建筑设计可以通过全套图纸的信息和不同比例的使用清晰地表现三维空间。单独看，每种图纸表达的信息不尽相同，但是把它们集合在一起就可以完整地表现建筑设计。

技术性图纸通常成套出现，它们有着特定的比例，便于相互查对：总平面图 1：500 ~ 1：1000，平立剖面图 1：100 ~ 1：200，建筑节点图 1：5 ~ 1：20。

总平面图：亦称总体布置图，表示新建建筑物的方位和朝向，室外场地、道路网、绿化等的布置，基地临界情况，地形、地貌、标高和原有环境的关系等。图上标注指北针，有的还有风玫瑰、比例尺。

平面图：包括建筑的各个层，如底层、基层和顶层。表达平面的总尺寸、开间、进深和柱网尺寸，各主次出入口的位置，各主要使用房间的名称，结构受力体系中的柱网、承重墙的位置，各楼层地面标高，室内停车库的停车位和行车路线等。底层平面图应标明剖切线位置和编号，并标示指北针。必要时绘制主要房间的放大平面和室内布置。

立面图：表达了建筑的立面，通常包括对建筑各个角度的观察，体现建筑造型的特点。当与相邻建筑有关系时，应绘制其局部立面图。这些图可以通过使用阴影来表现进深感，还可以表现场地。立面图通过使用数学、几何和对称等方法来表现设计的整体效果。比如，根据房间的功能来布置窗的位置，同时，窗的布置也与整体立面相关。建筑师需要从各个比例和层面上理解空间和建筑。

剖面图：剖面图是假想出一个面，纵向切开建筑和内部空间。剖面应剖在高度和层数不同，空间关系比较复杂的部位，标示各层标高及室外地面标高，室外地面至建筑檐口（女儿墙顶）的总高度。若有高度控制时，还需标明最高点的标高。可以从剖面图中看出不同的空间结构与楼层之间的联系，或者建筑内部与外部之间的联系。

建筑节点图：亦称大样图，表达建筑构造的细部做法，把构造细节用较大比例绘制出来，表达构件配件相互之间的连接关系，每个构件的材料、尺寸，甚至每个螺栓的位置做法。建筑节点图涵盖面很广，从室外散水、台阶，到室内楼梯，再到屋面檐沟、女儿墙、泛水、屋脊，墙体保温处理、变形缝等等。建筑节点做法有专门的图集可供参考使用，各省也编制有适应当地构造做法的地方图集。

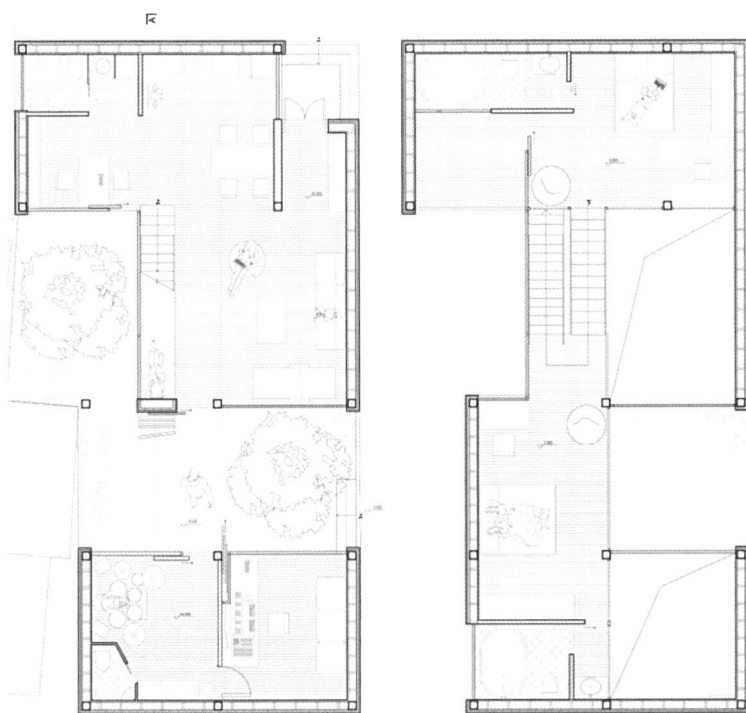

总平面图

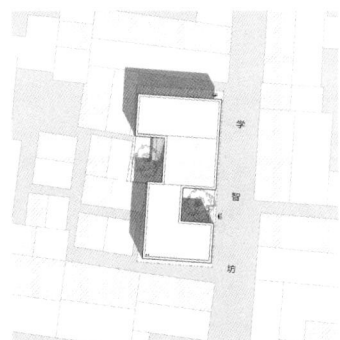

首层平面图

立面图

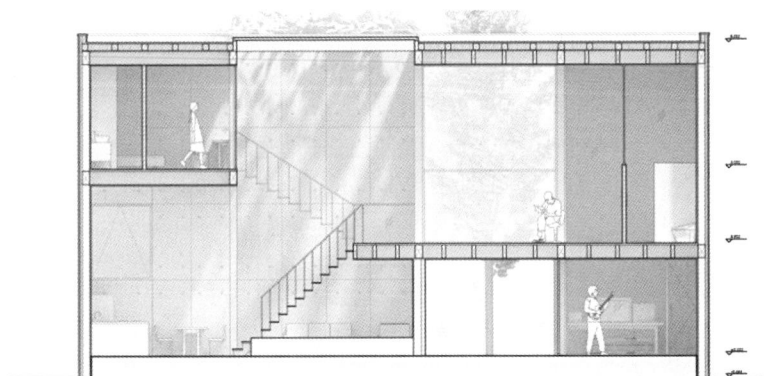

剖面图

5.3.4 透视效果图

建筑效果图就是把建筑主体与周边环境用写实的方法，通过图形进行表达，把建筑落成后的实际效果用真实和直观的视图展示出来。当前普遍利用计算机建模渲染来绘制透视效果图，既可以使用滤镜达到接近绘画的艺术效果，也可以像摄影照片一样更加逼真。前者能更加贴合设计者希望表达的意境和风格，后者能够真实地模拟建筑及环境建成后的状态。

建筑效果图为了模拟人眼观察的实际感受，大多数都采用了人眼高度的透视图作为图面的视角。透视图很容易被那些看不懂平面图的人所理解，因为它们通常是建立在人的视点（或透视）的思维之上，表达出了对于空间或地点的"真实"印象或视角。透视角度要选择能够最好地体现场地特点和设计意图的角度。

鸟瞰图：用较高的视点，按照透视原理绘制，适合表达建筑整体布局与周边场地环境，也适合表达建筑群体之间的相互关系。

室外透视图：最常用的一类透视图，模拟人正常的视角，选择有代表性的观察位置，真实地模拟建筑物落成后的效果。

照片融入：将建筑物按照给定的透视关系进行渲染，置入场景照片之中，以获得强烈的真实感。

室内透视图：采用人眼角度模拟室内空间真实建成的效果。

剖透视图：在剖面上采用一点透视法生成，用于特殊空间表达。

鸟瞰图

室外透视图

照片融入

室内透视图

剖透视图

5.3.5 分析图

分析图按照表达的内容，大致可以分为设计条件分析图、设计构思分析图、设计成果分析图。设计条件分析图就是基于建筑设计基本问题（功能、场地环境、建造），对任务书中的建筑功能、指标要求、场地环境等设计制约条件进行分析，明确具体的涉及重点问题。设计构思分析图就是表达设计是通过何种形式与操作过程来回应这些问题。而设计成果分析图就是把成果的不同部分拆解开单独展现，以便于他人的理解和判断。分析图实际上就是你对任务书解题思路的展示。

多数情况下，一张分析图只会分析一个问题，以突出分析的内容，表达的是局部与整体的关系。分析图也多以平剖面或轴测的形式绘制，这样就可以以较为统一的图形系列来展现完整设计的不同部分或设计的发展过程。分析图中重点内容的色彩会鲜明和突出，区分性强，用不同色彩、图案表达不同内容时，需要绘制图例加以说明。

分析图常用的画法有体块画法、透明画法、层叠画法、爆炸画法等，需要根据具体分析问题的需要来加以选用。例如，体块画法常用于分析建筑与周边环境的关系或建筑功能布局关系，透明画法常用于内部流线或交通空间分析、层叠画法用于展现平面的不同要素布局与关系，拆解画法用作展现建筑的结构构造等。

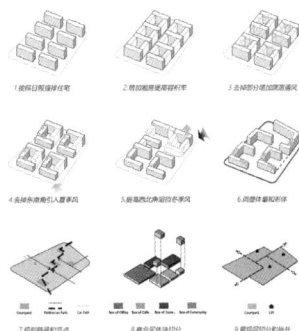

条件分析图

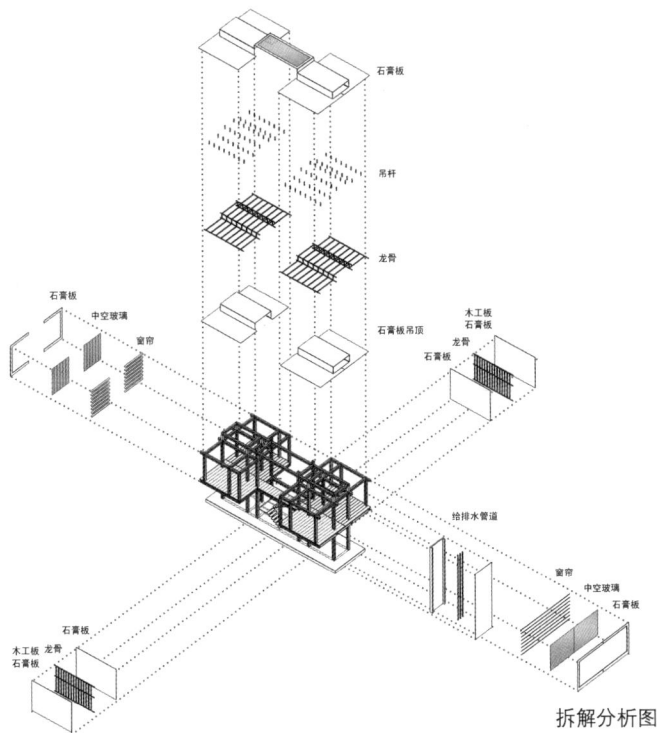

拆解分析图

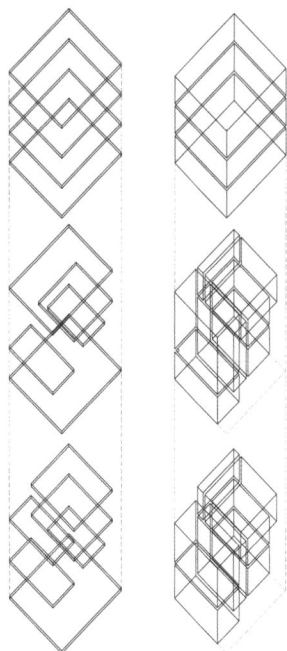

构思分析图

5.3.6　版面布局

设计课程最终图纸成果一般以若干张 A1 或 A0 尺寸的图版加以展现。透视效果图、技术图纸、分析图、实体模型照片等图纸都需要统一排进图版，因此版面布局也需要进行设计。

首先，要根据图版尺寸、数量、排列方向和技术图纸的深度要求来确定各类图纸大体的位置和占据的图幅。图纸的排布顺序要符合一般图纸阅读从左向右、从上到下的顺序。所以在考虑图形元素的布局时，会将最主要的透视效果图放在起始位置，就像书的封面一样让人建立起强烈的第一印象。而后是总平面图、设计说明和分析图，使读图者建立对方案的整体认识，而后是以技术图纸做进一步详细说明，最后是各种局部细节的图纸，如大样图、室内透视图等。

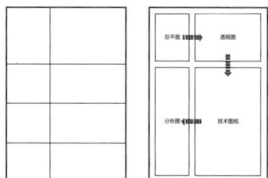

控制线　　　　阅读顺序

主次分明　　　疏密有致

其次，版面布局要做到疏密有致、主次分明，透视效果图和技术图等应占据主要位置和更多的图幅。

第三，排版要有整体性。用统一的控制线可以更好地规范和统一排版，增强图版的秩序性和统一感。版面中的文字要素，如标题、图纸名称和比例等，也是易被忽视但很有用的排版要素，除了大小和字体明确可读，还可以通过它们来控制和调整图纸的对位关系。另外，所有图版中的图，色彩要尽量统一，特别要注意尽量不使用没有意义的底色或构图符号参与排版，否则会干扰图纸信息的表达。

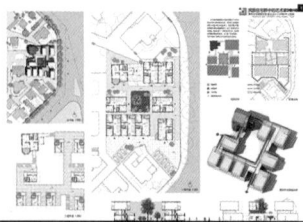

横排版：左右分区

5.3.7　计算机辅助设计

计算机辅助设计可以用三维的立体形式，形象地表达建筑与外部环境、内外部空间形态。计算机辅助设计将二维图纸与实际立体形态结合起来，让使用者在真实空间的条件下观测、分析、研究空间和形体的组合和变化，表达设计意图。计算机模型不仅表现形体、结构、材料、色彩、质感等，同时表现物质实体和空间关系的实际状态，使平面图纸无法直观反映的情况得以真实显现，使错综复杂的设计问题得到恰当的解决。

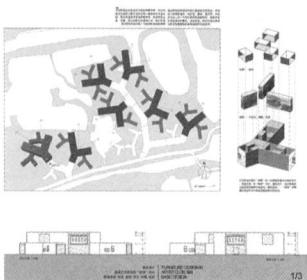

竖排版：上下分区

设计表达常用的计算机辅助设计软件有 Auto CAD、SketchUp、Revit、Photoshop、InDesign 等。Auto CAD 是绘制平立剖面技术性图纸的最佳工具，可以精确地制作建筑图纸，同时也有强大的三维建模和观察能力。SketchUp 是一种直接面向三维设计的工具，具有强大的三维建模、材质赋予和插件渲染能力。Revit 则更适用于结合构造设计的技术图纸绘制，能够以类似实际建造的方式深化设计。Photoshop 主要用于图纸的后期效果处理，而 InDesign 主要用于排版。

第 5 章参考习题

1. 老城小型住宅设计

教学目的：

以最基本的住宅功能，来学习建筑空间的尺度与流线设计。同时，结合先例分析，学习运用最基本的水平构件来形成和组织空间。通过水平板的面积形状定义平面功能尺度，通过垂直高度位置或者挖洞来形成不同垂直高度的使用空间，并研究其视觉感知关系。

教学要点：

（1）场地与界面：场地从外部限定了建筑空间的生成条件。本次设计场地是老城内的地块，面积在 80~100m²，单面或相邻两面临街，周边为 1~2 层的传统民居。

（2）功能与空间：本次设计的建筑功能为小型家庭独立式住宅并附设有书房功能，家庭主要成员包括一对年轻夫妇和 1 位未成年儿童（7 岁左右），新建建筑面积小于 100m²，建筑高度 ≤ 8m。设计者必须独立设定家庭主要成员各自的身份背景及兴趣爱好，依此发展出内部各不同功能性居住空间。

（3）流线组织与出入口设置：建筑的内部空间需要考虑与场地周边环境条件的合理衔接。新建建筑的内部楼梯必须符合现行国内住宅内部楼梯相关规范。

（4）尺度与感知：建筑中的各功能空间的尺度必须以人体及作为基本的参照和考量，来确定合理的建筑空间尺寸。在空间形式处理中注意通过图示表达理解空间构成要素与人的空间体验之间的关系，主要包括尺度感和围合感。

教学进度：

本次设计课程共 6 周。

第一至三周：调研场地、空间限定、空间尺度。

第四周：细化推敲各设计细节，并建模研究内部空间效果。

第五周：制作 1 : 20 剖透视和分析图，制作 1 : 20 比例模型。

第六周：整理图纸、排版并完成课程答辩。

成果要求：

（1）总平面图（1 : 200），各层平面图、纵横剖面图和主要立面图（1 : 50），内部空间组织剖透视图 1 张（1 : 20）。

（2）设计说明和主要技术经济指标。

（3）表达设计意图和设计过程的分析图。

（4）纸质模型照片与电脑效果图、照片拼贴等。

老城小型住宅设计

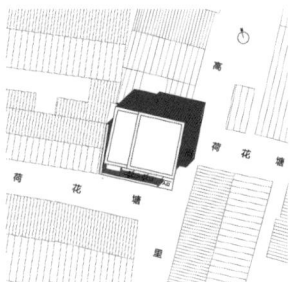

总平面图 1:200

外观效果图

生成分析

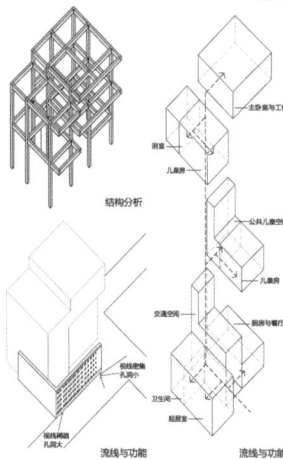

结构分析

流线与功能　流线与功能

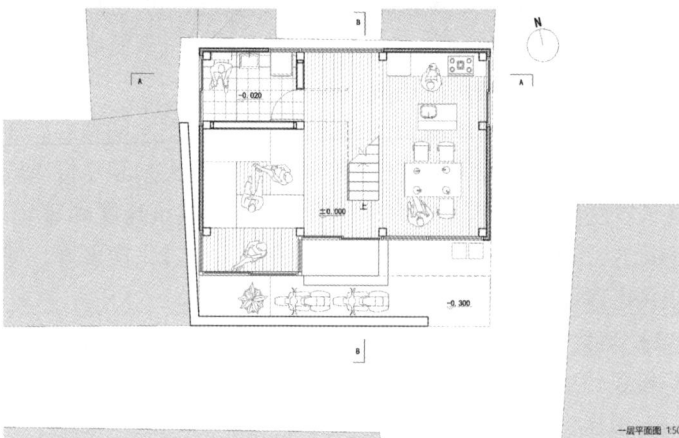

一层平面图 1:50

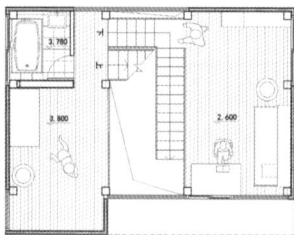

二层平面图 1:50

三层平面图 1:50

南立面图 1:50　东立面图 1:50

模型照片

AA 剖面图 1：50

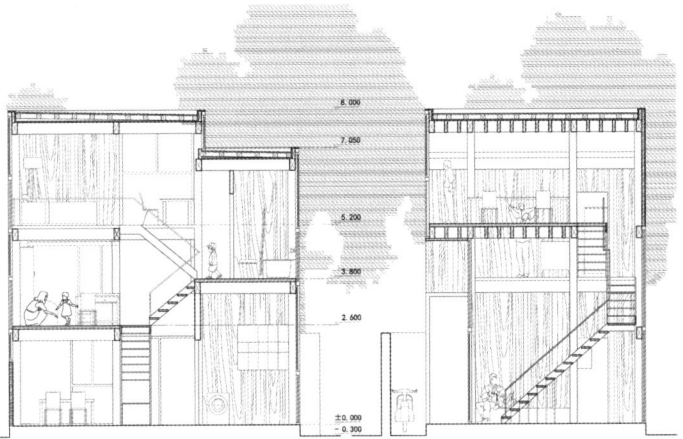

BB 剖面图 1：50

剖透视 1：20

2. 风景区坡地茶室设计

教学目的：

建筑所处的场地，既是进行建筑设计的重要前提条件，也是建筑设计中的重要内容。首先，场地本身包含了许多信息，对建筑形成了限定，这包括了场地区位、地形坡度与朝向、植被、气候、周边建筑等，也包括其历史沿革、文化习惯、经济状况、社会生态、交通与基础设施状况等。其次，在进行建筑设计的过程中，要将建筑的功能、形态塑造与场地条件的重新组织结合起来，这时就需对场地进行必要的改造。本次练习着重训练学生理解物质环境与建筑空间生成的关系。练习选择城市风景区内一处丘陵坡地，同时将建筑功能也设定得较为简单，坡度、坡向条件是建筑空间生成的主要因素。

教学要点：

（1）建筑功能为小型对外营业，可以是茶室、咖啡馆，也可以是游客中心，总建筑面积不超过 200m²。

（2）在地形条件解读的基础上，形成场地环境布局和建筑形体。

（3）在综合考虑建筑内外功能与流线的情况下，对场地环境景观进行再组织。

教学进度：

本练习共七周。

第一至三周，场地调研，从地形特征出发，多方案构思空间并以模型表达。

第四至五周，在尺度和结构方面对空间进行细化，通过模型的透视角度，研究立面材料与构造，完成立面与墙身节点的设计。

第六至七周，渲染、排版与正式成果图纸、模型的制作。

成果要求：

（1）2 张 A1 图纸（竖排），其中包括：建筑方案的总平面图（1 ： 500）；各层平面图与剖面、立面图（1 ： 100）；墙身构造大样图（1 ： 20）；能够表达空间构思的透视渲染图；表达设计意图和设计过程的分析图（如体块分析、功能分析、流线分析等）；模型照片、构思草图等。

（2）建筑方案的 SketchUp 模型和纸质模型（1 ： 100）。

界面限定下的空间组织训练（二）

风 景 区 坡 地 茶 室 设 计

该地块位于城市主要风景区内一处东高西低的坡地之上，四周绿树环绕，西面临水。根据原始地形与景观朝向生成体量。为了在优美的自然环境中减小体量感，对原有体量进行挤压的操作，并根据平面网格设计叶片状屋顶再次减小体量，增加采光。由于建筑处于坡地高处，为满足无障碍要求，根据建筑轴线的放射引线设计连接景区道路和建筑的室外场地，丰富了建筑室外空间。

建筑面积：298m²
建筑层数：2层

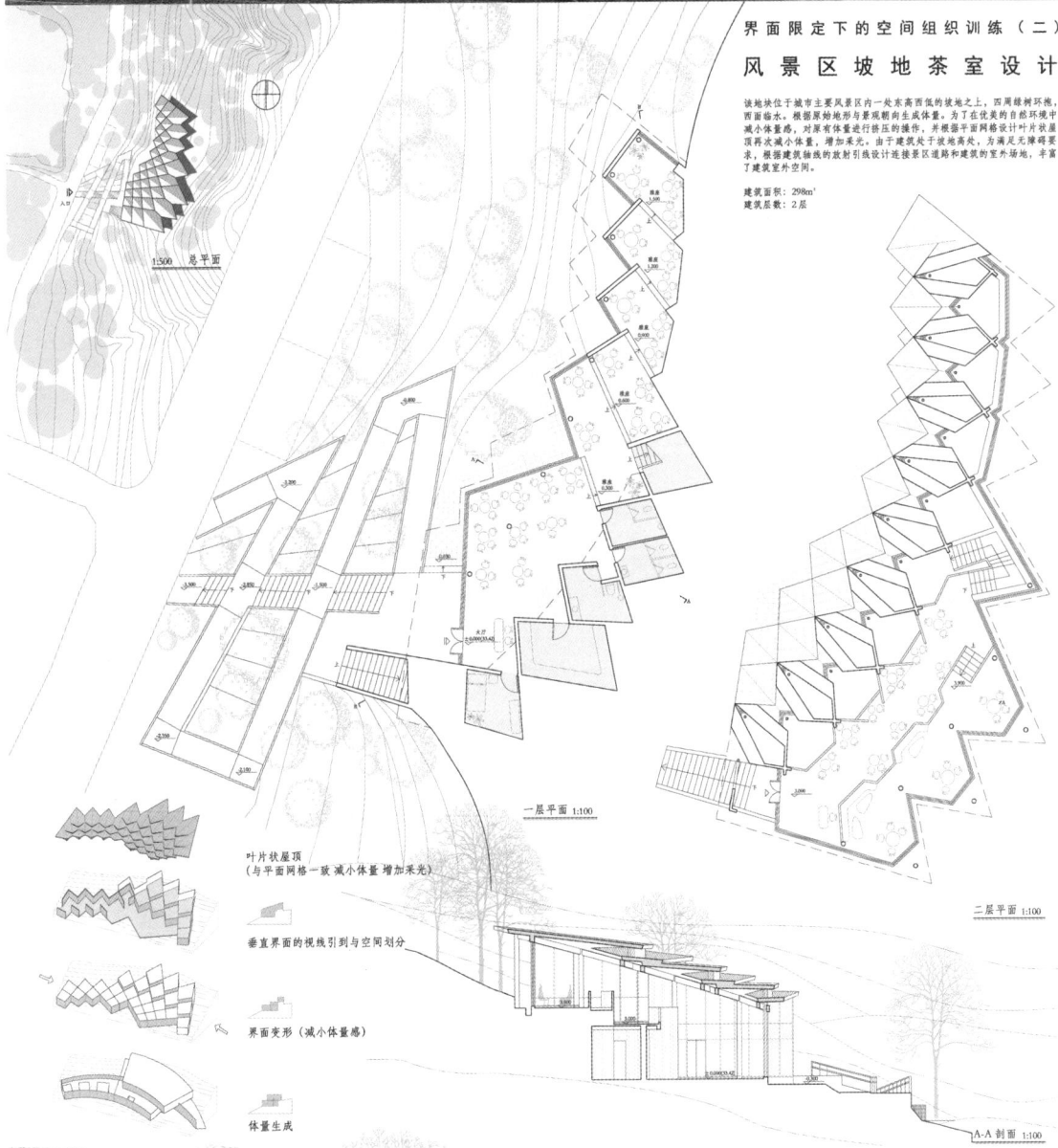

1:500 总平面

一层平面 1:100

二层平面 1:100

叶片状屋顶
（与平面网格一致 减小体量 增加采光）

垂直界面的视线引到与空间划分

界面变形（减小体量感）

体量生成

A-A 剖面 1:100

原始地形

B-B 剖面 1:100

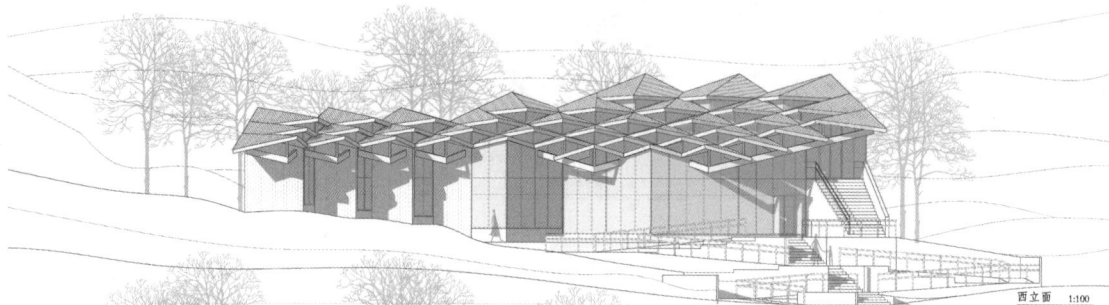

西立面 1:100

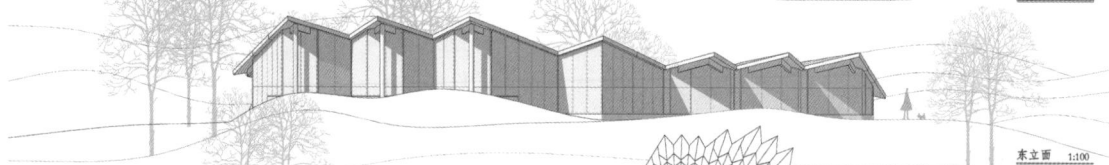

东立面 1:100

墙身大样 1:30

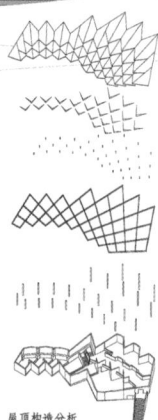

屋顶构造分析

通风采光分析

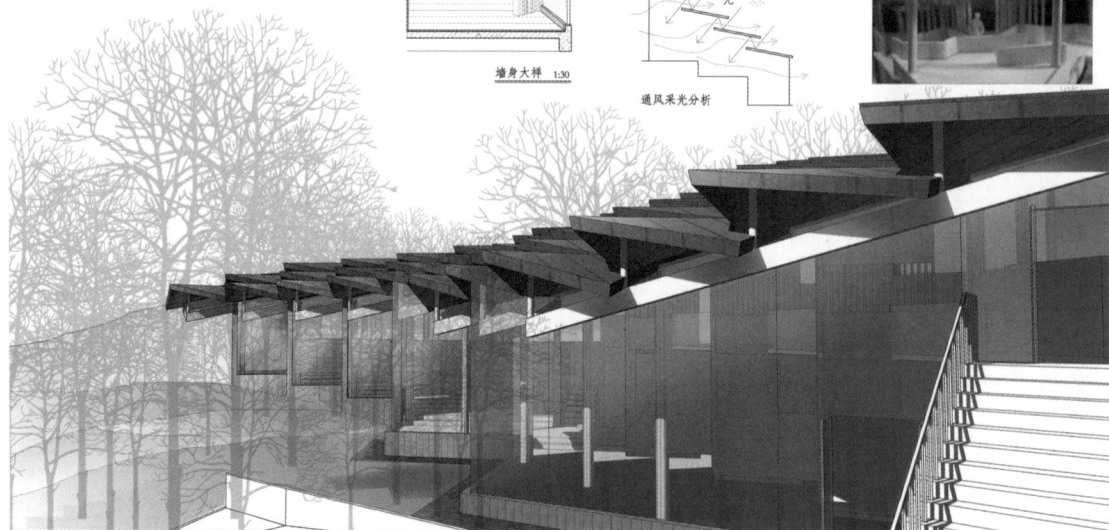

3. 小型文化展廊设计

教学目的：

以最基本的城市公共建筑功能切入，进一步熟悉空间尺度与流线组织问题。场地环境也更加复杂，既要处理建筑与城市街道的关系，也要处理与保留建筑的关系。另外，在技术上加入了对结构、材料和构造的更高要求。从空间形式操作的层面上。主要是运用垂直构件进行空间尺度与流线的限定，同时研究视线在运动过程中的视域、对象及材质感知变化。

教学要点：

（1）形体与场地：本次设计场地面积在 500m^2 左右，西侧和北侧为城市道路，东侧为两层高的保留民居，南侧为场地内部道路。要处理好与它们的关系。

（2）空间与活动：结合老建筑的布展需求设计新的展览空间，新建建筑面积不超过 300m^2。需要考虑公共功能与辅助功能的布局关系。注意展览流线的组织。其中要包括一个多功能的大空间，可作为容纳 100 人的会议厅，或者作为展览、冷餐会使用。

（3）结构与构造：建筑的结构需要应对功能和空间上的灵活性，同时还需考虑围护结构的构造与建造问题。

教学进度：

本次设计课程共 8 周。

第一至三周：场地认知、功能拟定、结构单元研究。

第四周：深化初步方案，用 1：50 的图纸比例，手绘平立剖面图纸，初步思考建造问题。

第五至六周：制作结构体和大样节点模型，优化结构设计。

第七周：结构体单元优化，思考选择图面表达的效果。

第八周：整理图纸、排版，制作正式模型并完成课程答辩。

成果要求：

（1）2 张 A0 图纸。图纸内容应包括：总平面图（1：100），结构单元、各层平面图、纵横剖面图和主要立面图（1：50），剖透视图 1 张（1：20）；设计说明和主要技术经济指标；表达设计意图和设计过程的分析图；纸质模型照片与电脑效果图、照片拼贴等。

（2）1：100 建筑及场地模型。

建筑设计（二） 空间与建构——小型多功能文化展廊设计

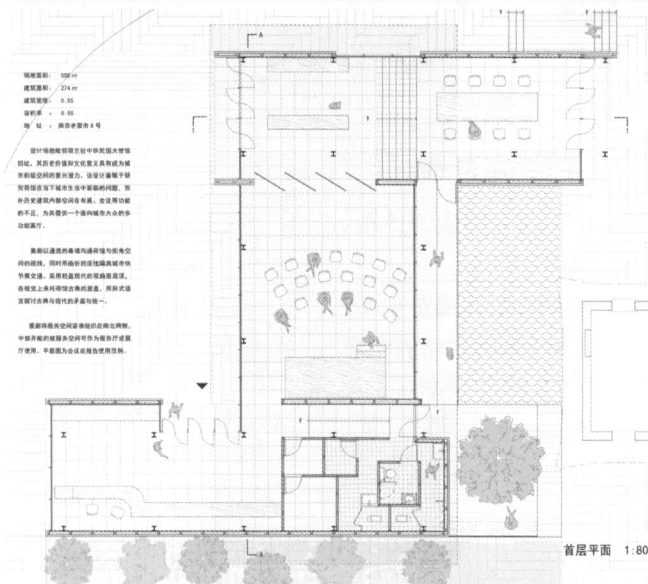
首层平面 1:80

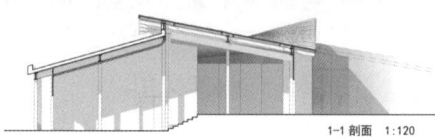
1-1 剖面 1:120

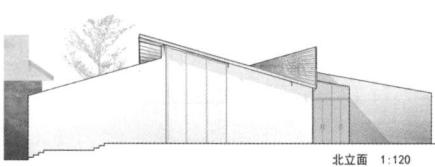
北立面 1:120

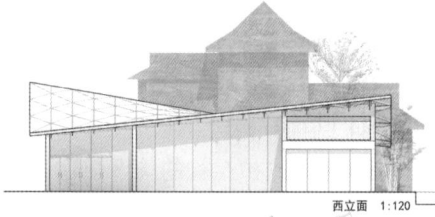
西立面 1:120

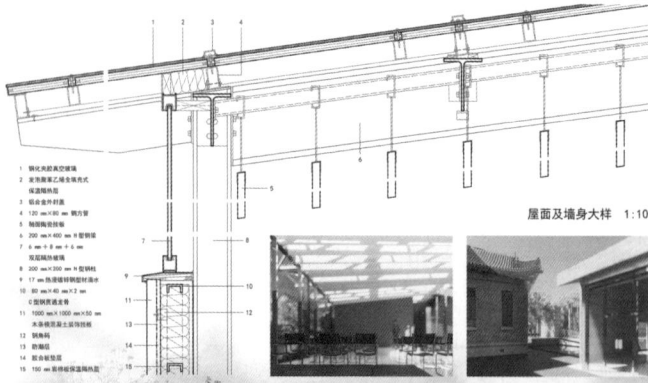
屋面及墙身大样 1:10

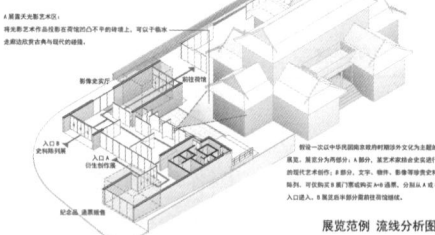
展览范例 流线分析图

A-A 剖透视

建筑设计（二）

空间与建构——小型多功能文化展廊设计

场地面积 500m　建筑面积 336m　容积率 0.67　建筑密度 0.67

　　本次设计的场地位于老菜市与水佐岗两条街道的交界处，毗邻原三联区国大使馆旧址。在这种背景下，一个文化展廊，如何同时应对新和旧，创造出吸引人的环境，是本次设计的重点。

　　该方案从人的活动出发，用灵活的功能来完成展馆的辅助功能，并创造出新的可能。方案中的所有元素，都是为了变适性而产生的。木结构的方块单元体便于模数化建造，其形体可与老屋产生联系，组合形成适应场地的空间，甚至创造了模糊的界面的可能性。而柔元素的操作作为内部空间的划分，是可以活动的，这样的设计适度可以满足功能上的多变性，又能创造出有趣的空间形式，进而产生不同的行为模式。

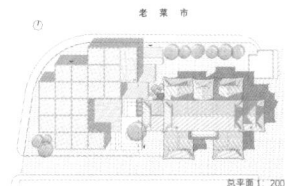

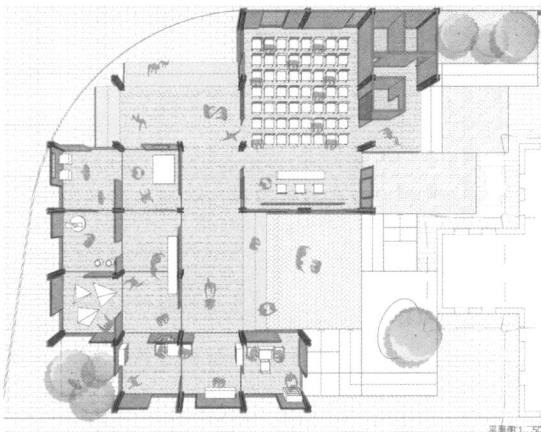

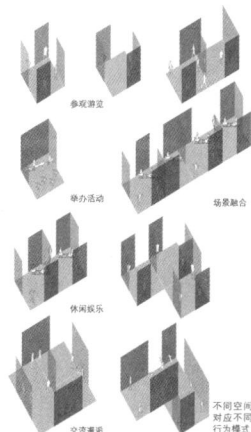

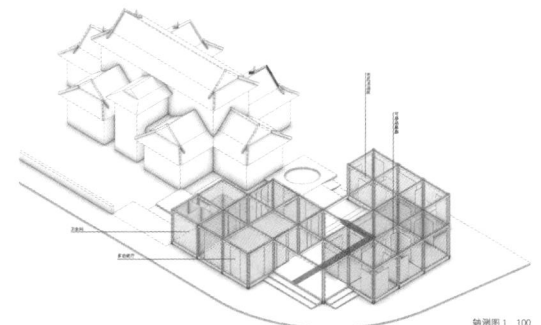

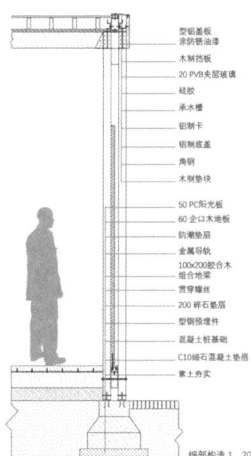

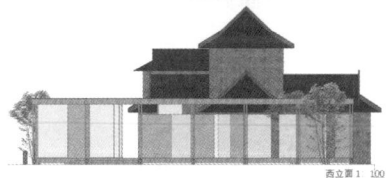

总平面图 1：200

平面图 1：50

参观游览　　举办活动　　场景融合
休闲娱乐　　交流邂逅
不同空间对应不同行为模式

轴测图 1：100

型铝盖板
面防锈油漆
木制挂板
20 PVB夹层玻璃
硅胶
承水槽
铝制卡
铝制底盖
角钢
木制垫块
50 PC阳光板
60 企口木地板
防潮垫层
金属导轨
100x200胶合木组合地梁
贯穿螺丝
200 拼石垫层
型钢预埋件
混凝土桩基础
C10碎石混凝土垫层
素土夯实
细部构造 1：20

西立面 1：100

庭院 1：100

剖透视 1：20

第**6**章 建筑分析

　　设计的目的是解决问题。建筑设计的目的是要有效地、漂亮地解决与建筑相关的一系列问题。建筑的问题主要分为建筑的基本问题和建筑的相关问题两大类型，对于初学者来说，首先要关注的是建筑的基本问题，即需要回答为什么建造、在哪里建造以及怎样建造。为了初学者更好地理解建筑的问题，本教案特别设计了建筑分析这一章节，帮助初学者读懂优秀的建筑。该章节的设立不仅是为初学者的建筑设计的实际操作打下基础，更重要的是让初学者学会用分析的眼光去观察建筑，增加学习建筑和体验建筑的机会。

　　我国历代建筑师在国内各地城市都留下了许多优秀的建筑案例，很多案例都在学术期刊或专著中作了专门的分析和介绍，它们都是初学者很好的读本。不仅如此，由于这些作品都建在国内，为初学者提供了参观和体验的机会。如上海、南京有许多我国第一代建筑师杨廷宝先生、童寯先生等在 20 世纪 30 年代的作品；北京有新中国成立之后 50 年代的作品等等，这些作品囊括了私人小别墅和国家标志性建筑，类别齐全。80 年代改革开放以后，更多的好作品涌现出来，包括新一代建筑师和国外建筑师的优秀作品。因此，对于国内的优秀建筑案例，我们更应该去实地考察和体验。

　　虽然建筑设计是一个对不同建筑问题进行综合分析的过程，最终的建筑作品也是这种综合分析处理的结果，但从初学者认知角度出发，需要进行单项、有针对性的分析讲解，才便于初学者理解和掌握。而综合分析处理的能力则需要在设计操作的过程中加以训练。因此，本章按照功能与空间、场地与环境、材料与建造这三个建筑设计的基本问题，选择了国外的建筑案例，并根据实际的需要对三

个基本问题作了进一步细分。例如，在功能与空间的主题中，选择了不同体量和功能的建筑，重点分析了建筑功能如何成为空间生成的动力，产生了富有表现力的感人的空间。重复性功能空间是指幼儿园、中小学校、联排住宅、医院住院部病房单元等类型的建筑，该类建筑设计要义是设计合理简单的单元，重点在于单元的组合方式，群体建筑的结构和韵律是该类建筑的主要表现方式。公共建筑大部分是复合性功能空间，不仅功能复杂而且每个空间的尺度也不尽相同，本章节分析了两种不同的空间组合方法。其次，在场地与环境主题中，选择了以复杂地形和地貌作为设计条件的案例，分析了结合地形的不同方法。城市肌理和交通环境是当今建筑设计主要面对的问题，为此本教案分别选择两个不同的案例进行分析，前者是老城更新和新城设计，后者选择了应对步行交通和应对城市对外交通两种完全不同的交通方式。第三个主题是建筑设计永恒的问题：材料与建造，这本教材按材料、构造、结构等三个方面各选择了两个以不同策略进行设计的案例来加以分析，综合考虑了常见的和新型的结构方式，同时也引介了建筑师创造性运用建筑材料的案例，有意提升了建筑设计的内涵，扩展了建筑设计的空间。

面对建筑设计的初学者，本章在建筑分析图的表达方面也进行了特别的绘制和安排，主要目的是使初学者不仅通过分析图加深对建筑作品的了解，同时也要让初学者认识到，建筑分析图是建筑图示的重要组成部分。而且。分析图的类型比较多，每一种都有自己特殊的表达对象和表达方式。学生通过本章的学习，也可以了解分析图的不同画法，以及它们所表达的内容。

6.1 功能与空间

6.1.1 建筑功能与空间

案例之一：麻省理工学院小教堂 I（埃罗·沙里宁，1955）

MIT Chapel，MIT，Massachusetts，USA

图1 卫星影像图

该教堂位于美国麻省理工学院——Massachusetts Institute of Technology（MIT）校园内，紧邻学生宿舍区，它周边有供学生活动的操场和体育馆等公共设施。设计教堂的建筑师是著名的美国现代建筑的先驱沙里宁（Eero·Saarinen），于1955年完成。

教堂建筑体量不大，总建筑面积仅357m²，其中公众使用的空间为175m²。教堂形体简洁，外形是简单的圆柱体，内部为圆形空间。教堂所采用的结构为钢筋混凝土支撑的复合式砖拱结构，由砖筒套在混凝土地盘上构筑了奇特而又令人神往的宗教活动空间。

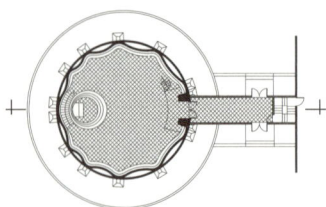

图2 平面

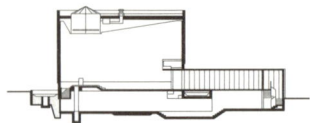

图3 剖面

4	5
6	7

图4 整体场景
图5 天窗光影场景
图6 入口场景
图7 弧形墙体细部

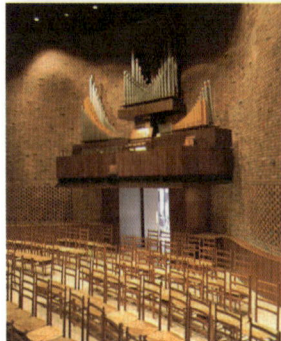

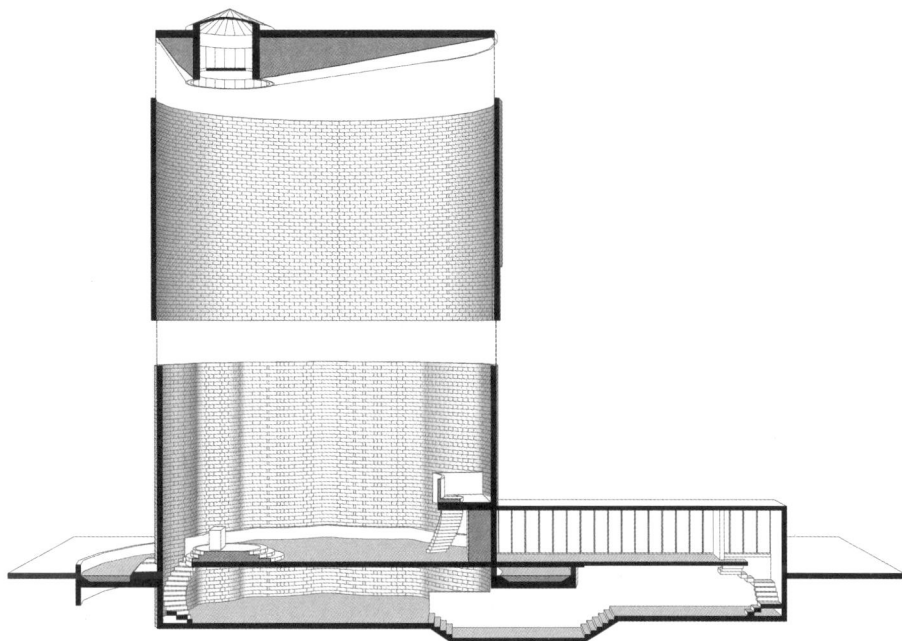

图 8　剖透视

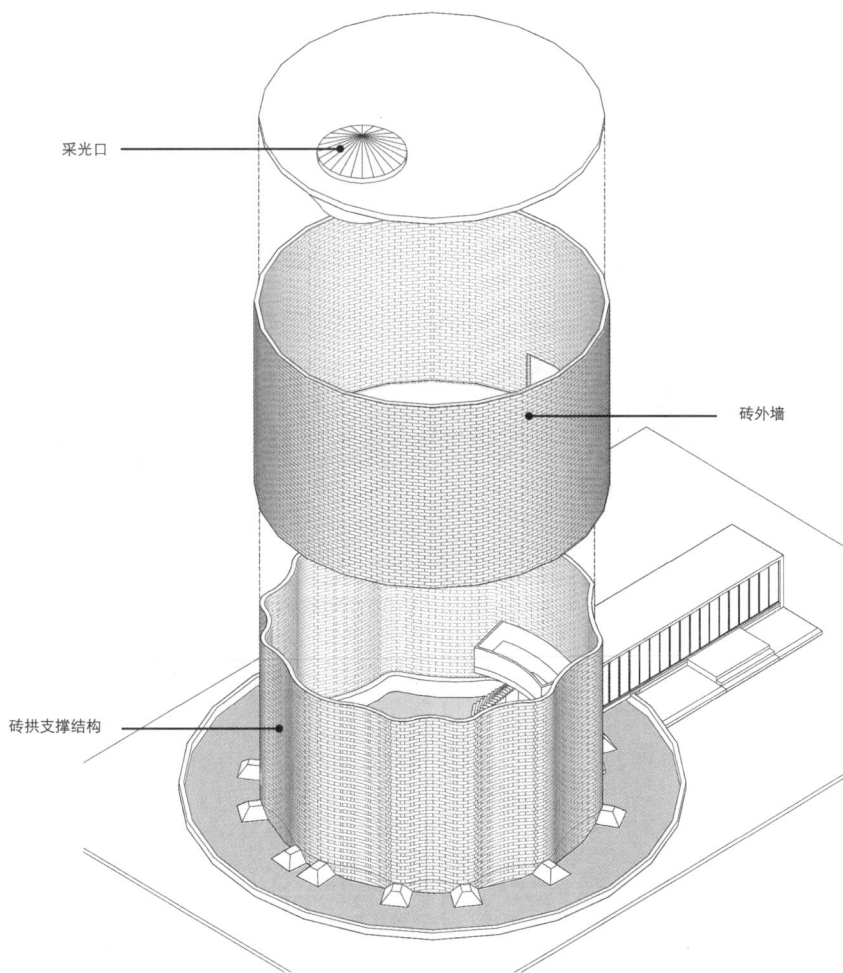

采光口

砖外墙

砖拱支撑结构

图 9　分层轴测

案例之二：耶鲁大学拜内克藏书馆 I（SOM 事务所，1963）

Beinecke Rare Book and Manuscript Library, Yale University, New Haven, USA

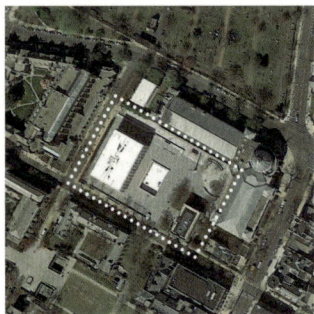

图 1　卫星影像图

美国耶鲁大学拜内克藏书馆（BRBL）位于耶鲁大学所在的城市纽黑文市（New Haven）耶鲁大学校园中，是世界上最大的专门珍藏善本书和手稿的图书馆。该馆建筑面积约 11600m²，1963 年建成。该建筑由普利兹克奖得主、美国 SOM（Skidmore, Owings & Merrill）建筑事务所的戈登邦沙夫特设计而成。拜内克藏书馆面向耶鲁大学的所有教师、研究院和学生，它不仅提供了资料库的功能，同时也具备了对藏品展示的功能。

该建筑（地上部分）40m×27m，分别由藏书中心和展廊两部分组成。藏书中心是一个 6 层高的玻璃盒体，而展廊则是一个由方格网框架构成的石材套筒，该套筒由四个锥体支撑而浮于地面，形成了空中展廊。整个建筑没有开窗，满足了善本书和手稿类藏书的要求，微弱的光线由底部转入，满足了入口门厅的基本需求，而整体偏暗的室内空间映衬出中央玻璃盒体内层层的藏书。

```
        2
      ┌─────┬─────┐
        3  │  4
```

图 2　主入口场景
图 3　立面细部
图 4　室内场景

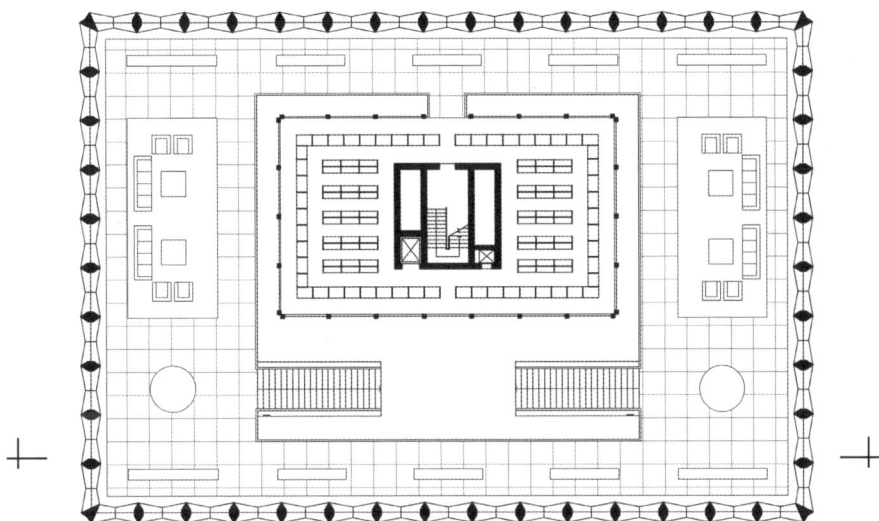

图5　开放回廊平面

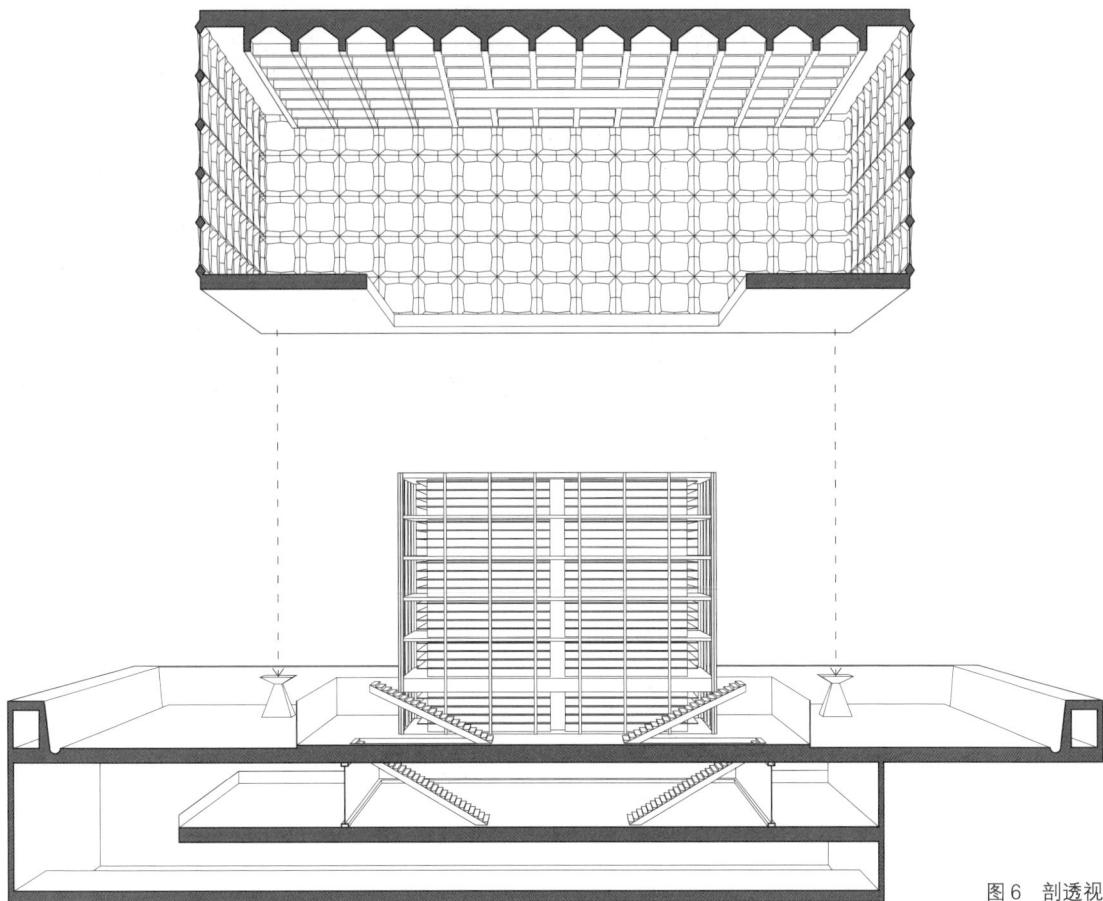

图6　剖透视

6.1.2 重复性功能空间

案例之三：爱莎乐支小学 I（利维·瓦契尼，1970–1978）
Ai Saleggi primary school, Locarno, Switzerland

拥有 600 名学生的爱莎乐支小学坐落于瑞士阿尔卑斯山南麓洛卡诺市（Locarno）的东北部，是瑞士提契诺学派建筑师瓦契尼于 1970 年赢得的一个建筑设计竞赛。该建筑的主体是由建筑类型基本相同的两组学生教室构成，分别建造于 1972 年和 1974 年；此外还包括了学校的重要建筑——1989 年建成的体育馆。

由于该区域城市的形态结构并非方格网，所以建筑师采用了三组轴线分别应对复杂的城市结构，使学校建筑群融入城市，成为城市结构的一个部分。尽管学校整体形态结构复杂，但是建筑师仍然将功能相同的教室采用基本单元进行组合，并通过连廊将各个部分合理地组织在一起，同时为每个教室形成了内庭院，供学生课间玩耍，既方便又安全。

图 1　卫星影像图

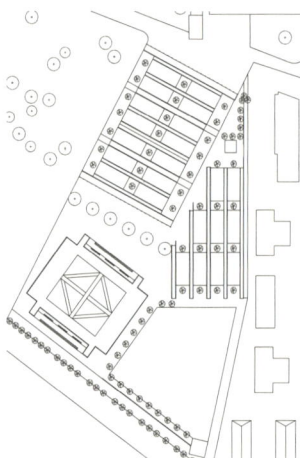

图 2　总平面

```
3 ┤ 4
  └ 5
```

图 3　教室间廊道
图 4　公共廊道
图 5　教室建筑群

图 6　教室剖面

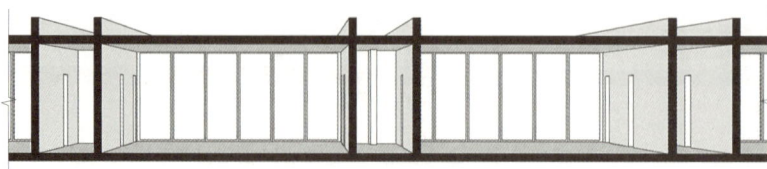

图 7　教室剖透视一

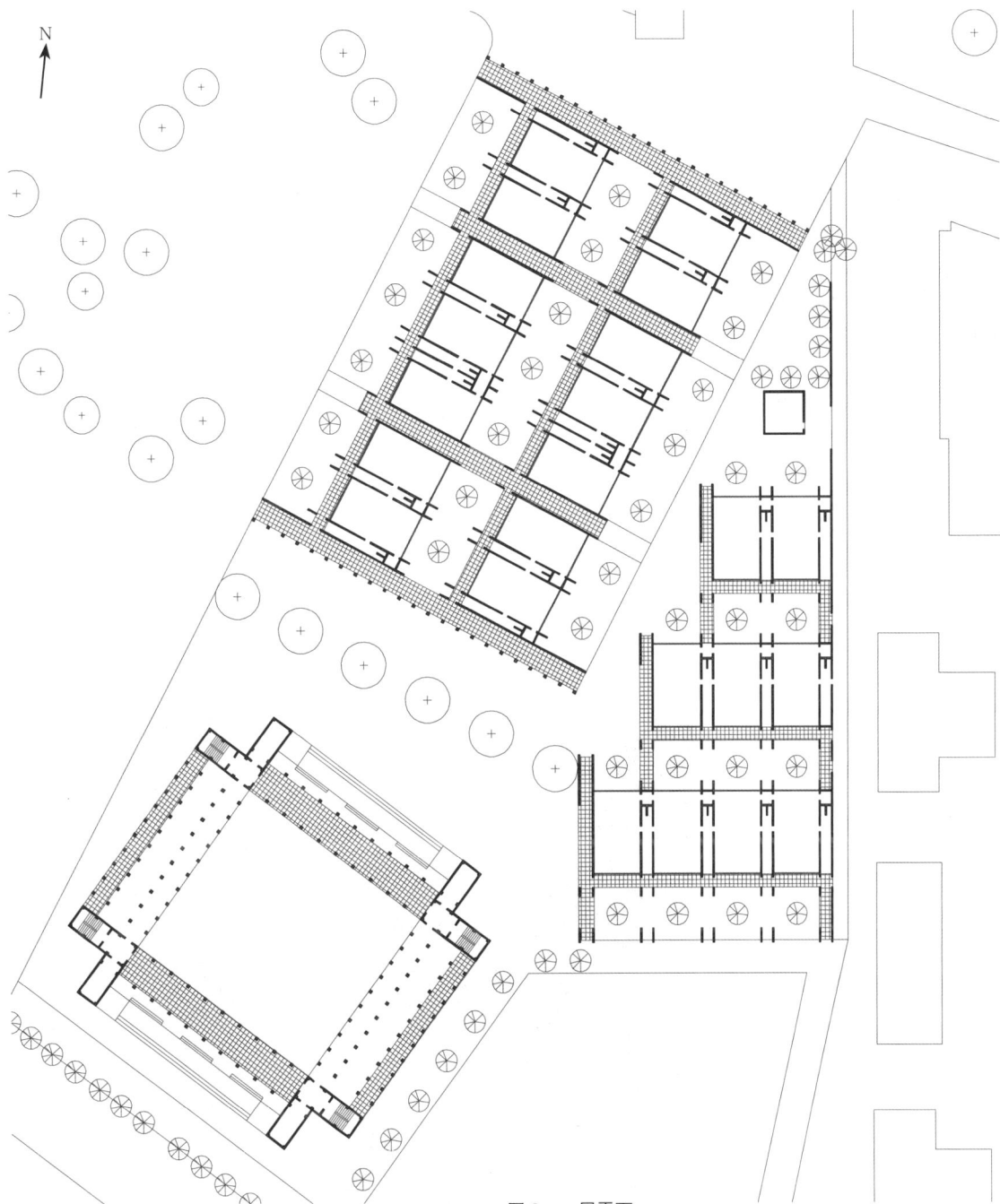

图 8 一层平面

图 9 教室剖透视二

案例之四：莫比奥·英佛里奥里初级中学 | （马里奥·博塔，1972-1977）

Junior High School, Morbio Inferiore, Ticino, Switzerland

图 1　卫星影像图

　　莫比奥中学位于瑞士南部边境小镇曼德瑞索托（Mendrisiotto），学校建于 1972 年，由著名的瑞士提契诺学派建筑师马里奥·博塔设计。该中学规模不小，共有大小不等的 48 个教室。

　　面对不同尺寸的教学空间，马里奥·博塔并没有按通常的简单重复教室单元的做法，而是先巧妙地将 4 个普通教室和两个 100 人的大教室共同组合成为一个基本单元，整个中学被重新划分为 8 个相同的教学单元体。这种组合不仅满足了学校教学组织的需要，方便学生在不同教室之间转换，而且单元体自身也形成了丰富的公共空间。8 个单元沿南北轴向一字排开，既体现了学校的个性和学校建筑特有的韵律美，又创造了丰富、清晰的内部公共空间。

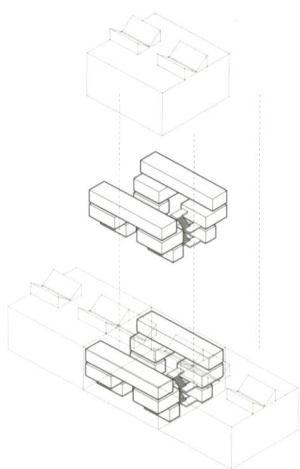

图 2　单元组合解析

图 3　教学楼
图 4　单元入口
图 5　室内公共空间

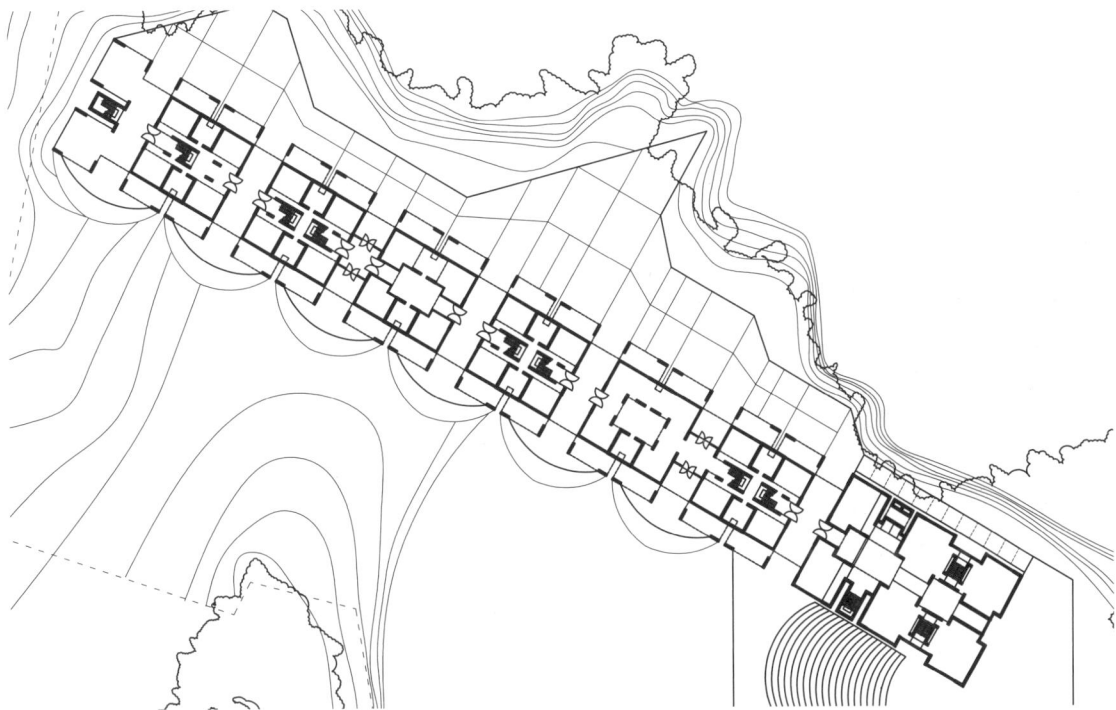

图 6　教学楼一层平面

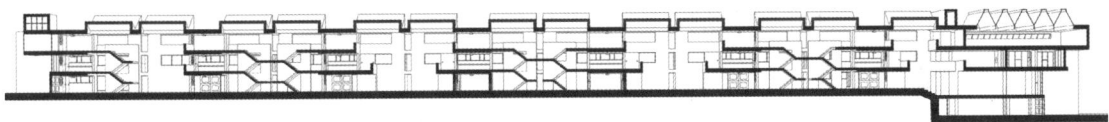

图 7　教学楼剖透视

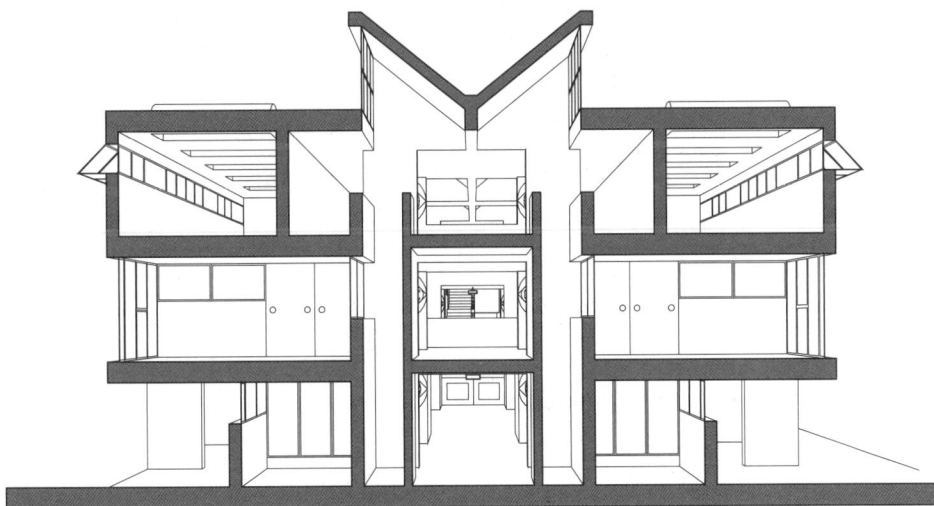

图 8　教室单元剖透视

6.1.3 复合型功能与空间

案例之五：苏黎世高工信息科学实验楼 I（鲍姆施拉格·艾伯勒，2002–2008）

E-Science Lab in ETH, Zurich, Switzerland

图1 卫星影像图

信息科学试验楼坐落在洪格堡（Honggerberg）校区的山坡上，总建筑面积约为 17800m²。信息科学实验楼功能比较复杂，它包括了功能不同的实验室、研究室、办公室、大小不同的研讨室和会议室，此外还有相应配套的食堂和餐厅。设计该科学楼的建筑师是本校建筑系的艾伯勒（Baumschlager·Eberle）教授。艾伯勒教授着重处理了狭窄的基地和灵活性空间之间的矛盾，他采用了一个简单的几何体将各种复杂空间包容在一起，并使建筑从单纯的实验楼的技术性要求中解放出来。为平衡了教学和科研等不同功能的需要，艾伯勒教授"方盒子"形体的中间或搁置或悬挂了 6 个大小不同的会议室和讲堂，在它们之间的空间形成贯通的中庭空间，使得中庭成为整个建筑的活动中心和通向各个实验室和办公室的交通枢纽。以"方盒子"为基本建筑形态，不仅有利于增强各类既复杂又相关的空间的凝聚力，而且以最少的面积提供了建筑的最大灵活性。

立面上的竖直遮阳板是建筑上的光线调节装置，它是建筑节能的组成部分。与其他实验楼不同，这座建筑不需要复杂的空调和采光系统，它是一座用良好的空间设计取代机械设备从而达到最佳舒适性和节能要求的建筑典范。

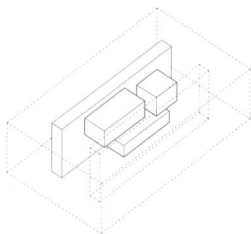

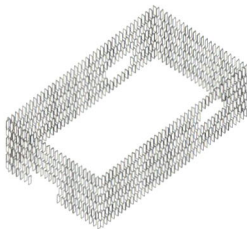

图2 建筑解析图

图3 建筑整体
图4 公共空间
图5 贯通空间

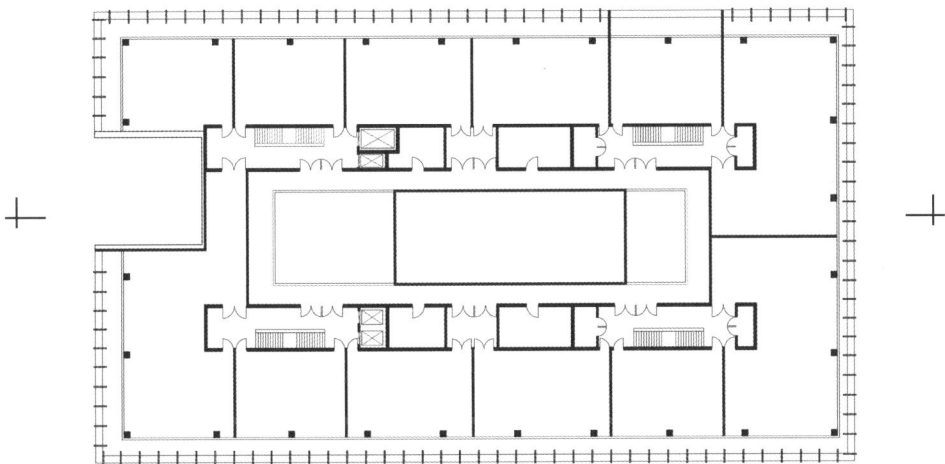

图 6　二层平面

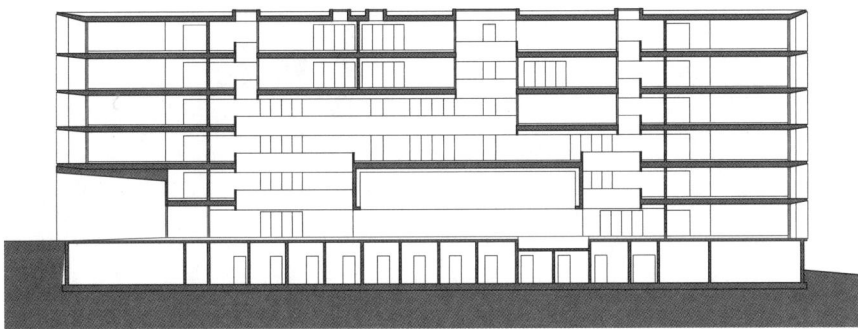

图 7　剖面

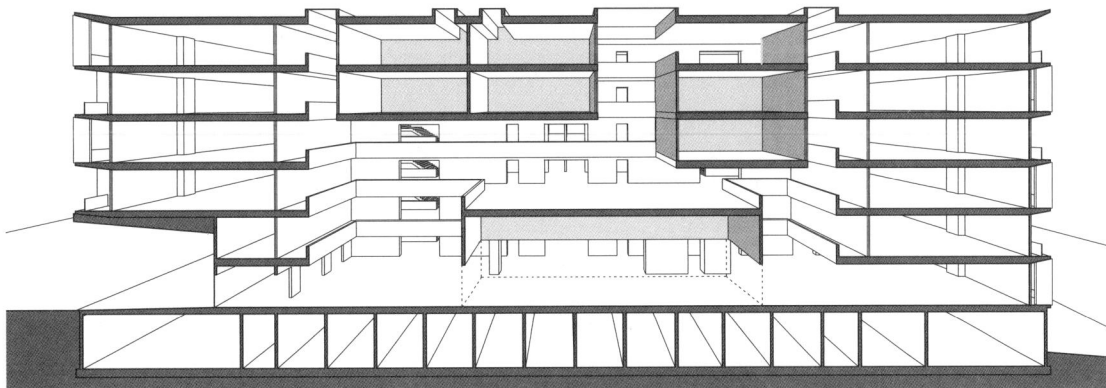

图 8　剖透视

案例之六：维拉巴教区教堂 I（VICENS+RAMOS 建筑事务所，2000）

Parish Church in Collado Villalba，Madrid，Spain

图 1　卫星影像图

该教堂位于西班牙马德里近郊的考拉都・维拉巴，是一个教区教堂。教堂建筑面积仅 2000m^2，由西班牙著名的 VICENS+RAMOS 建筑事务所完成建筑设计工作。作为教区教堂，它的用地面积比较局促，周边紧邻社区居住建筑。为此建筑师在总平面处理上采取了紧凑的方形平面，压缩内部空间的进深，尽量留出教堂入口处的广场空间。教堂建筑平面规整，建筑师将设计重点放在了教堂的空间处理上。首先，建筑师用不同的形体来包裹教堂不同的功能空间，如：布道空间、神位空间、交通空间、生活空间以及辅助空间等等。其次，根据功能需求设计空间体量，从而在获得了丰富的空间和形体的同时，突出了教堂钟楼形体的主导地位。

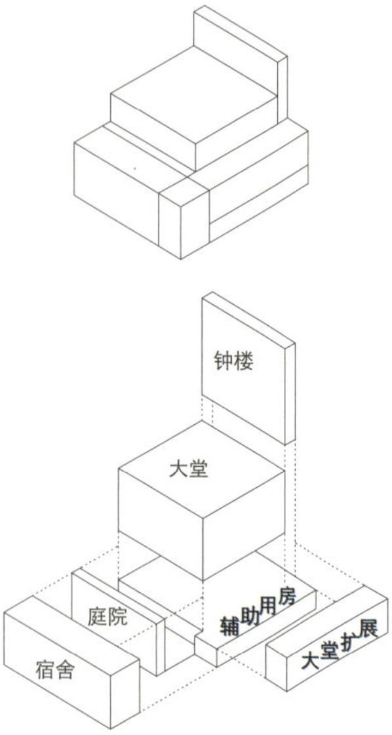

图 2　建筑形体组合分析

3
4

图 3　建筑主入口
图 4　大堂室内空间

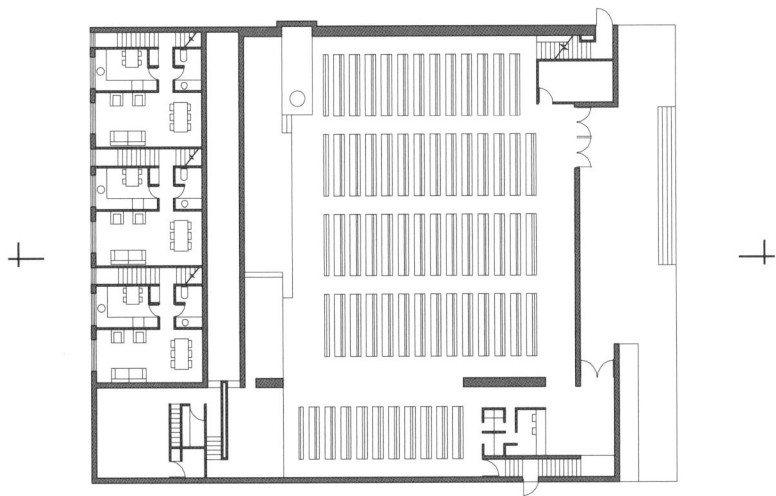

图 5　一层平面

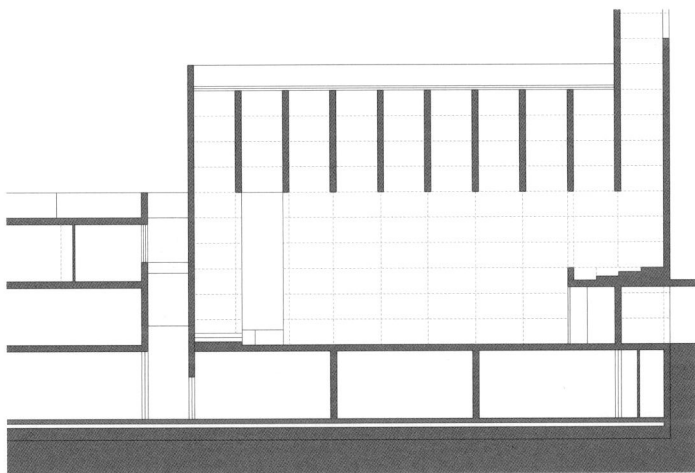

图 6　剖面

图 7　剖透视

6.2   场地与环境

6.2.1   地形与地貌

案例之一：考尔曼住宅Ⅰ（洛奇·斯诺兹，1976）
Kalman house in Brione，Locarno，Switzerland

图1   卫星影像图

考尔曼住宅坐落在瑞士南部洛卡诺市（Locarno）远郊的山区里，崎岖的山路蜿蜒在山中，将散落在山里的居民点串联起来。结合山地地形建房子是当地的传统,瑞士提契诺学派的建筑师斯诺兹（Luigi Snozzi）传承了当地的传统，将现代建筑和地域主义进行了完美的结合。地形等高线特色、山体的朝向、溪流资源和山下城市景观及周边道路条件都是建筑创作的依据。

建筑师将住宅功能简化成主体居住和交通服务两大部分，居住主体采用了简单明了的现代建筑语言和空间组织方法，用矩形盒体承载了基本建筑功能，交通服务部分则采用了和山体等高线融入一体的自然曲线型空间，该空间不仅作为交通体串联了主体上下各部分功能，而且为主体空间提供了厨房和卫生间的不同的服务空间。不仅如此，该辅助空间穿过主体沿着山体向室外延展，将住宅的室外平台和室内空间有机地连在一起。

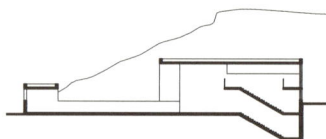

图2   1-1剖面

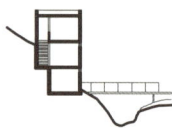

图3   2-2剖面

图4   建筑外景

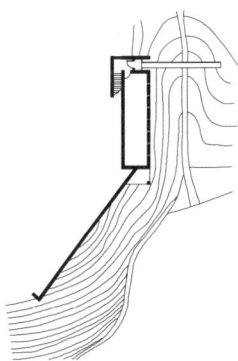

图 5　一层平面

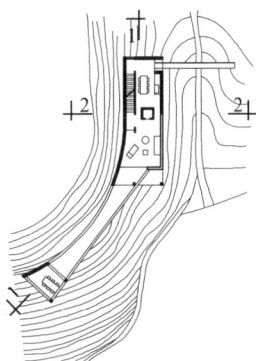

图 6　二层平面

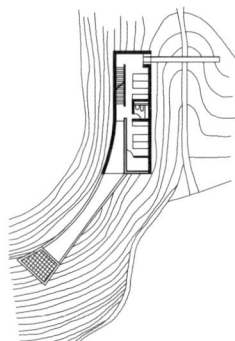

图 7　三层平面

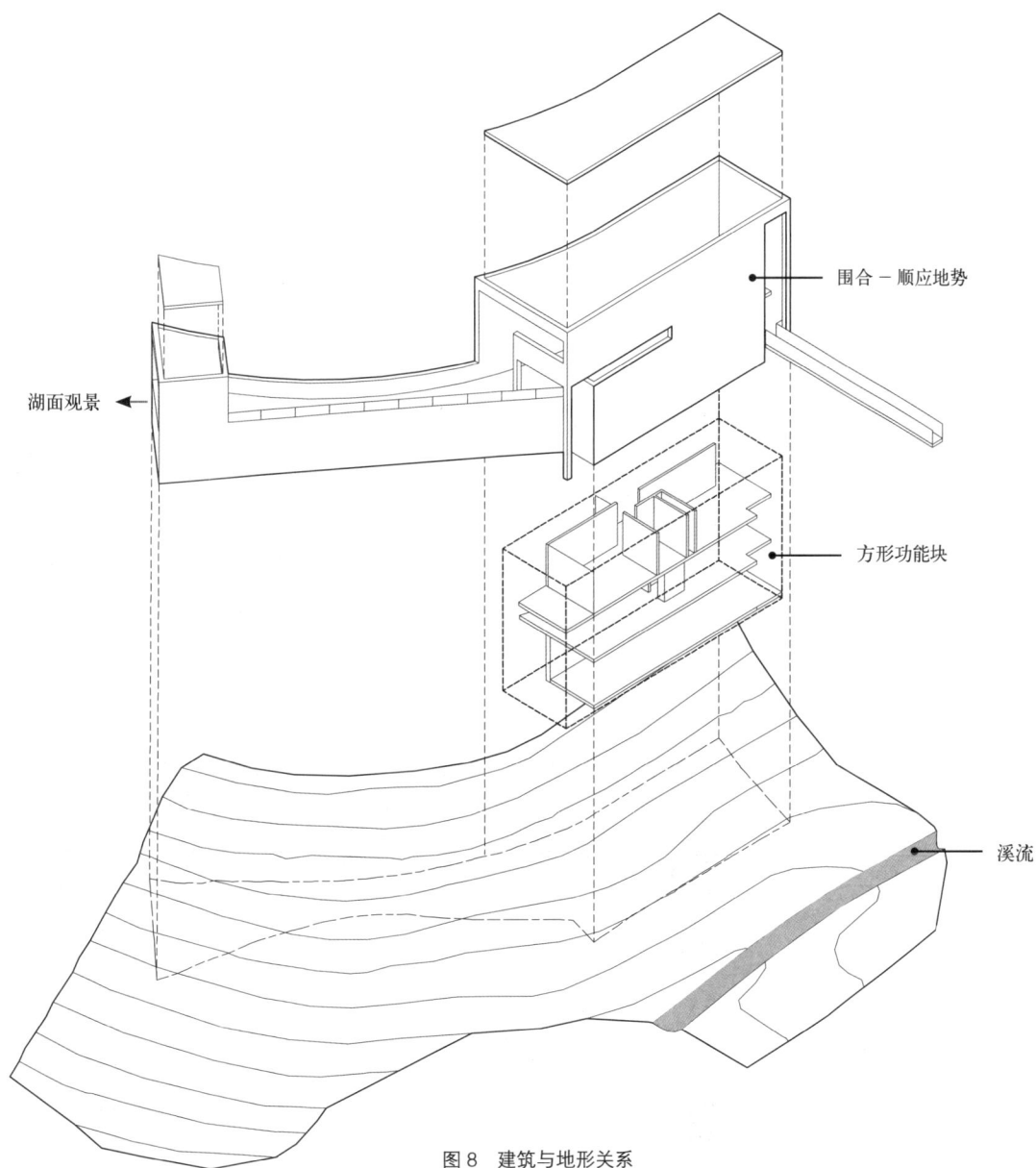

围合－顺应地势

湖面观景 ◄

方形功能块

溪流

图 8　建筑与地形关系

案例之二：保罗·克利艺术中心 I（伦佐·皮亚诺，1999–2005）
Centrum Paul Klee，Bern，switzerland

图 1　卫星影像图

保罗·克利中心是收藏瑞士著名立体派艺术家保罗·克利作品的现代艺术博物馆。它坐落在瑞士伯尔尼东郊的小山丘上，离保罗·克利的墓地不远。著名的意大利建筑师普利兹克奖得主伦佐·皮亚诺（Renzo Piano）赢得了该博物馆的设计，"融入环境"是建筑师设计该博物馆的核心理念。该中心包括三个主要部分：一个能容纳 300 人的音乐厅和儿童博物馆、一个包括了主画廊和临时展廊的展示中心和一个只对专家开放的保罗·克利绘画收藏及研究中心。基于对保罗·克利作品的理解，皮亚诺认为保罗·克利的艺术中心应该和它的绘画一样沉默而宁静，因此整个建筑应该生长于它的土地并逐渐转化为地形的一部分。

整个建筑采用了钢拱结构，三个连续的巨型钢拱分别支起了中心的三大功能，远远看去恰似犹如和周边风景连成一体的三座小山，皮亚诺把它命名为"风景雕塑"。镶嵌在"山"中玻璃通廊像一条透明隧道将保罗·克利中心的三大部分方便地串联在一起。皮亚诺让支撑建筑的钢拱逐渐降低最后完全和山体融合，钢拱之间配置了和周边同类植物，随着时间的推移，该艺术中心终将完全融入大地。

2
3
4

图 2　方案模型
图 3　建造中
图 4　建成后

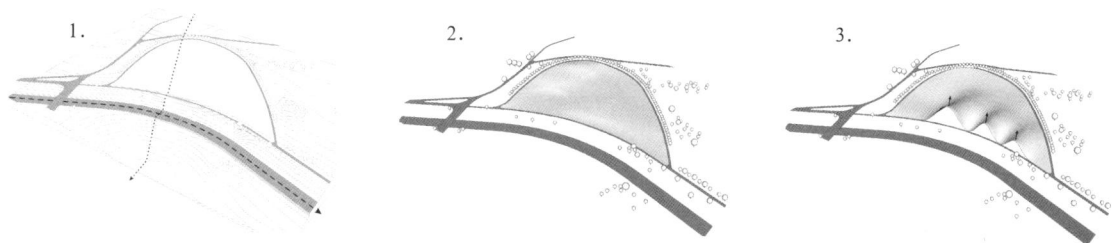

图 5 形态生成过程

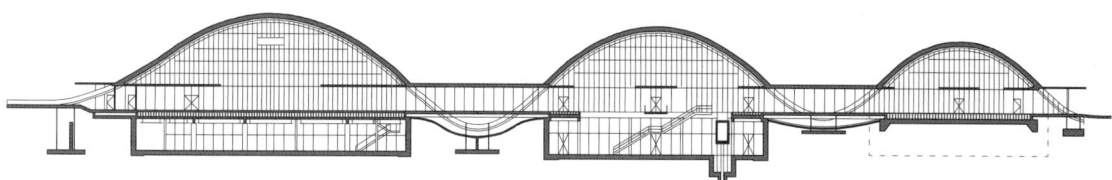

图 6 剖面

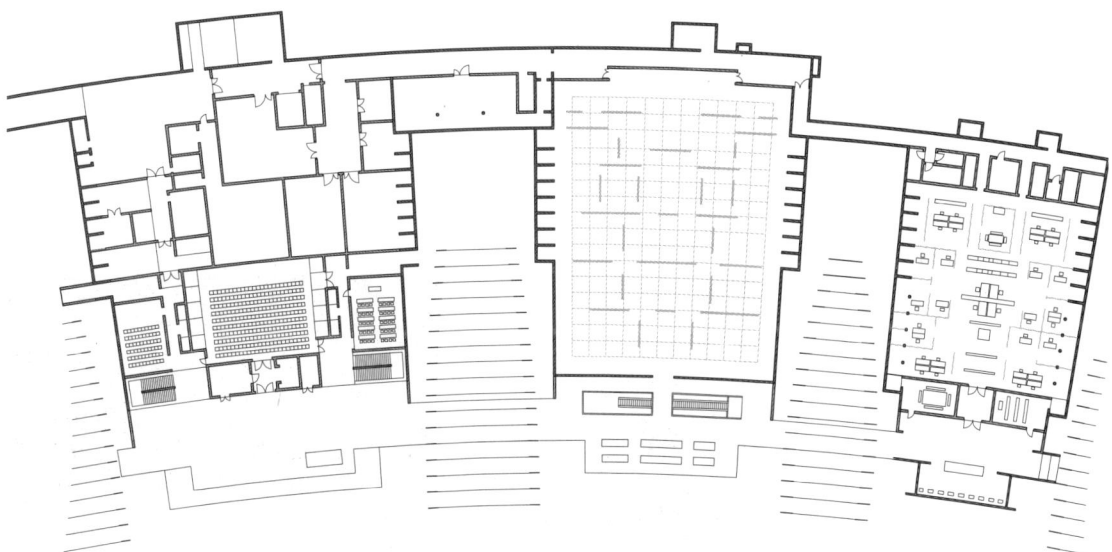

图 7 一层平面

图 8 建筑顶部与地形交接

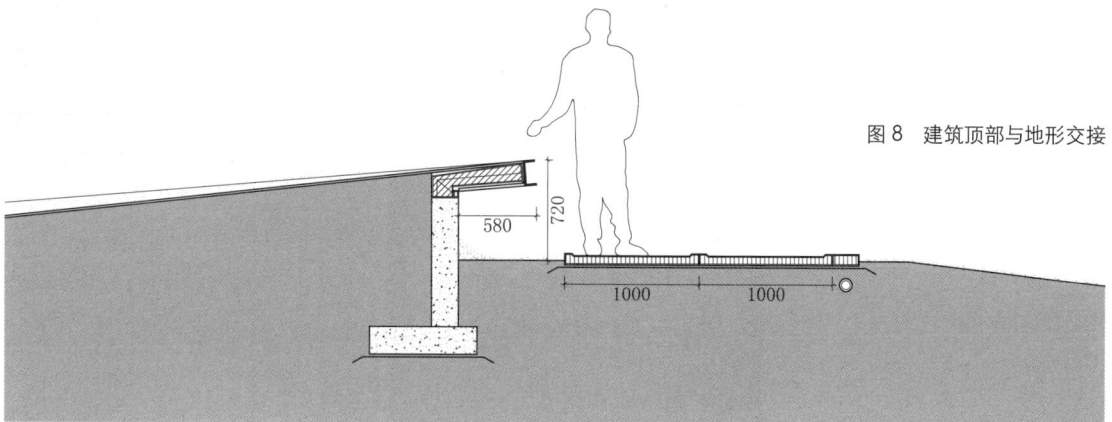

6.2.2 城市肌理

案例之三：慕尼黑五园商业街区Ⅰ（赫尔佐格和德梅隆，1994-2003）
Five Business Passages in Munich, Germany

图1 卫星影像图

　　慕尼黑是德国巴伐利亚州的重要城市，其老城中弥漫着自中世纪以来沉淀的丰富的城市文化。五园商业街区项目位于慕尼黑老城中心街区，它面临的问题是城市中心区的改造与复兴。出于对城市传统的尊重，街边大多数建筑和外观必须加以保留，然而，传统城市的小商业街的模式已经不能满足现代商业购物活动的需求和营销方式，因此，街区内部必须完全重建以应对城市新的功能需求。普利兹克奖得主瑞士建筑师赫尔佐格和德梅隆"五园"的概念赢得了这个项目。

　　建筑师没有按惯例做商场的设计，而是将在城市街区闲庭信步看成是现代都市生活的特色。因此，他们的设计概念是将传统街区中因居住功能所产生的庭院转化成现代购物活动所需要的公共空间，这样不仅完成了对传统街区城市肌理的保护，而且使得现代购物空间更加有特色。设计特色是将建筑设计转化为庭院空间和行走空间的设计，汇聚了规模和形状各不相同的庭院空间、特色单元和构件，将各类商店、餐馆和咖啡屋连接在一起。

2	4
3	5

图2　新建筑沿街立面
图3　入口处场景
图4　院子场景之一
图5　院子场景之二

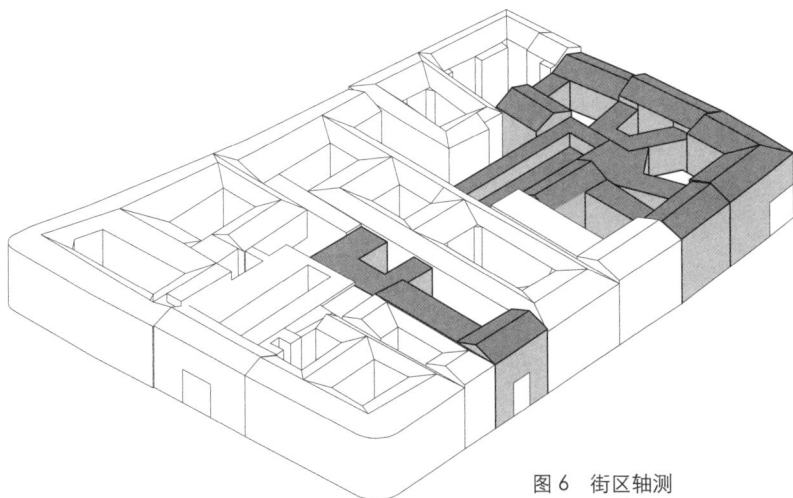

图 6 街区轴测

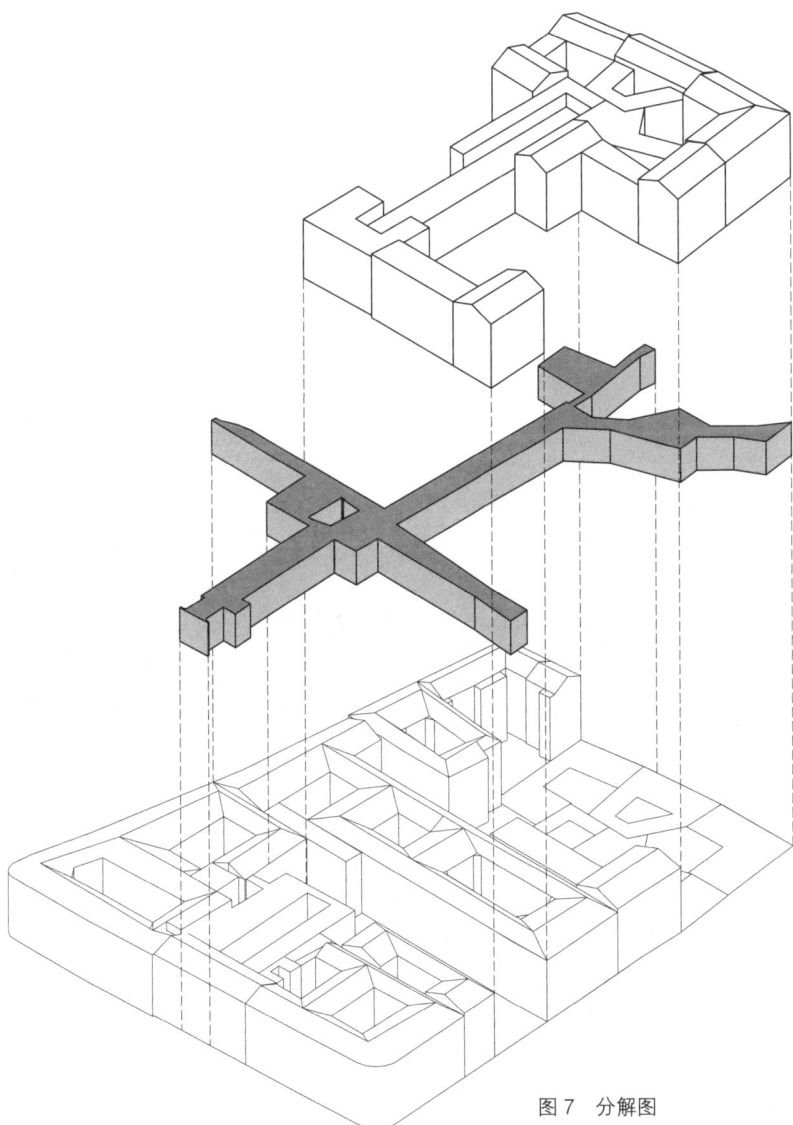

图 8 庭院、通道

图 9 新旧建筑

图 10 街区结构

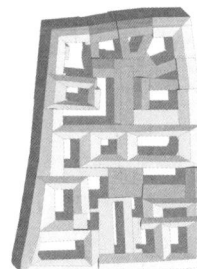

图 7 分解图

图 11 总平面

案例之四：阿尔梅勒城市再发展计划 I（雷姆·库哈斯，1994-1995）
Almere Urban Redevelopment, Almere, Holland

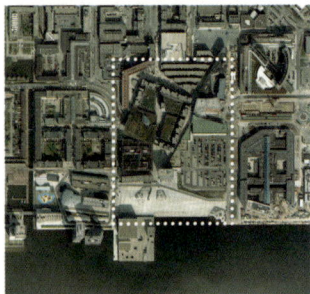

图 1 卫星影像图

　　距阿姆斯特丹不远的荷兰小城阿尔梅勒是近几十年来迅速发展起来的新城，在不到 20 年的时间里人口增长了 10 万，它的发展缓解了周边大城市的压力。随着城市人口的扩张，它必须完善城市设施，配置自给自足的城市商业消费、金融和文化中心。1994-1995 年，以普利兹克奖得主库哈斯领衔的荷兰 OMA 设计事务所赢得了阿尔梅勒城市再发展项目的竞赛。这是一个城市设计项目，在实施过程中转化为由不同设计师完成的不同单体项目，而库哈斯作为该项目实施的总设计师指导和控制了项目的实施过程，2007 年该城市设计项目基本实施完成。

　　作为城市设计项目，库哈斯将设计重点放在了城市各类公共活动空间的组织上，并将城市公交系统和私家车系统都引入该城市设计的核心区，通过设置不同城市层的手法将步行空间和机动车系统在空间上分离。库哈斯还引入了城市综合体的概念，街区穿越建筑，建筑包容街区；大面积的草地置于商业中心的楼顶，楼顶小住宅社区和草坪构成了城市另一个宁静的天地。

图 2 鸟瞰
图 3 北侧广场
图 4 中心街道

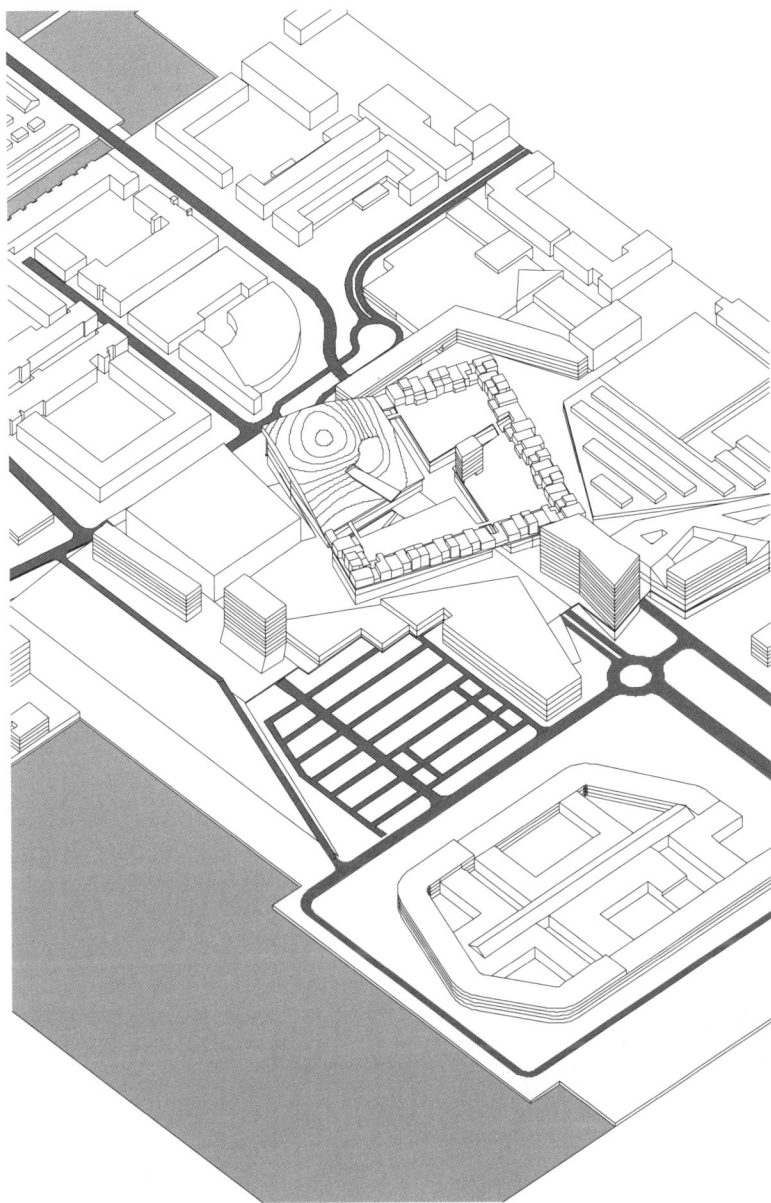

图 5　地块轴测

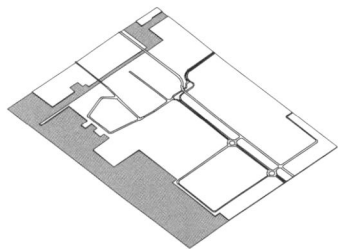

1. 场地车行道路阻隔了人流
向海边渗透

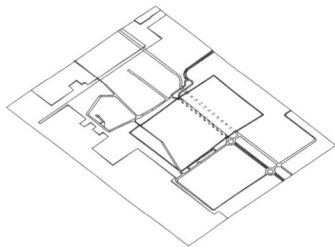

2. 增加"层"来人车分流

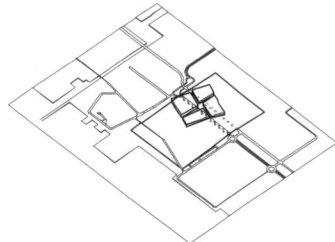

3. 根据人流方向将"商业层"
切割成 4 部分

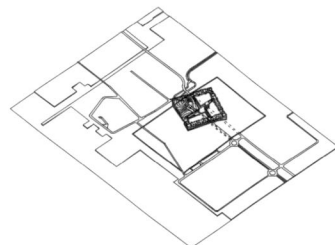

4. 商业层上增加一个"居住层"

图 6　场地构成分析

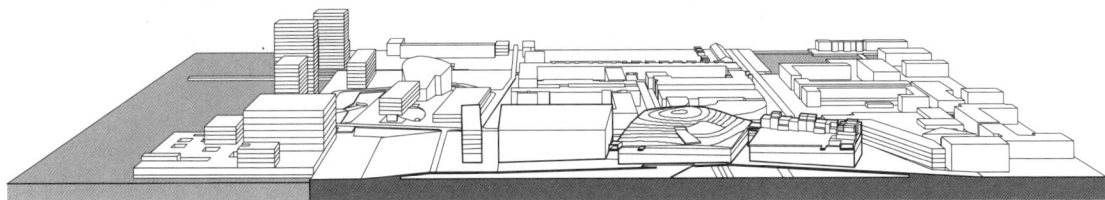

图 7　地块剖透视

6.2.3 交通环境

案例之五：东京国际论坛 I（拉斐尔·维诺利，1995–1997）
Tokyo International Forum, Tokyo, Japan

图1 卫星影像图

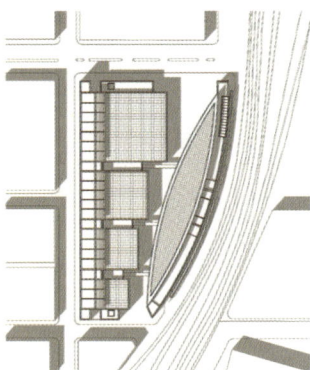

东京国际论坛大楼位于日本东京千代田区，是首都东京的国际会议场所之一，更重要的它是城市的日常公共综合文化设施。作为城市综合文化设施，其功能复杂包括了7个会堂、展览厅、33个会议室、商店、餐厅、美术馆、雕像展馆，以及提供各种文化活动和展览场所。场地的交通环境非常复杂，邻近有乐町站、东京站（京叶线）等车站，场地的东南边界就是城市的铁路干线。复杂的交通条件和复杂的综合城市功能促使该项目以UIA（国际建筑师协会）的标准为基础举行国际公开比赛，是日本首次采用此种方式进行竞图。美籍阿根廷建筑师拉斐尔·维诺利（Rafael Vinoly）赢得该项目。

在准确地分析了场地条件和建筑功能的基础上，维诺利归纳了繁杂的功能需求，设计了一个非常简洁的平面，将各类观众厅的尺寸不断精炼，使之与基地的斜边相吻合；在沿东南边界的铁路线旁恰好布置一个拉长的椭圆形的封闭公共空间，隔离了来自铁路的交通噪声。4个尺寸渐进的方盒子与一个梭形的大空间高度又精准地概括了这个巨大而复杂的城市文化综合体建筑的内在逻辑，维诺里的方案不仅解决了建筑全部的功能问题，而且也与场地条件甚为贴合：即和城市街廓肌理相吻合，又规避了城市交通问题，同时在这两部分中间形成一系列开敞的景观庭院，提供了可以步行的人文空间。

图2 总平面

3	4
5	6

图3 内街入口
图4 鸟瞰
图5 大厅
图6 内街

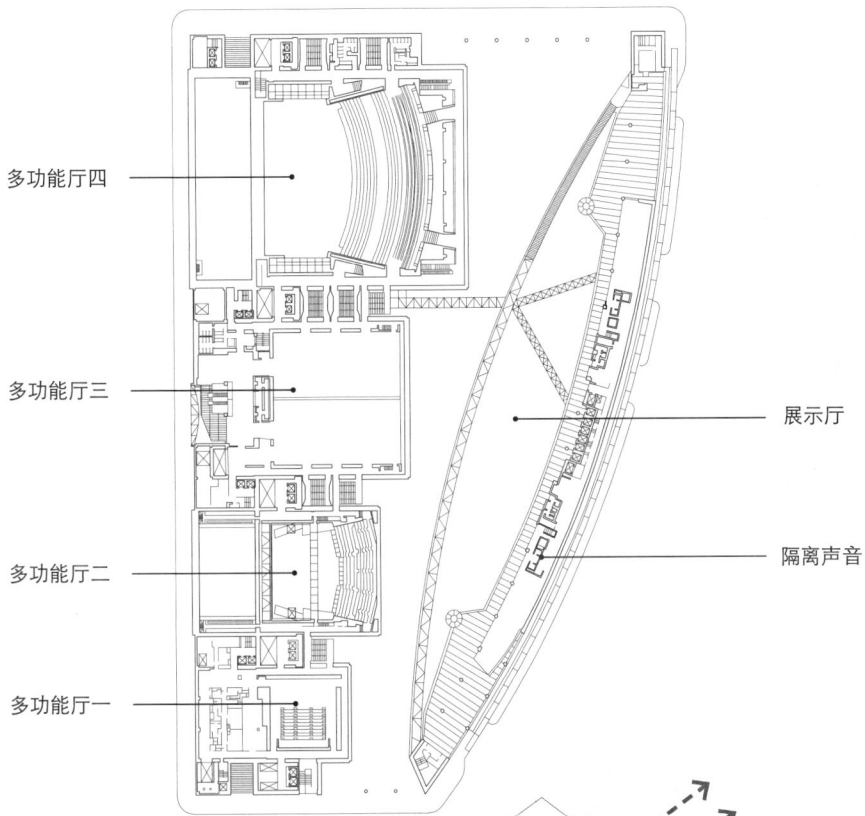

多功能厅四

多功能厅三

多功能厅二

多功能厅一

展示厅

隔离声音

图 7 一层平面

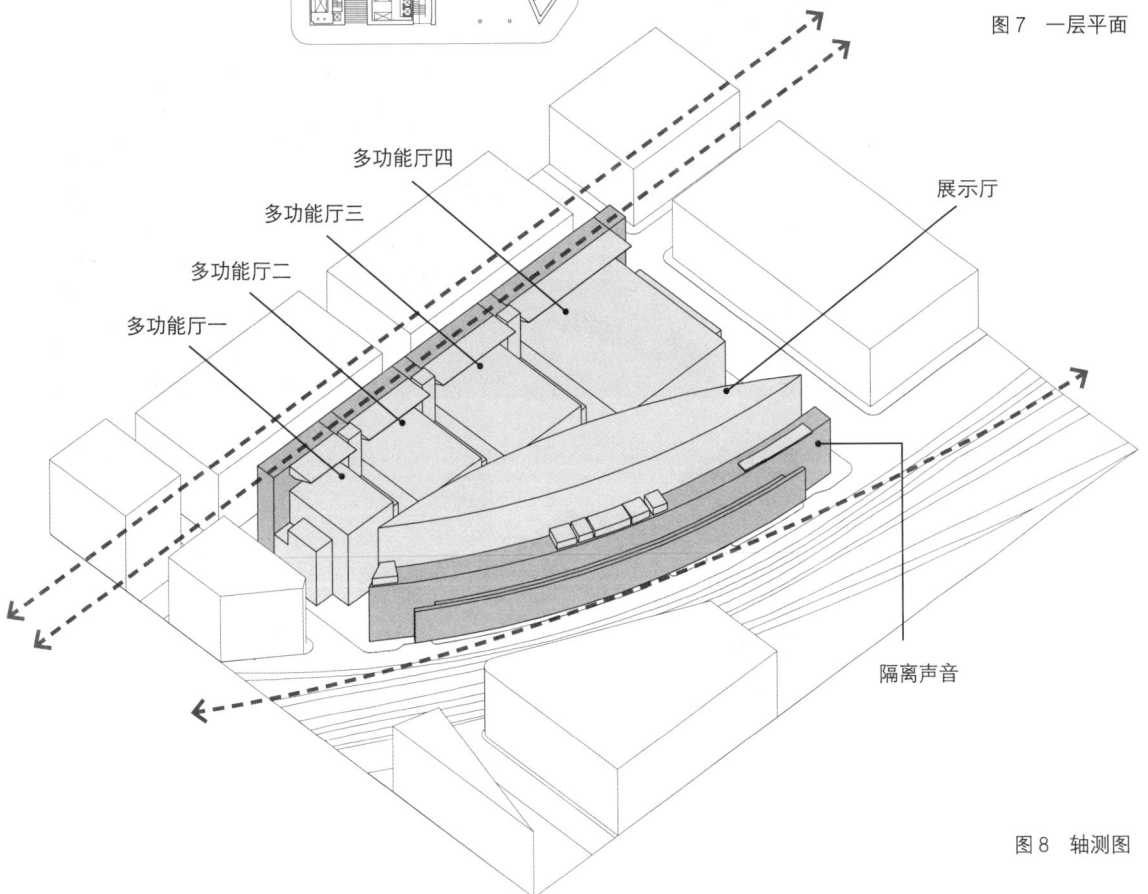

多功能厅四

多功能厅三

多功能厅二

多功能厅一

展示厅

隔离声音

图 8 轴测图

案例之六：斯图加特艺术馆新馆Ｉ（詹姆斯·斯特林，1977–1984）
Staatsgalerie New Building and Workshop Theatre, Stuttgart,
Germany

图 1　卫星影像图

　　斯图加特艺术馆新馆坐落在斯图加特市中心的坡地上，与1838年建的老馆相连。新馆的方案是国际竞赛的结果，来自英国的著名建筑师詹姆斯·斯特林的方案赢得了评委的高度认可，1984 年新馆落成，詹姆斯·斯特林也因此获得了普利兹克奖。

　　斯特林的方案之所以打动评委，主要在于他对建筑的思考远远超过了艺术馆本身。首先考虑到了艺术馆的地形是坡地，因此它将艺术馆各部分空间和环境紧密契合。由于艺术馆体量较大占据了一个街区，因此斯特林在艺术馆建筑中间为附近的居民设置了城市公共通道，山上的居民可以穿过艺术馆的空间直接下山抵达城市干道。穿越的同时还可以欣赏到艺术馆院内的部分雕塑。最感动评委的是建筑师汲取了德国历史建筑的元素并结合地形特征，让建筑融入城市形成一个整体。

2	
3	4

图 2　整体效果
图 3　入口
图 4　中庭坡道

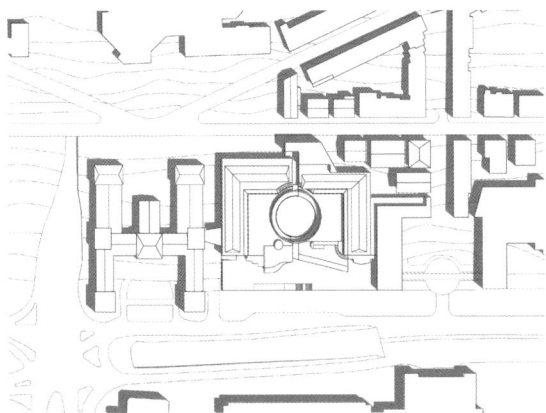

图 5 总平面

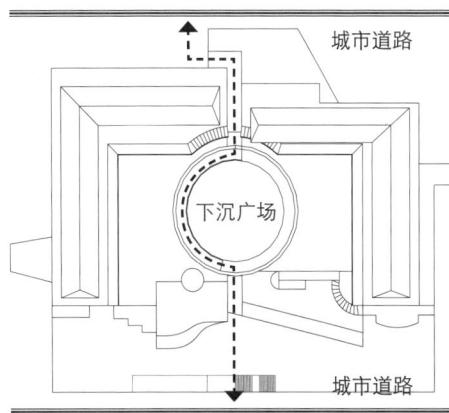

图 6 交通分析

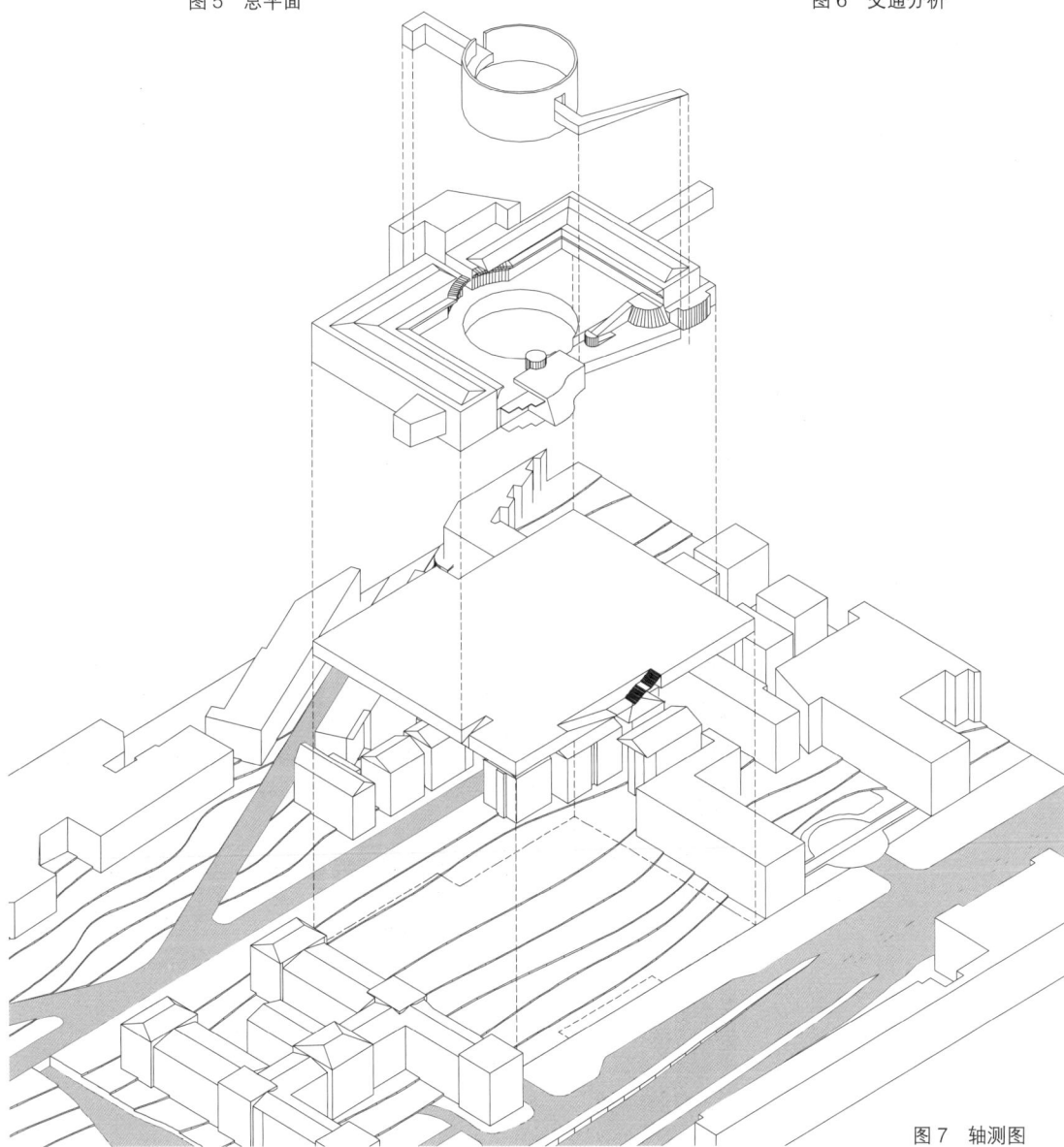

图 7 轴测图

6.3 材料与建造

6.3.1 材料与形式

案例之一：埃克赛特图书馆Ⅰ（路易斯·康，1965-1972）

Phillips Exeter Academy Library, New Hampshire, USA

图1 卫星影像图

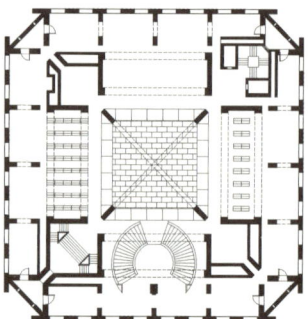

图2 一层平面

1972年完工的埃克塞特学院图书馆（Exeter Library）是20世纪北美最壮观的图书馆之一，由美国早期现代建筑大师路易斯·康设计。该图书馆位于新罕布什尔州埃克塞特市菲利普埃克塞特学院路，图书馆33m×33m见方，共9层，总建筑面积约8500m²。菲利普斯埃克塞特学院（Phillips Exeter Academy）对图书馆的要求非常明确，即功能上必须给阅读的学生提供一个理想而舒适的室内学习环境，其次建筑必须采用砖立面，以便和学院原有乔治王时代（Georgian）的建筑风格的砖立面建筑相融合。根据这些要求，路易斯康选用了四种基本建筑材料建构不同需求的建筑空间。首先他用混凝土构筑了带有中庭的内核作为图书馆的藏书空间；用当地特有的"埃克塞特砖"建构了完整而自成体系的阅读空间外立面，既满足了建设方的要求，又满足阅读空间对自然光的需求，最后，天然木材的家具和内饰完善了阅读空间的舒适性。

易斯康认为承重墙有一种"静态的等级"表达，就是说砖墙在底部比较宽，因为承受的力比较大，在顶部最窄，因为承受的力最小。该图书馆的立面让我们清楚地看到了力的传递，用建筑师自己的话来说，"顶部的砖像天使一样跳舞，而底部的砖在喘着呼噜声慢行"。该建筑不但最完美地展现了建筑材料和建筑各功能空间完美的组合，而且展现了基于结构合理概念的美学表现力。

3	5
4	

图3 建筑整体
图4 屋顶细部
图5 立面细部

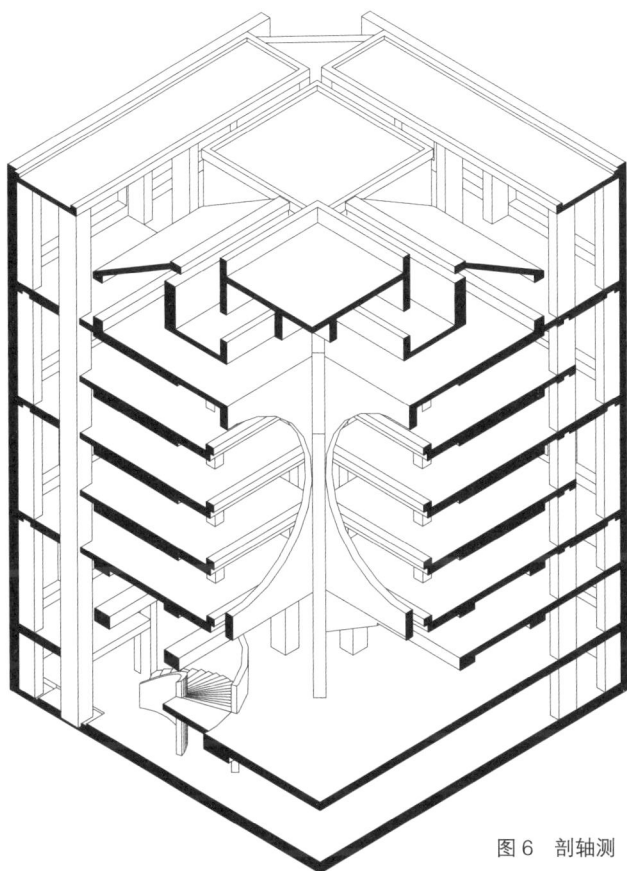

图 6　剖轴测

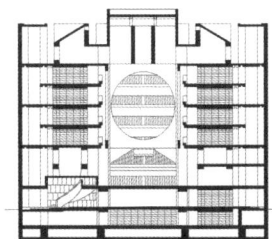

图 8　剖面

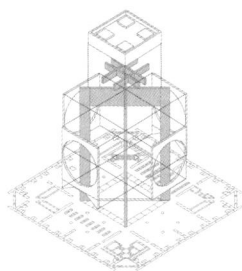

图 9　中心结构

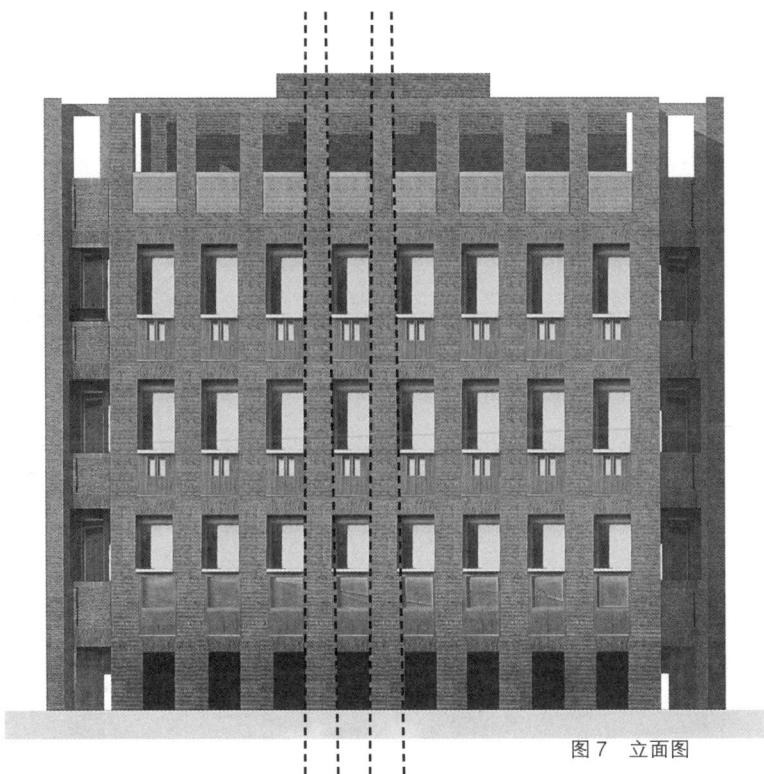

图 10　角部结构

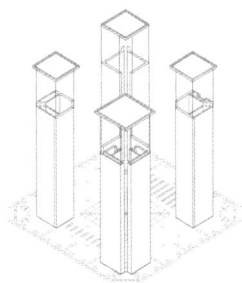

图 7　立面图

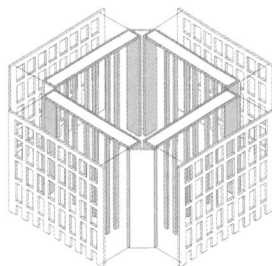

图 11　边框结构

案例之二：人民银行 I（卡罗·斯卡帕，1970–1980）

Banca Popolare，Verona，Italy

图 1　卫星影像图

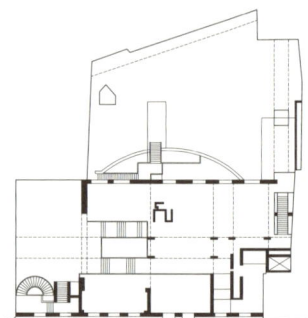

图 2　一层平面

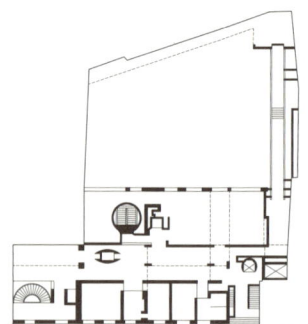

图 3　二层平面

```
    | 5
  4 |———
    | 6
```

图 4　建筑立面
图 5　新老建筑交接
图 6　入口细部

　　人民银行（Banca Popolare）项目是一个改扩建项目，该建筑位于意大利北部古城维罗纳（Verona）老城中心区——诺加拉广场（Piazza Nogara）旁边，两边都有古老的建筑，不但位置重要，限定的条件也非常多。因此，新建建筑必须选择一个合理的形式和谐地将两个建筑串联起来共同形成一个整体。该项目的建筑设计师是意大利现代建筑设计大师、被人们称作细部设计大师的卡罗·斯卡帕。这是斯卡帕最后的作品之一，他完成了该建筑的主要设计，由于他 1978 年不幸突然去世，最后作品由鲁迪·萨基完成。斯卡帕的设计抓住了该项目的两个重点：在平面组织上整合街廓的肌理，和通过立面设计整合历史建筑的视觉语言，并创造新的意大利建筑的语言。

　　新建筑的立面依然采用了意大利古典建筑三段式的原则，重要的是斯卡帕并没有以传统的方式表现出来，而是用不同的材料或不同的细部处理方式来处理不同的段式。如，他选择了当地传统建筑常用的石材用于在基础段式和中间段式部分，而上部段式则采用了钢结构柱廊，将部分内部空间释放出来。同样用石材的基础和中间段式斯卡帕采用了不同的设计手法：基础段式采用了立体的手法，结合门窗而设计的精细的线脚在视线上和周边的古典建筑复杂花饰融为一体；而在中间段式部分，斯卡帕采用了简练的现代建筑处理手法，平整的石材没有做任何修饰。中间段式的精彩部分体现在斯卡帕通过立面上的开窗体现了"层"的概念，消解了传统的立面的概念。

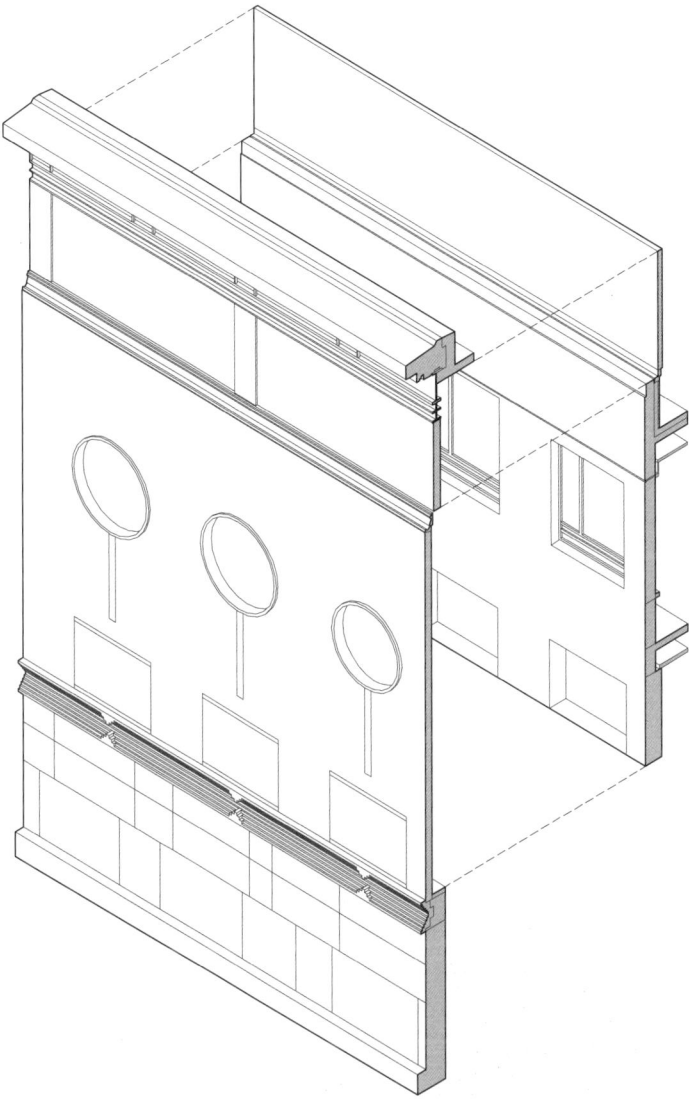

图 8 双层窗构造

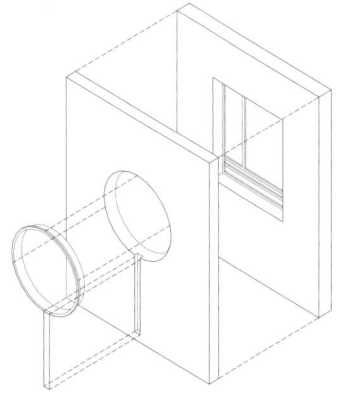

图 9 双层窗轴测

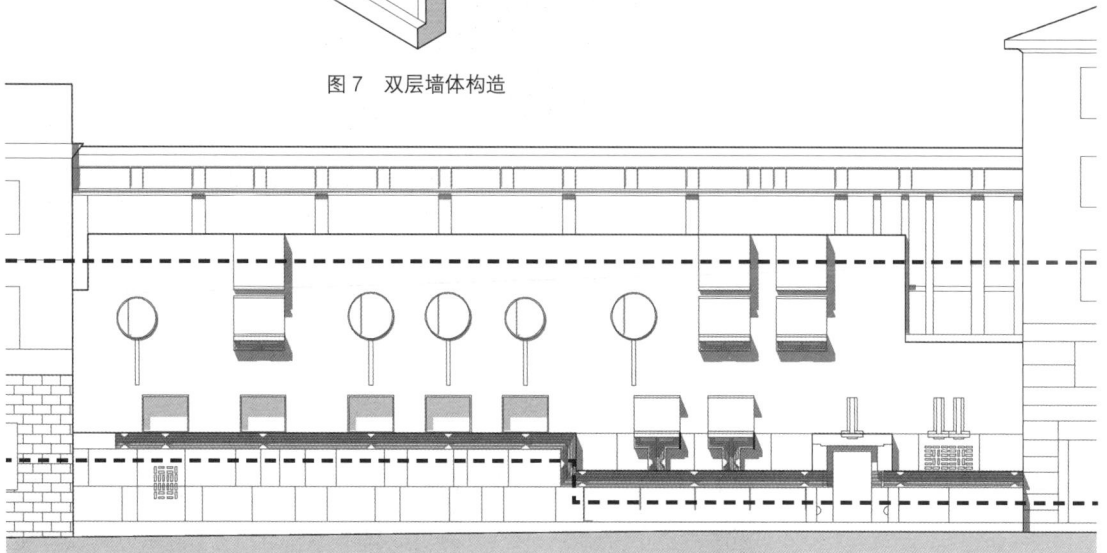

图 7 双层墙体构造

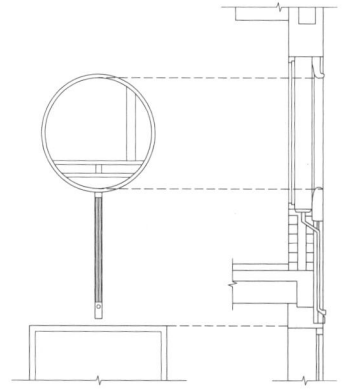

图 10 立面

6.3.2 构造与形式

案例之三：工人救世主教堂Ⅰ（埃拉迪奥·迪斯特，1958–1960）
Cristo Obrero Church, Atlántida, Uruguay

图1 卫星影像图

工人救世主教堂坐落在南美洲乌拉圭的阿特兰蒂达，是乌拉圭建筑师埃拉迪欧·迪斯特的成名之作，该教堂独特之处是建筑材料和结构体系完美的结合。该教堂总建筑面积为500m²，内部空间的跨度为16~18.8m，而建筑材料则是厚度仅仅1.5~2cm厚的红砖，分别采用直纹扭曲面和双曲拱作为建筑的支撑和覆盖，其薄壳的厚度仅12cm。这个作品不仅形式简单，而且构造逻辑也非常朴素。该建筑的结构体系是非常简单的简支梁体系结构体系，然而迪斯特却使用了两片呈波浪状的直纹扭曲面支撑起了大跨度无梁拱顶，彻底改变了人们对砖作为建筑材料的建筑形式的认知。

砖是传统的人造建筑材料，它的主要特点是建造过程也是材料特性再创造的过程。通常人们只是通过简单的砖的砌筑获得承重墙体、柱体或非承重墙，然而有创意的建筑师则通过对砌筑的方式进行设计从而创造了特殊性能的建筑构件，同时也获得了全新的建筑形式。乌拉圭建筑师迪斯特的独到之处是善于根据当地的自然气候条件和传统工艺，创意性地选择了红砖，通过砖的砌筑创造了具有特色的独一无二的建筑形式。

2	3
4	5

图2 教堂入口
图3 建造现场
图4 曲面墙体细部
图5 室内场景

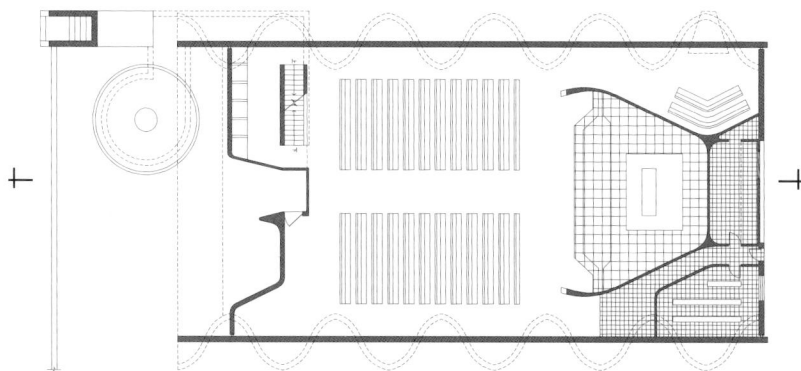

图 6 一层平面

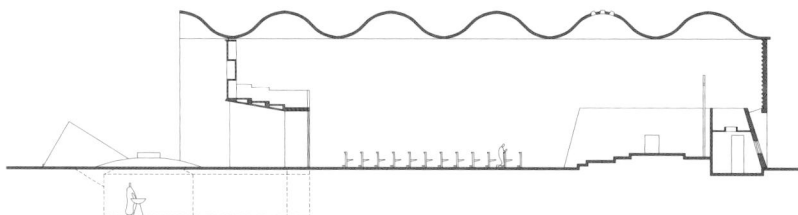

图 7 剖面

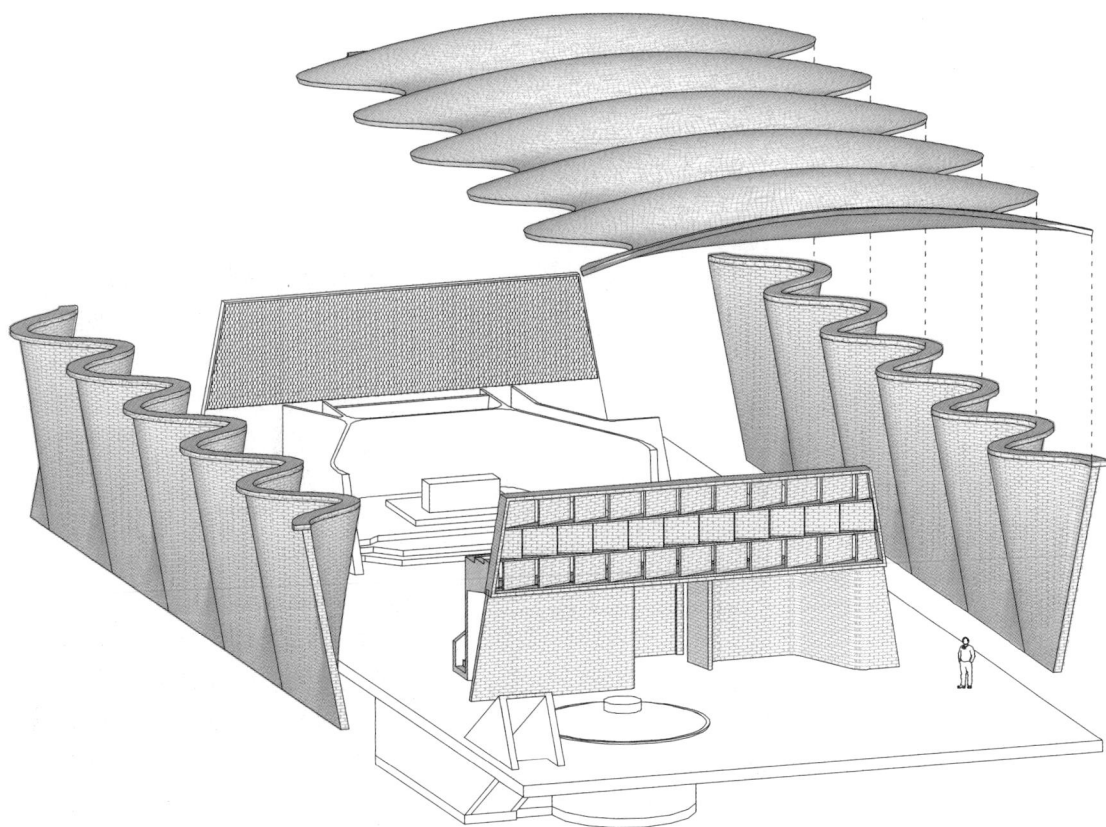

图 8 拆解轴测

案例之四：多米尼斯葡萄酒庄 I（赫尔佐格和德梅隆，1995–1997）

Dominus Winery in Napa Valley, California, USA

图 1　卫星影像图

　　多米尼斯葡萄酒庄坐落在美国加州拿巴谷山地的葡萄园中，建筑面积约为 2000m²。该酒庄包括三大功能：酿酒、桶装储存和瓶装待售仓库，瑞士建筑师赫尔佐格和德梅隆承担了酒庄的建筑设计，他们没有在造型上发力，而是依照建筑功能的需要进行工序的线性设计，形成了 100m×25m×9m 的方盒子建筑。

　　由于拿巴谷地的气候早晚温差非常大，如何应对并利用这一特定的气候条件是建筑师一开始就思考的问题。他们尝试了通过建筑策略来解决问题，即通过设计外墙材料，赋予墙壁遮光、隔热同时又能通风等综合功能，探索用外墙来调节室内温度。这个通过建筑师创造的特殊外墙，使用铁笼子装满了山区特有的玄武岩石块，厚厚的外墙起到了隔热又保温的效果，同时石块之间的缝隙还有通风的效能。通风强弱取决于石块间缝隙的大小，建筑师通过调整石块的大小确定厚墙的密度，并调整缝隙。此案例向人们展示了建筑师不仅能选用现成的材料，而且可以通过设计创造特殊的材料去解决问题。

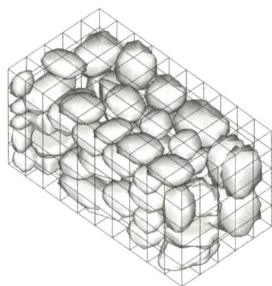

图 2　"砌块"单体

3
―――
4 ｜ 5

图 3　建筑整体
图 4　墙体大样
图 5　入口

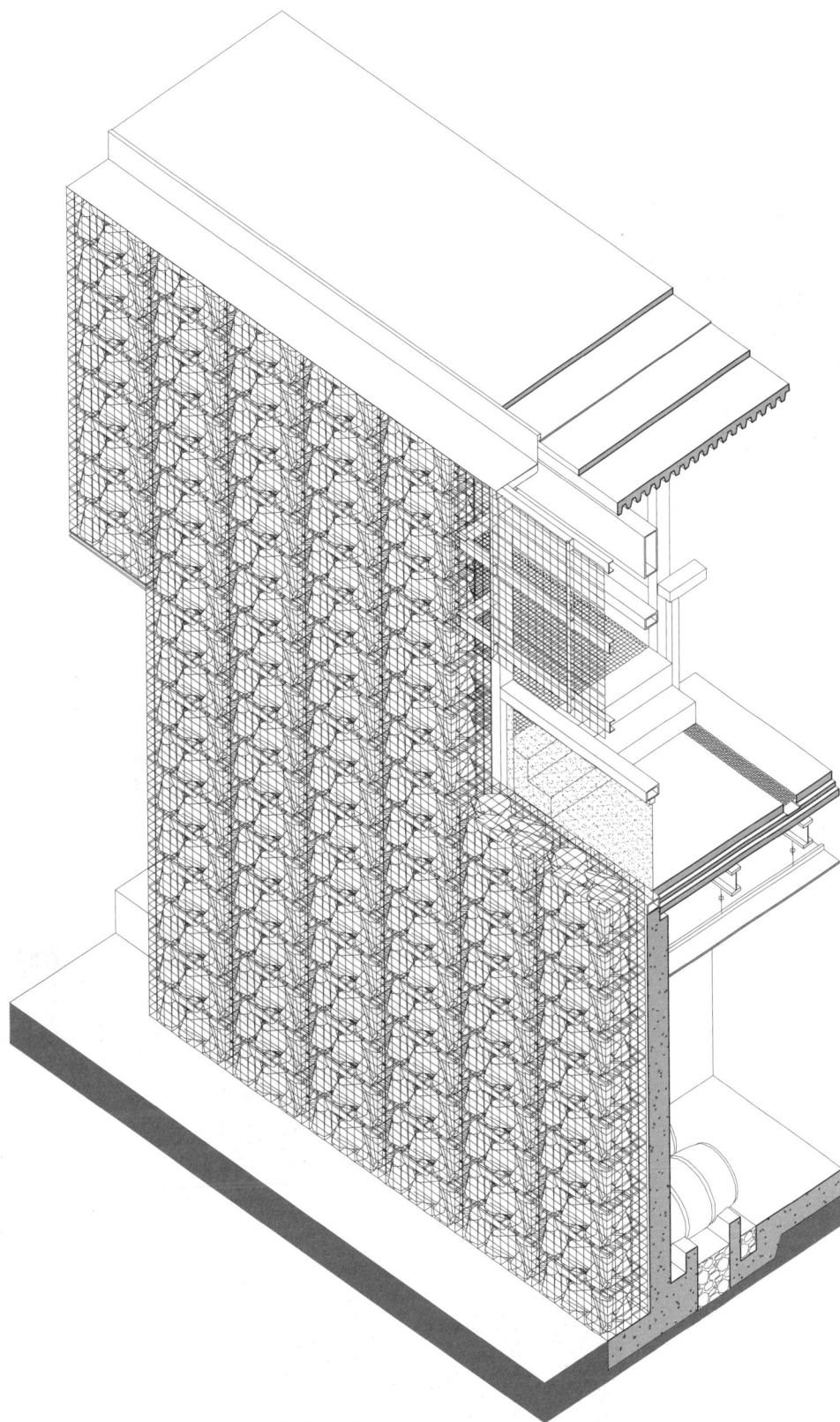

图 6　墙身构造轴测

6.3.3　结构与形式

案例之五：李子林住宅Ⅰ（妹岛和世，2003）
House In A Plum Grove, Tokyo, Japan

图1　卫星影像图

　　李子林住宅位于东京都郊区的一个宁静的住宅区内，宅基地中及周边种有一排排的李子树，房屋主人希望尽量保持树林的美景，同时希望住宅能与周围的环境融为一体。设计李子林住宅的日本女建筑师妹岛和世为了保护树林，认为应该将住宅的体积简化到最小，方便地安置在场地的空地里。该建筑的家庭成员包括了三代人，对各类空间都有要求。为满足家庭的基本需求并同时缩减建筑体积，妹岛不仅在空间设计进行连通，而且在建筑材料和构造上也进行创新。她将房间之间的墙面厚度降至最低，仅16mm。外墙使用同样16mm厚度的建筑面板，整体厚度达50mm。为此，各构件单元设计成为预制产品，到施工现场后再焊接到一起。这个作品的最终成功在于薄壁墙体的设计，它不但可以最少地占用空间，而且在空间的分割和流通方面都起到了积极的作用。

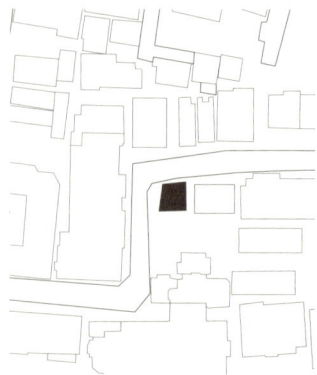

图2　总平面

3	5
4	6

图3　沿街场景
图4　沿街场景二
图5　室内场景
图6　室内场景二

ST PL6　　　抗剪栓钉

角钢　　　压型钢板

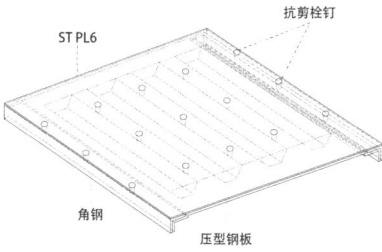

图 7　组合楼板构造

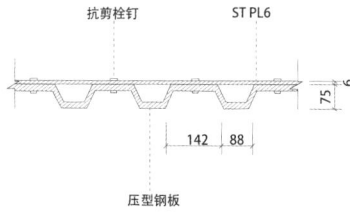

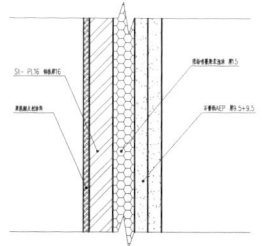

抗剪栓钉　　　ST PL6

压型钢板

图 12　外墙构造

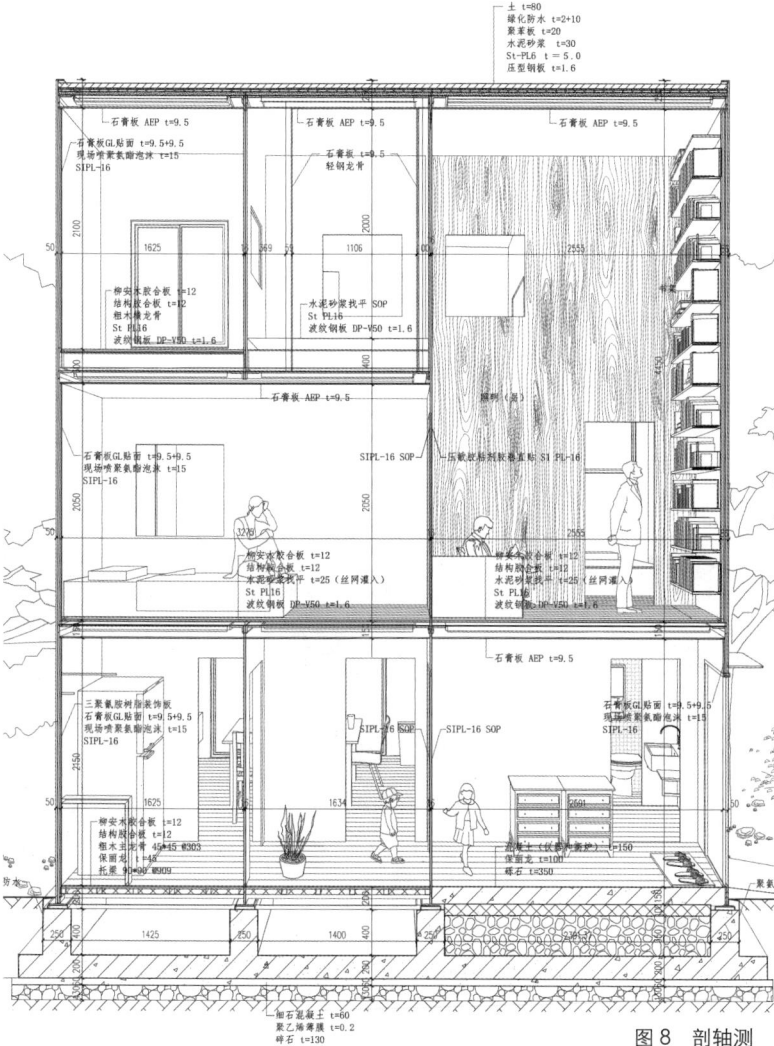

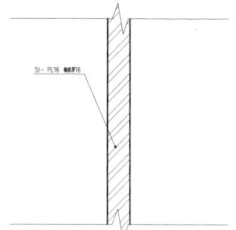

图 13　内墙构造

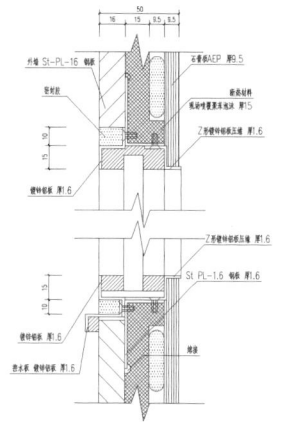

土 t=80
绿化防水 t=2+10
聚苯板 t=20
水泥砂浆 t=30
St-PL6 t=5.0
压型钢板 t=1.6

石膏板 AEP t=9.5
石膏板贴面 t=9.5+9.5
现场喷聚氨酯泡沫 t=15
SIPL-16

石膏板 AEP t=9.5

石膏板 AEP t=9.5
轻钢龙骨

柳安木胶合板 t=12
结构胶合板 t=12
粗木横龙骨
St PL16
波纹钢板 DP-V50 t=1.6

水泥砂浆找平 SOP
St PL16
波纹钢板 DP-V50 t=1.6

石膏板 AEP t=9.5

石膏板GL贴面 t=9.5+9.5
现场喷聚氨酯泡沫 t=15
St PL16
SIPL-16

SIPL-16 SOP

压敏胶防剥胶卷面贴 St PL-16

柳安木胶合板 t=12
结构胶合板 t=12
水泥砂浆找平 t=25（丝网灌入）
St PL16
波纹钢板 DP-V50 t=1.6

三聚氰胺树脂装饰板
石膏板贴面 t=9.5+9.5
现场喷聚氨酯泡沫 t=15
SIPL-16

SIPL-16 SOP　　SIPL-16 SOP

石膏板GL贴面 t=9.5+9.5
现场喷聚氨酯泡沫 t=15
SIPL-16

柳安木胶合板 t=12
结构胶合板 t=12
水泥木丝板 45+45 @303
保温板
托梁 t=90 @909

混凝土（纤维养护）t=150
保温板 t=101
碎石 t=350

图 8　剖轴测

粗石混凝土 t=60
聚乙烯薄膜 t=0.2
碎石 t=130

图 14　不可开启窗构造

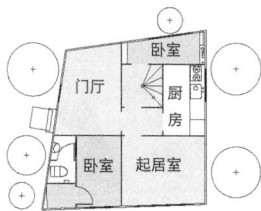

图 15　推拉窗构造

图 9　一层平面

卧室　门厅　厨房　卧室　起居室

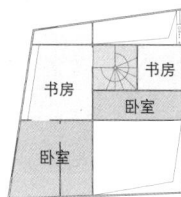

图 10　二层平面

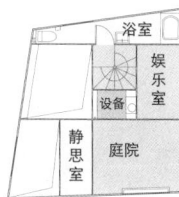

书房　书房　卧室　卧室

图 11　三层平面

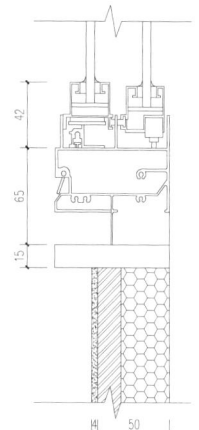

浴室　娱乐室　设备　静思室　庭院

183

案例之六：蛇形画廊 2002 临时展厅 I（伊东丰雄，塞西尔·贝尔蒙德，2002）

Serpentine Gallery Pavilion 2002, London, UK

图 1　卫星影像图

日本建筑师伊东丰雄与结构工程师塞西尔·贝尔蒙德和英国的"Arup 公司"在 2002 年负责蛇形画廊（Serpentine Gallery）展厅的设计。该展厅 18m×18m 见方，高 4.8m，在结构工程师贝尔蒙德的帮助下建筑师创造性地将建筑的各类元素整合为一体，形成了没有通常的墙、柱、梁、窗和门构件的方形盒体。该建筑的特点是整座建筑内部没有任何多余支撑，完全是靠外墙的钢支架来支持，而这个钢支架亦同时形成了屋顶，一气呵成。它从外表上看似乎是一个非常复杂的随机模式，但其实是一种旋转的立方体算法。它由若干个大小不一的正方形旋转交叠而成，相交线形成了不同的三角形，梯形的空洞，它们弱化了方盒子的围合感。透过这些变化无穷的空洞，内部空间自由地向外部任何一个方向渗透，使得一切似乎都处在变动中。

该建筑是建筑师与结构工程完美的合作，伊东丰雄提供了创意的思想，而结构工程师贝尔蒙德的创作使得想法成为现实。尽管这个建筑只存在了 3 个月，却让到访的人无不惊讶一个盒子空间可以创造出的轻松动感。阅读该案例可以使学生们看到，结构知识是重要的设计源泉。

```
2 | 5
3 |
4 | 6
```

图 2　鸟瞰场景
图 3　室内场景之一
图 4　入口
图 5　屋顶细部
图 6　室内场景之二

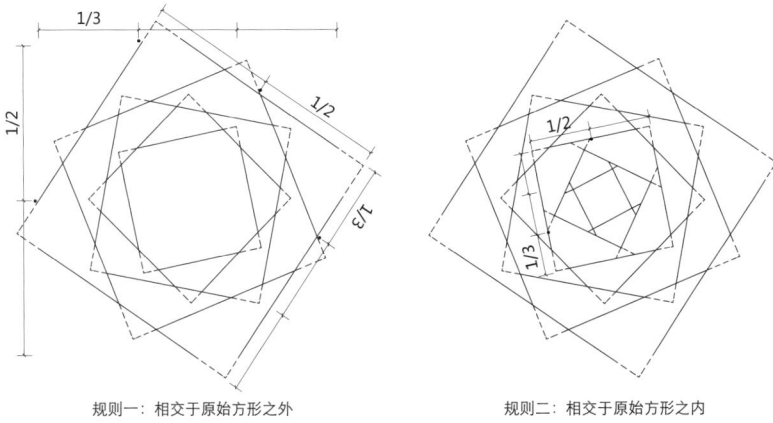

规则一：相交于原始方形之外　　　　　　　规则二：相交于原始方形之内

图 7

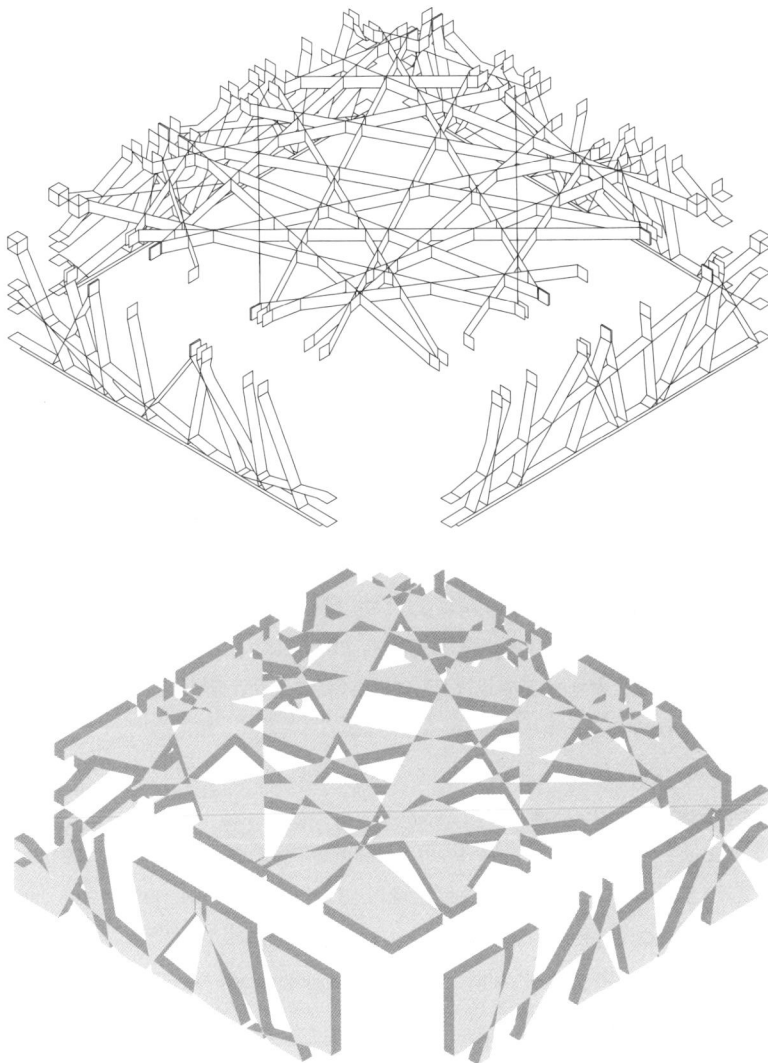

图 8　钢结构与结构间填充

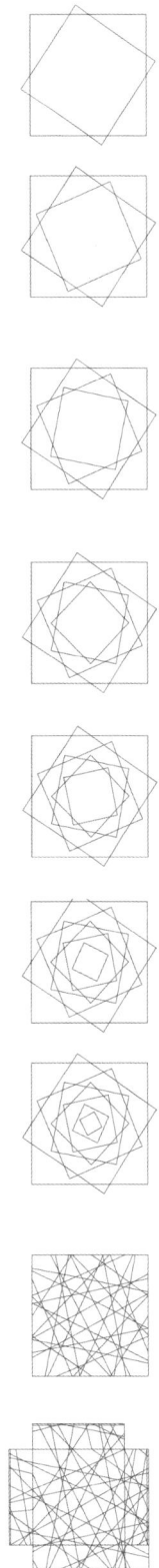

图 9

插图资料来源

第 1 章：

5 页，太和殿：http：//www.ivsky.com/tupian/beijing_gugong_taihedian_v5171/pic_168060.html

5 页，中国民居：http：//www.nipic.com/show/1/62/7718447k54381189.html

5 页，巴 黎 歌 剧 院：http：//www.flickr.com/photos/orero/7338482932/in/photostream/

5 页，萨 伏 伊 别 墅：http：//www.cqltys.com/Website/Tpl/Default/Public/images/d5.jpg

6 页，同泽女子中学立面：韩冬青，张彤，杨廷宝建筑设计作品选，北京：中国建筑工业出版社，2001，30 页.

6 页，美第奇府邸：http：//www.kybela-dekor.ru/site/70

6 页，现代建筑立面：http：//architizer.com/projects/gwathmey-residence-and-studio/media/91922/

6 页，艾森曼二号住宅：Stephen Dobney，Eisenman Architects：selected and current works，Mulgrave，Vic.：Images Pub. Group，P25

7 页，柱头形式：http：//zh.wikipedia.org/wiki/%E6%9F%B1%E5%BC%8F

7 页，中 国 屋 顶 形 式：http：//www.xn--rhtw9vlu4bfqe.tw/EastCapital/viewthread.php?tid=2487

8 页，房间尺寸与透视图：建筑设计资料集编委会，建筑设计资料集：第三册，第二版，北京：中国建筑工业出版社，1994，138 页.

8 页，家具分割场所：建筑设计资料集编委会，建筑设计资料集：第三册，第二版，北京：中国建筑工业出版社，1994，133，135 页.

9 页，巴塞罗那德国馆：http：//timjacoby.com/teaching/design-history-3/lessing_art_10310750964/

10 页，木垒建筑：http：//www.showchina.org/jjzg/bwzg/200812/t243291.htm

10 页，木板建筑：http：//www.wencheng.gov.cn/rwgk/201209/07/29392.html

10 页，卒姆托教堂：http：//www.mt-bbs.com/thread-178651-1-1.html

10 页，西方石头建筑：http：//commons.wikimedia.org/wiki/File：Old_Stone_House_Exterior.jpg

10 页，碉楼：http：//scmlzl.com/glgl/100n0r011.html

10 页，碉楼细部：http：//sc.zwbk.org/MyLemmaShow.aspx?lid=2691

10 页，新式石头建筑——浴场：http：//sixosixh.com/?cat=55

10 页，浴场细部：http：//www.worldarchitecturemap.org/buildings/therme-vals

10 页，西方砖建筑：http：//theo.cs.uni-magdeburg.de/dcfs2009/text/events.html

10 页，中国砖建筑：http：//blog.sina.com.cn/s/blog_5024aa9b0100ef9i.html

10 页，博塔砖建筑：http：//gailingis.com/wordpress/tag/cavernous/

10 页，博塔建筑细部：http：//fr.wikipedia.org/wiki/Fichier：Cathedrale-Evry_IMG_6584.jpg

10 页，立面纹样：褚智勇，建筑设计的材料语言，北京：中国电力出版社，2006，57，81，87，42，195 页．

11 页，不同材料的电车站：德贝尔，建筑设计的材料表达，北京：中国电力出版社，2008，159 页．

12 页，木梁窗：http：//hnjzqjj.blog.163.com/blog/static/11196802420092218112455490/

12 页，金属窗：冯金龙，张雷，丁沃沃，欧洲现代建筑解析：形式的逻辑，南京：江苏科学技术出版社，1999，205 页．

14 页，钢笔手绘：齐康，线韵：齐康建筑钢笔画选，南京：东南大学出版社，1999，104 页．

14 页，铅笔手绘：钟训正，脚印：建筑创作与表现，北京：中国建筑工业出版社，2000，34 页．

14 页，设计手稿：Louis I. Kahn, in Visonen und Utopien, 2002, München：Prestel.

15 页，数理模型：http：//neoarchaic.net/2010/03/triangulate-tile/

18 页，柯布西耶比例人：http：//mmu-ed.blogspot.com/2012/01/le-modulor.html

18 页，AA 模型室照片：http：//www.aaschool.ac.uk/AALIFE/HOOKEPARK/hookefacilities.php

19 页，房间尺寸与透视图：建筑设计资料集编委会，建筑设计资料集：第三册，第二版，北京：中国建筑工业出版社，1994，138 页．

19 页，大比例模型：Herzog & de Meuron, 1993-1997, EL Croquis（84），p.190.

20 页，高层参数化形体生成图片：（英）尼尔·林奇，徐卫国，数字现实——青年建筑师作品，北京：中国建筑工业出版社，2010，78 页．

第2章：

54页，土桥住宅与团子板住宅：SANNA 2011-2015，EL croquis 179/180，pp. 203，206，290，293.

第3章：

61页，建筑结构案例照片：Sandaker，B.，Eggen，A.P.，Cruvellier，M.R.，The Structural Basis of Architecture，Second Edition，Oxon & New York：Routledge，2011，pp. 67，177，210，227，286，301，342，363.

67页，2000汉诺威世界博览会瑞士展馆：雅克·卢肯，布鲁诺·马尔尚，凝固的艺术——当代瑞士建筑，大连理工大学出版社，2003，123页.

70页，预制装配式钢筋混凝土结构：Ronner Heinz，Lois I. Kann：complete work，1935-1974，Basel：BIRKHAUSER.

71页，竹模板钢筋混凝土墙，董素宏摄。

73页，美国托莱多美术馆玻璃展厅：http://static.panoramio.com/photos/large/52574243.jpg

73页，纽约第五大道苹果专卖店：https://specifier.com.au/wp-content/uploads/2016/06/Screen-Shot-2016-06-08-at-2.57.52-pm.png；上海陆家嘴苹果专卖店：董素宏摄.

74页，英国伦敦千禧穹顶：http://blogs.iesabroad.org/wp-content/uploads/2012/02/hiller.london.o2.jpg

74页，英国伯明翰赛尔福里奇公司：http://upload.wikimedia.org/wikipedia/commons/9/9d/Selfridge_Exterior2.jpg

75页，中国国家游泳馆：http://liaoba.people.com.cn/img/topicimg/1276394815652.jpg?tbpid=2

77页，墙身交接细部：冯金龙，张雷，丁沃沃，欧洲现代建筑解析:形式的意义，南京：江苏科学技术出版社，1998，33页.

77页，扶手细部：http://www.douban.com/photos/photo/891425711/#image

77页，玻璃细部：褚智勇，建筑设计的材料语言，北京：中国电力出版社，2006，124页.

第4章：

96页，自然照片：Dayton Duncan，The national parks：America's best idea：an illustrated history，New York：Alfred A. Knopf，2009，p.347.

96页，乡村照片：王振忠，李玉祥，徽州，北京：生活·读书·新知三联书店，2000，9页.

96页，城市照片：Spiro Kostof，The City Assembled，London：Thames &

Hudson Ltd., 1999, p.101.

96-97 页，南京城市肌理：谷歌地图.

106 页，街道、广场：Spiro Kostof, The City Assembled, London：Thames & Hudson Ltd., 1999, pp.208, 255.

107 页：建 筑 界 面：http：//www.nipic.com/ show/1/73/6494816ka77e4058. html

107 页：广 告 标 识 界 面：http：//product.pcpop.com/000065139/Picture/ 002297503.html

107 页：自然植被界面：http：//www.nipic.com/show/1/47/4208839k9a1e61b2. html

107 页：水平界面：EL Croquis, 106/107, Desert Plaza in Baracaldo, p.114.

108 页：交通：http：//www.nipic.com/show/1/66/4447859k5ca63014.html

108 页：庆典、集会：Spiro Kostof, The City Assembled, London：Thames & Hudson Ltd., 1999, p.195.

108 页，社交：http：//xzrj.srzc.com/Resources/Content/201209/07/201209070905581ZXCDH.JPG

109 页，巴黎星形广场，英国传统城镇景观：[美] 斯皮罗·科斯托夫，城市的形成——历史进程中的城市模式和城市意义，单皓 译，北京：中国建筑工业出版社，2005，92，245 页.

110-111 页，中国民居：王其钧，图说民居，北京：中国建筑工业出版社，2004，42，128，141，153，158，170，178，217 页.

112 页，光影与建筑形体、空间：华晓宁摄

115 页，景观焦点：周维权，中国古典园林史，北京：清华大学出版社，2008，536 页.

115 页， 景 观 视 线（ 借 景 ）：http：//misc.home.news.cn/public/images/ original//00/45/52/67/67.jpg?verify=4543079

第 5 章：

132 页，徒手草图：EL croquis172, Steven Holl 2008-2014, pp. 16, 22 ; EL croquis 157, Studio Mumbai 2003-2011, p. 144 ; Lord Nornan Foster, in Visonen und Utopien, 2002, München：Prestel, p. 225.

第 6 章：

149 页，杨廷宝南京中央体育场照片：http：//www.nanjing.gov.cn/culture/ jdtc/

150 页，图 4 麻省理工学院小教堂整体场景：http：//hi.baidu.com/artistpick/ item/413bac0252f56737a3332a88

150 页，图 5 麻省理工学院小教堂天窗光影场景：http：//www.flickr.com/photos/janela_da_alma/222841966/

150 页，图 6 麻省理工学院小教堂入口场景：http：//studentlife.mit.edu/blog?page=14

150 页，图 7 麻省理工学院小教堂弧形墙体细部：http：//subtilitas.tumblr.com/post/317227562/eero-saarinen-chapel-at-mit-cambridge-1955-via

152 页，图 2 耶鲁大学拜内克藏书馆主入口场景照片：http：//en.wikipedia.org/wiki/Beinecke_Rare_Book_and_Manuscript_Library

152 页，图 3 耶鲁大学拜内克藏书馆立面细部照片：http：//en.wikipedia.org/wiki/Beinecke_Rare_Book_and_Manuscript_Library

154 页，图 3 爱莎乐支小学教室间廊道：http：//commons.wikimedia.org/wiki/File：Locarno_Saleggi_2011-07-12_15_28_37_PICT3401.JPG

154 页，图 4 爱莎乐支小学公共廊道：冯金龙，张雷，丁沃沃，欧洲现代建筑解析：形式的逻辑，南京：江苏科学技术出版社，1999，187 页．

154 页，图 5 爱莎乐支小学教室建筑群：冯金龙，张雷，丁沃沃，欧洲现代建筑解析：形式的逻辑，南京：江苏科学技术出版社，1999，190 页．

156 页，图 3 英佛里奥里初级中学教学楼照片：支文军，朱广宇，马里奥·博塔，大连：大连理工大学出版社，2003，37 页．

156 页，图 4 英佛里奥里初级中学单元入口照片：http：//architectuul.com/architecture/school-in-morbio-inferiore

156 页，图 5 英佛里奥里初级中学室内公共空间照片：支文军，朱广宇，马里奥·博塔，大连：大连理工大学出版社，2003，38 页．

158 页，图 3 苏黎世高工信息科学实验楼建筑整体照片：http：//www.baumschlager-eberle.com/en/projects/project-details/project/eth-e-science-lab-neubau-hit.html

158 页，图 4 苏黎世高工信息科学实验楼公共空间照片：http：//architecture.mapolismagazin.com/baumschlager-eberle-lochau-zt-gmbh-e-science-lab-eth-schweiz-zuerich

158 页，图 5 苏黎世高工信息科学实验楼贯通空间照片：http：//www.baumschlager-eberle.com/en/projects/project-details/project/eth-e-science-lab-neubau-hit.html

160 页，图 3 教堂主入口照片：Antonio Gimenez, Conchi Monzonis, VICENS+RAMOS Twenty Years II, Valencia：EDITORIAL PENCIL S.L., 2007, p341

160 页，图 4 教堂大堂照片：http：//www.vicens-ramos.com/obra/iglesia-parroquial-en-collado-villalba-2/?r=L2VzL2VzdHVkaW8vYXJxdWl0ZWN0dXJhL3Bvci1mZWNoYS82/ZmlsdGVyX2RhdGU9MjAwOQ==

162 页，图 4 考尔曼住宅建筑外景：http：//commons.wikimedia.org/wiki/File：CASA_KALMAN.jpg

166 页，图 2　慕尼黑五园商业街区新建筑沿街立面　http：//www.flickr.com/photos/kuk/3685321866/

166 页，图 3　慕尼黑五园商业街区入口处场景：http：//projeto4.escoladacidade.org/Herzog-de-Meuron

166 页，图 4　慕尼黑五园商业街区院子场景之一：http：//www.goethe.de/ins/cz/pra/kul/duc/arc/ars/cs8991416.htm

166 页，图 5　慕尼黑五园商业街区院子场景之二：http：//projeto4.escoladacidade.org/Herzog-de-Meuron

168 页，图 2　阿尔梅勒城市再发展项目鸟瞰图：http：//ensaiosfragmentados.blogspot.com/2010/05/almere-holanda.html

168 页，图 3　阿尔梅勒城市再发展项目北侧广场照片：http：//www.mab.com/onze-projecten/stadshart-almere/view?set_language=nl

168 页，图 4　阿尔梅勒城市再发展项目中心广场照片：http：//voya1021.blogspot.com/2012/06/20120616-naardenalmere-and-lelystad.html

170 页，图 3　东京国际论坛内街入口：http：//www.mmoinfo.net/news/press/gameon/2010/game01.jpg

170 页，图 4　东京国际论坛鸟瞰：http：//zoonggun.com/101

170 页，图 5　东京国际论坛大厅：http：//commons.wikimedia.org/wiki/File：Tokyo_international_forum.jpg

170 页，图 6　东京国际论坛内街：高山摄．

172 页，图 2　斯图加特艺术馆新馆整体效果：http：//intern.strabrecht.nl/sectie/ckv/10/Postmodern/Architectuur/Musea/CKV-f0029.htm

172 页，图 3　斯图加特艺术馆新馆入口：http：//arqmichell.blogspot.com/2013/10/james-stirling.html

172 页，图 4　斯图加特艺术馆新馆中庭坡道：http：//www.architetturadipietra.it/wp/?p=1312

174 页，图 3　埃克赛特图书馆建筑整体：https：//www.exeter.edu/libraries/553_4375.aspx

174 页，图 4　埃克赛特图书馆屋顶细部：http：//www.flickr.com/photos/jacqueline_poggi/6289152246/

174 页，图 5　埃克赛特图书馆立面细部：http：//www.dmahr.com/work/hiaa85-final-paper-exeter-library/

176 页，人民银行建筑照片：Anne-Catrin Schultz, Carlo Scarpa Layers, Edition Axel Menges, Stuttgart/London, 2007, pp.113, 121.

178 页，图 2 工人救世主教堂入口照片、图 4 工人救世主教堂曲面墙体细部照片、图 5 工人救世主教堂室内场景照片：Stanford Anderson, Eladio Dieste Innovation in Structural Art, New York：Princeton Architectural Press, 2004, pp.42, 43, 48.

178 页，图 3 工人救世主教堂建造现场照片：http：//complexitys.com/we-like/a-lagence-on-parle-de/comment-page-1/

180 页，图 3 多米尼斯葡萄酒庄建筑整体照片：http：//dominusestate.com/

180 页，图 4 多米尼斯葡萄酒庄墙体大样照片：Herzog & de Meuron 1993–1997，EL Croquis（84），p.191.

180 页，图 5 多米尼斯葡萄酒庄入口照片：http：//www.fotopedia.com/items/NVzlgfk–DZM–AP00r4ljfRc

182 页，李子林住宅建筑照片：建筑素描（EL Croquis 中文版）：SANAA 01/02，马卫东 译，宁波：宁波出版社，2005，273，279，281，290 页．

184 页，图 2 蛇形画廊 2002 临时展厅鸟瞰图：http：//openbuildings.com/buildings/serpentine–gallery–pavilion–2002–profile–45080/media#!buildings–media/0

184 页，图 3 蛇形画廊 2002 临时展厅室内场景照片之一：http：//openbuildings.com/buildings/serpentine–gallery–pavilion–2002–profile–45080/media#!buildings–media/4

184 页，图 4 蛇形画廊 2002 临时展厅入口照片：http：//www.npr.org/2013/03/17/174128806/2013–pritzker–winner–toyo–ito–finds–inspiration–in–air–wind–and–water

184 页，图 5 蛇形画廊 2002 临时展厅屋顶细部照片：http：//openbuildings.com/buildings/serpentine–gallery–pavilion–2002–profile–45080/media#!buildings–media/2

184 页，图 6 蛇形画廊 2002 临时展厅室内场景照片之二：http：//thehousenews.com/gaze/%E4%BC%8A%E6%9D%B1%E8%B1%90%E9%9B%84%E4%BD%9C%E5%93%81%E9%9B%86/

注：本书中其他未注明来源的插图均为编著者自绘、自摄或在相关资料基础上整理重绘。

主要参考文献

[1] 鲍家声 . 建筑设计教程 [M]. 北京：中国建筑工业出版社，2009.

[2] 建筑设计资料集编委会 [M]. 建筑设计资料集（第三版）. 北京：中国建筑工业出版社，2017.

[3] 彭一刚 . 建筑空间组合论 [M]. 北京：中国建筑工业出版社，2008.

[4] 钟训正，孙钟阳，王文卿 . 建筑制图（第二版）[M]. 南京：东南大学出版社，2008.

[5] [荷] 赫曼·赫茨伯格 . 建筑学教程 1：设计原理（第二版）[M]. 仲德崑，译 . 天津：天津大学出版社，2008.

[6] [美] 程大锦 . 建筑：形式、空间和秩序（第四版）[M]. 刘丛红，译 . 天津：天津大学出版社，2018.

[7] [美] 弗朗西斯·D·K·程 . 建筑图像词典 [M]. 高履泰，等，译 . 北京：中国建筑工业出版社，1998.

[8] [美] 斯皮罗·科斯托夫 . 城市的形成——历史进程中的城市模式和城市意义 [M]. 单皓，译 . 北京：中国建筑工业出版社，2005.

[9] [美] M·萨利赫·乌丁 . 建筑三维构图技法 [M]. 陆卫东，译 . 北京：中国建筑工业出版社，1998.

[10] [瑞士] 安德烈·德普拉泽斯 . 建构建筑手册：材料·过程·结构 [M]. 任铮钺，等，译 . 大连：大连理工大学出版社，2007.

[11] [日] 日本建筑学会 . 建筑设计资料集成：人体·空间篇 [M]. 顾琴轩，译 . 天津：天津大学出版社，2007.

[12] [日] 芦原义信 . 外部空间设计 [M]. 尹培桐，译 . 南京：江苏凤凰文艺出版社，2017.

[13] [日] 芦原义信 . 街道的美学 [M]. 尹培桐，译 . 天津：百花文艺出版社，2006.

[14] [挪威] 诺伯格·舒尔兹 . 存在·空间·建筑 [M]. 尹培桐，译 . 北京：中国建筑工业出版社，1990.

[15] Francis D. K. Ching & Steven P. Juroszek. Design Drawing[M]. New York：John Wiley &Sons，INC.，1998.

[16] Francis D. K. Ching. Building Construction Illustrated[M]. Hoboken，NJ：John Wiley &Sons，INC.，2008.

[17] Francis D. K. Ching，Barry S. Onouye & Douglas Zuberbuhler. Building Structures Illustrated：Patterns，Systems，and Design[M]. Hoboken，NJ：John Wiley &Sons，INC.，2009.

[18] Bjørn N. Sandaker，Arne P. Eggen & Mark R. Cruvellier. The Structural Basis of Architecture[M]. London & New York：Routledge，2011.

致　谢

　　本书的内容依托于南京大学建筑与城市规划学院整体的建筑学专业教学框架。因此本书得以出版，首先要感谢南京大学建筑与城市规划学院建筑系参与建筑设计课程设置与教学的全体同事。鲍家声教授基于他丰富的教学经验，对本书提出许多宝贵的修改意见，并为本书撰写了序言。赵辰教授、周凌教授、吉国华教授、华晓宁副教授、傅筱副教授等人，从高年级教学的角度对基础课的教案与教学提出的建议，也使本书受益。

　　同时，我们也要感谢东南大学建筑学院韩冬青教授、单踊教授、同济大学建筑与城市规划学院吴长福教授、胡滨副教授、浙江大学徐雷教授等诸多校外同行在参与课程答辩过程中以及成书阶段对本书提出的宝贵意见。另外，本书的编辑陈桦女士在教材立项申请、书稿排版等方面也给予了许多帮助与支持。

　　全书插图众多，除了部分由编著者自绘，很多插图是在硕士研究生与本课程本科生的辛勤帮助下搜集或参与绘制完成的，参与整理与绘制插图的有：杨灿、郑国活、潘东、吴嘉鑫、徐沁心、姜伟杰、李招成、沈康惠、王冬雪、陈圆、席弘、冯琪、吴家禾。还有部分插图来自于建筑设计基础和南京大学建筑与城市规划学院其他相关课程的学生作业，包括童滋雨副教授的"CAAD 辅助建筑设计"、丁沃沃教授的"建筑设计方法论"、赵辰教授、肖红颜副教授的"古建筑测绘"等。此外，冯金龙教授以及程超、范诚博士为部分插图提供了资料。在此，笔者对以上同事、学生一并表示感谢。

丁沃沃　刘铨　冷天
于南京大学
2014 年 4 月

第二版致谢

　　本书第二版的更新，首先得益于南京大学建筑与城市规划学院建筑系参与建筑设计课程设置与教学的全体同事，如赵辰、吉国华、周凌、傅筱等老师。教材的改进也受益于部分外校老师和建筑师在参加课程答辩与成书期间所给予的意见和建议，如东南大学朱雷、张嵩、朱渊、陈洁萍老师，同济大学胡滨老师、天津大学张昕楠老师、苏州大学孙磊磊老师等。由于人数众多，在此就不一一列举。

　　课程助教也对教材的更新做出了很大贡献，曹永青、陈紫葳、陈健楠、潮书镛帮助更新了部分参考习题内容，陈紫葳订正了部分文字错误，潮书镛绘制整理了部分第五章新的插图。程超博士提供了部分案例资料，硕士研究生董素宏提供了部分案例照片。另外，本书的编辑王惠女士在"十三五"教材立项申请、书稿排版和出版等方面给予了许多帮助与支持。在此，笔者一并表示感谢。

丁沃沃　刘铨　冷天
于南京大学
2019 年 10 月